普通高等教育"十一五"国家级规划教材配套参考书

数字电子技术基础
（第2版）
学习指导与解题指南

西安交通大学电子学教研组
宁改娣 刘　涛 金印彬 赵进全 编

宁改娣　主编

高等教育出版社·北京

内容简介

　　本书是参照"高等工业学校电子技术基础课程教学基本要求",针对学生在学习中遇到的问题和困难,结合作者多年的教学经验编写的。 本书是高等教育出版社于 2010 年出版的由张克农、宁改娣主编《数字电子技术基础》(第2版)配套的教学参考书,章次排序与主教材相同。 第1~8章均包含四个部分:教学要求、基本概念总结回顾、基本概念自检题与典型题举例、思考题和习题解答。 书中通过典型题举例扩充了教材中的部分内容,较详细地介绍了各类例题分析、设计的步骤和方法,指出了难点和容易出错处。 附录中选录了西安交通大学数字电子技术基础考试题。

　　本书可作为高等学校电气信息类、仪器仪表类、电子信息科学类及其他相近专业本、专科生学习"数字电子技术基础"的教学辅导和参考书,也可作为有关专业考研人员的复习参考书。

图书在版编目(CIP)数据

　　数字电子技术基础(第2版)学习指导与解题指南/宁改娣主编;宁改娣等编 . - - 北京:高等教育出版社,2013.9(2020.9重印)
　　ISBN 978 - 7 - 04 - 038308 - 9

　　Ⅰ.①数…　Ⅱ.①宁…　Ⅲ.①数字电路 - 电子技术 - 高等学校 - 教学参考资料　Ⅳ.①TN79

　　中国版本图书馆 CIP 数据核字(2013)第 191309 号

策划编辑　王勇莉	责任编辑　王勇莉	封面设计　于　涛	版式设计　余　杨
插图绘制　杜晓丹	责任校对　陈　杨	责任印制　赵　振	

出版发行　高等教育出版社　　　　　　　　　咨询电话　400 - 810 - 0598
社　　址　北京市西城区德外大街4号　　　网　　址　http://www.hep.edu.cn
邮政编码　100120　　　　　　　　　　　　　　　　　　　　http://www.hep.com.cn
印　　刷　北京虎彩文化传播有限公司　　　网上订购　http://www.landraco.com
开　　本　787mm × 1092mm　1/16　　　　　　　　　　　　http://www.landraco.com.cn
印　　张　15.5　　　　　　　　　　　　　　版　　次　2013 年 9 月第 1 版
字　　数　340 千字　　　　　　　　　　　　印　　次　2020 年 9 月第 3 次印刷
购书热线　010 - 58581118　　　　　　　　　定　　价　24.60 元

前　　言

数字电子技术基础是一门介绍数字电子器件、电子电路和电子技术应用方面入门性质的技术基础课程。这门课程的特点是既有逻辑代数等基础理论,又有数字电路的分析和设计,初学者往往感觉"入门难、学好更难"。为了改变这种情况,我们编写了这本与张克农、宁改娣主编的《数字电子技术基础》(第 2 版)配套的学习指导书,引导学生学会常用数字逻辑电路分析和设计方法。

本书的编写按照张克农、宁改娣主编的《数字电子技术基础》(第 2 版)教材的次序,逐章编写。每章均包含以下四个部分(第 9 章除外):

1. 教学要求

这一部分按"熟练掌握"、"正确理解"和"一般了解"3 个层次给出了教学内容中对各知识点的教学要求。

2. 基本概念总结回顾

这一部分提炼了教材各章节的基本概念、基本电路、基本分析方法以及分析计算的依据,目的是帮助学生梳理教学内容中的各种概念、电路分析和设计方法以及它们之间的联系,也是教材各章内容的总结回顾,以期达到使该课程内容由多变少、由繁变简、由难变易的目的。

3. 基本概念自检题与典型题举例

这一部分首先通过基本概念自检,让学生检验自己对基本概念的掌握程度,然后通过典型例题的分析使学生加深对基本概念、基本分析和设计方法的理解,掌握解题的基本方法和技巧,提高分析和设计电路的能力,能够解决一些最基本的工程实际问题。

4. 思考题和习题解答

这部分较详细地给出了《数字电子技术基础》(第 2 版)教材课后思考题和习题的解题过程和答案。

本书由宁改娣任主编,编写了第 1、2、3 章和附录,并负责制定编写大纲和全书的统稿工作。赵进全提供了第 4、5、6 章初稿,宁改娣对基本概念部分进行精简,补充和完善了思考题和习题解答,对多数图形重新处理和校对。刘涛编写了第 7、8 章和书中所有与 VHDL 有关的思考题和习题解答。金印彬编写了第 9 章。金印彬和刘涛对所有 VHDL 程序都在 ISE13.4 中调试验证。

本书是在张克农主编的《数字电子技术基础》学习指导与解题指南的基础上完成的,在此谨向此书作者们致以衷心的感谢。

限于时间和水平,书中错误和不妥之处在所难免,希望读者批评指正。

编　者

2013 年 7 月　于西安交通大学

目　　录

1 数字逻辑基础

本章主要介绍了数制、码制、逻辑运算、逻辑函数的表示法及相互转换,逻辑函数的化简等数字逻辑基本知识。

1.1 教学要求

各知识点的教学要求如表 1.1.1 所示。

表 1.1.1　第 1 章教学要求

知 识 点		教 学 要 求		
		熟练掌握	正确理解	一般了解
数制和码制	二进制、十进制、十六进制数	√		
	数制间的转换	√		
	8421 BCD 码、ASCII 码、格雷码	√		
	其他码		√	
基本逻辑运算	与、或、非、各逻辑门符号	√		
	其他逻辑运算		√	
基本定理和公式	常用公式		√	
	代入定理、反演定理		√	
逻辑函数表示方法	逻辑函数定义		√	
	真值表、逻辑函数式、逻辑图和卡诺图	√		
	各种表示方法间的转换	√		

知　识　点		教　学　要　求		
		熟练掌握	正确理解	一般了解
逻辑函数化简方法	代数法		√	
	卡诺图法	√		
	具有无关项逻辑函数的化简		√	
HDL 描述（自学 VHDL 或 Verilog HDL）			√	

1.2　基本概念总结回顾

1.2.1　数字电路基本概念

数字信号在时间和幅值上都是离散的,处理数字信号的电子电路是数字电路。数字电路的输入和输出信号都是数字信号。数字电路中最基本的单元是逻辑门,可分为 TTL 和 CMOS 逻辑门电路。

1.2.2　数制和码制

到目前为止,没有任何一个电子器件具有十种状态来表示人们早已习惯的十进制数,目前的电子器件一般只有导通和截止两个开关状态。因此,在数字电路中只能用电子器件的开和关表示 0 和 1 两个数,因而出现了二进制数。二进制表示一个较大数据时,书写和记忆都比较麻烦,由此出现了八进制和十六进制数,即每 3 位或 4 位二进制数用一个数字表示。

1. 几种常用的数制

（1）十进制（Decimal）

十进制数有 0、1、2、3、4、5、6、7、8 和 9 十个符号。其基数为 10,计数规则为"逢十进一"。一个具有 n 位整数和 m 位小数的十进制无符号数,可表示为

$$(D)_D = \sum_{i=-m}^{n-1} d_i 10^i$$

式中系数 d_i 可为十进制符号 0～9 中的任一个,下标 D 表示括号中的 D 为十进制数,该下标可以忽略。

（2）二进制（Binary）

二进制数只有 0 和 1 两个符号。其基数为 2,计数规则为"逢二进一"。一个 n 位整数和 m 位小数的二进制无符号数可表示为

$$(D)_B = \sum_{i=-m}^{n-1} d_i 2^i$$

式中系数 d_i 可为二进制符号 0 和 1 的任一个,下标 B 表示 D 为二进制数。

（3）十六进制（Hexadecimal）

十六进制数有 16 个符号,采用 0 ~ 9 和 A ~ F 表示,计数规则是"逢十六进一"。任一个 n 位整数和 m 位小数的十六进制无符号数可按权展开为

$$(D)_H = \sum_{i=-m}^{n-1} d_i 16^i$$

式中系数 d_i 可为十六进制符号 0 ~ 9 和 A ~ F 中的任一个,下标 H 表示 D 为十六进制数。

2. 数制间的转换

数制间转换的原则是:转换前后整数部分和小数部分必须分别相等。

（1）多项式法（将基数为 R 的进制数转换为十进制数）

将基数为 R 的数转换为十进制数,只需根据多项式按权展开,并按十进制数计算,所得结果就是其所对应的十进制数。

（2）基数乘除法（将十进制数转换为基数为 R 的进制数）

将十进制数转换为基数为 R 的数,整数和小数转换方式不同,下面以十进制数转换为二进制数为例,介绍转换方法。

① 整数转换（除基取余法）:将十进制整数逐次除以 2,直到商为 0,就可根据余数求出二进制数。

② 小数部分的转换（乘基取整法）:将十进制小数逐步乘以 2,直到小数部分为 0 或者达到所需的精度为止,即可根据逐次乘积中的整数部分求得相应的二进制小数。

十进制数转换为十六进制数有两种方法。一种就是采取上面介绍的基数乘除法,另一种方法是以二进制为桥梁进行转换。

3. 码制

将一定位数的数码按一定的规则排列起来表示特定对象,称其为代码或编码,将形成这种代码所遵循的规则称为码制。

二 – 十进制码是一种用 4 位二进制数码表示 1 位十进制数的方法,称为二进制编码的十进制数（Binary Coded Decimal,简称 BCD 码）。用 4 位二进制数表示十进制数时,可以有很多种编码方式。8421 BCD 码是 BCD 码中最常用的一种代码,4 位二进制数按 8、4、2、1 权展开求和的数刚好等于编码的十进制数,由此得名。这一类有固定权的码称有权码。还有一类常用的 BCD 无权码,像余 3 码、循环码等。

用于编码数字、字母及各种符号的二进制代码称为字符码。其中最常用的是美国标准信息交换码（American Standard Code for Information Interchange, ASCII）,它是用 7 位二进制数码来表示字符的。

其他常用编码还有格雷码、奇偶校验码等。

1.2.3 算术运算和逻辑运算

1. 基本概念

在数字系统中,二进制数码 0 和 1,既可用来表示数量也可用来表示逻辑状态,表示数量的两组二进制数码之间进行的数值运算称为算术运算。二进制数和十进制数的运算规则基本相同,所不同的是二进制中进位关系为“逢二进一”。

将仅有两种取值(**0 和 1**)的变量称为逻辑变量。可用它表示某一事物的真与假、是与非等相互对立的逻辑状态。各逻辑变量之间可以按照某种因果关系进行逻辑运算。这种逻辑运算与算术运算有着本质上的差别。逻辑运算的结果表示在某种条件下,逻辑事件是否发生。

2. 基本逻辑运算

逻辑代数中有与、或和非三种基本逻辑运算。

当决定某事件的全部条件都具备时,事件才发生的因果关系称为逻辑**与**。可用逻辑式 $L = A \cdot B$ 来表示。

当决定某事件的全部条件中任一条件具备,事件就发生的因果关系称为逻辑**或**。用逻辑式 $L = A + B$ 来表示。

当条件具备时,事件不发生;条件不具备时,事件就发生的因果关系称之为逻辑**非**。用逻辑式 $L = \overline{A}$ 来表示。

把上述三种基本的逻辑运算符组合起来,可得到复合逻辑运算。最常用的有**与非、或非、与或非、同或、异或**等。同或逻辑函数式为 $A \odot B = \overline{A}\ \overline{B} + AB$;异或逻辑函数式为 $A \oplus B = \overline{A}B + A\overline{B}$。

1.2.4　逻辑代数的基本定理及常用公式

逻辑代数构成了数字系统的设计基础,是分析数字系统的重要数学工具。借助于逻辑代数,能分析给定逻辑电路的逻辑功能,并用逻辑函数描述它。利用逻辑代数,还能将复杂的逻辑函数式化简,从而得到较简单的逻辑电路。

1. 逻辑代数的基本定律

逻辑运算的基本定律如表 1.2.1 所示。它们是逻辑函数化简的重要依据。

表 1.2.1　逻辑代数定律

基本定理	与	或	非
	$A \cdot 0 = 0$	$A + 0 = A$	
	$A \cdot 1 = A$	$A + 1 = 1$	$\overline{\overline{A}} = A$
	$A \cdot A = A$	$A + A = A$	
	$A \cdot \overline{A} = 0$	$A + \overline{A} = 1$	
结合律	$(AB)C = A(BC)$	$(A + B) + C = A + (B + C)$	
交换律	$AB = BA$	$A + B = B + A$	
分配律	$A + (BC) = (A + B)(A + C)$	$A(B + C) = AB + AC$	
摩根(De·Morgan)定律(反演律)	$\overline{A \cdot B \cdot C \cdots} = \overline{A} + \overline{B} + \overline{C} + \cdots$	$\overline{A + B + C \cdots} = \overline{A} \cdot \overline{B} \cdot \overline{C} \cdots$	

2. 逻辑代数的两条重要规则

代入规则:将一个逻辑函数等式中所有出现某一逻辑变量的位置都代之以一个逻辑函数式,则等式仍成立。

反演规则:将逻辑函数式 L 中的与(·)换成或(+),或(+)换成与(·);再将原变量换为非变量,非变量换为原变量;并将 1 换成 0,0 换成 1;所得到的逻辑函数式就是 $\overline{L}$。

1.2.5 逻辑函数及其表示方法

1. 逻辑函数的定义

当输入逻辑变量 A、B、C⋯取值确定之后,输出逻辑变量 L 的取值随之而定,把输入和输出逻辑变量间的这种对应关系称为逻辑函数,并写作

$$L = F(A,B,C\cdots)$$

任何复杂逻辑函数是基本逻辑函数的复合。

2. 逻辑函数的建立

要从实际逻辑问题建立逻辑函数,一般是先命名逻辑变量,列真值表,再从真值表写出逻辑函数式。

3. 逻辑函数的表示方法

一个逻辑问题抽象后可以用真值表、逻辑函数式、逻辑电路图、卡诺图和硬件描述语言等方法来表示。

1.2.6 逻辑函数各种表示方法之间的转换

1. 由真值表求逻辑函数式和逻辑电路图

把真值表中每一组使逻辑函数值为 1 的输入变量取值都对应一个**与项**。在这些**与项**中,若对应的变量取值为 1,则写成原变量;若对应的变量取值为 0,则写成反变量。然后将这些**与项或**起来,就得到了逻辑函数式。用相应的门电路符号来实现函数中的逻辑运算,并将门电路的输入和输出信号连接起来,就得到实现逻辑要求的逻辑电路图。

2. 由逻辑函数式求真值表

只要把逻辑函数式中输入变量取值的所有组合分别代入逻辑函数式中进行计算,求出相应的函数值填入真值表中相应行即可。

3. 卡诺图与逻辑函数式之间的转换

将逻辑函数化为最小项之和式,把卡诺图中所有最小项对应的小方格填入 1,其他小方格填入 0。这样即可获得函数式的卡诺图。

按照卡诺图化简的原则画包围圈,每一包围圈对应一**与项,与项**由包围圈中变量取值没变化的变量组成,若变量取值为 1,则写成原变量;若变量取值为 0,则写成反变量;将每个包围圈对应的**与项或**起来,就得到了逻辑函数式,而且是最简的**与 – 或**逻辑式。

1.2.7 逻辑函数的化简方法

1. 化简的意义

逻辑函数化简在传统逻辑设计中占有特别重要的地位。最简的逻辑表达式意味着可以用最少的逻辑器件构成逻辑电路。这样设计出的实际数字系统往往有较低的成本和较高的可靠性。化简有代数和卡诺图化简法。

2. 代数化简法

代数化简法就是利用逻辑代数的基本定理和常用公式,将给定的逻辑函数式进行适当的恒等变换,消去多余的与项以及各与项中多余的因子,使其成为最简的逻辑函数式,这种化简没有固定的步骤可循。下面介绍几种常用的化简方法。

(1) 并项法

利用公式 $AB + A\overline{B} = A(B + \overline{B}) = A$,可以把两个与项合并成一项,并消去 B 和 $\overline{B}$ 这两个因子。

(2) 吸收法

利用公式 $A + AB = A(1 + B) = A$,消去多余的与项 AB。

(3) 添项法

利用公式 $A + A = A$,在函数式中重写某一项,以便把函数式化简。

(4) 配项法

利用 $A + \overline{A} = 1$,将某个与项乘以 $(A + \overline{A})$,将其拆成两项,以便与其他项配合化简。

3. 卡诺图化简法

卡诺图化简的依据是逻辑相邻的最小项可以合并,并消去互为非的因子。卡诺图具有几何位置相邻与逻辑相邻一致的特点,因而在卡诺图上反复应用 $A + \overline{A} = 1$ 合并最小项,消去变量 A,使逻辑函数得到简化。

卡诺图化简逻辑函数的过程可按如下步骤进行:

① 将逻辑函数化为最小项之和的形式;

② 画出表示该逻辑函数的卡诺图;

③ 按照画包围圈的原则画出包围圈;

④ 写出最简与 – 或表达式。

4. 具有无关项逻辑函数的化简

一个 n 个变量的逻辑函数,如果对应于变量的一部分取值,逻辑函数的值可以是任意的,或者这些变量的取值根本就不会出现,把这些变量取值所对应的最小项称为无关项或任意项。对于逻辑函数中的无关项,可以用几种方法给出。例如,某逻辑电路的输入信号 $DCBA$ 是 8421 BCD 码,由 8421 BCD 码概念可知:最小项 $D\,\overline{C}\,BA$、$D\,\overline{C}\,B\overline{A}$、$\cdots$、$DCBA$ 是无关项。这些无关项也可用逻辑函数式 $DC + DB = 0$ 或 $\sum d(10,11,12,13,14,15)$ 来表示。在化简逻辑函数时,若能合理地利用无关项,一般能得到更简单的化简结果。

根据无关项的特点,无关项在卡诺图中对应的方格可以为 **0**,也可以为 **1**。因此,在卡诺图中无关项填×,化简时根据需要,将无关项与填 **1** 的小方格一起包围,则可以得到更简的逻辑函数式。

1.3 基本概念自检题与典型题举例

1.3.1 基本概念自检题

1. 选择填空题

（1）处理＿＿＿＿＿＿的电子电路是数字电路。

（a）交流电压信号　　　　　　　　（b）时间和幅值上离散的信号

（c）时间和幅值上连续变化的信号　（d）无法确定

（2）用不同数制的数字来表示 2004,位数最少的是＿＿＿＿＿＿。

（a）二进制　　　（b）八进制　　　（c）十进制　　　（d）十六进制

（3）最常用的 BCD 码是＿＿＿＿＿＿。

（a）5421 码　　　（b）8421 码　　　（c）余 3 码　　　（d）循环码

（4）格雷码的优点是＿＿＿＿＿＿。

（a）代码短　　　　　　　　　　　（b）记忆方便

（c）两组相邻代码之间只有 1 位不同　（d）同时具备以上三者

（5）两个开关控制一盏灯,只有两个开关都闭合时灯才不亮,则该电路的逻辑关系是＿＿＿＿＿＿。

（a）与非　　　（b）或非　　　（c）同或　　　（d）异或

（6）已知 $F = \overline{ABC + CD}$,下列可以肯定使 $F = 0$ 的取值是＿＿＿＿＿＿。

（a）$ABC = 011$　（b）$BC = 11$　（c）$CD = 10$　（d）$BCD = 111$

（7）2004 个 **1** 连续**异或**的结果是＿＿＿＿＿＿。

（a）**0**　　　（b）**1**　　　（c）不唯一　　　（d）逻辑概念错误

（8）已知二输入逻辑门的输入 A、B 和输出 F 的波形如图 1.3.1 所示,这是＿＿＿＿＿＿逻辑门的波形。

（a）与非　　　（b）或非　　　（c）同或　　　（d）与

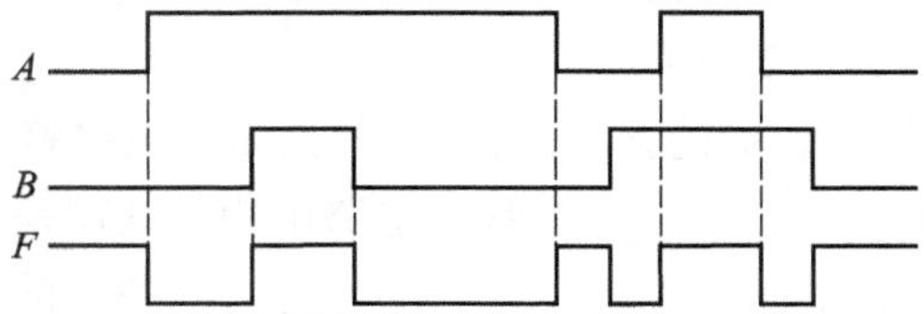

图 1.3.1

（9）已知某电路的真值表如表 1.3.1 所示,该电路的逻辑函数式是＿＿＿＿＿＿。

（a）$F = AB + C$　（b）$F = A + B + C$　（c）$F = C$　（d）$F = \overline{A}B + C$

表 1.3.1

A	B	C	F	A	B	C	F
0	0	0	0	1	0	0	0
0	0	1	1	1	0	1	1
0	1	0	0	1	1	0	1
0	1	1	1	1	1	1	1

（10）在函数 $F = AB + CD$ 的真值表中，$F = 1$ 的状态共有逻辑_____个。

(a) 2　　　　　(b) 4　　　　　(c) 7　　　　　(d) 16

（11）在图 1.3.2 所示逻辑电路图中，能实现逻辑函数 $L = \overline{AB + CD}$ 的是_____。

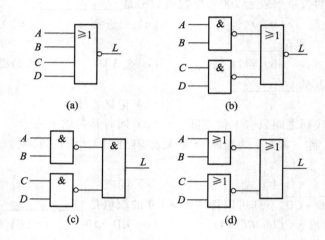

图 1.3.2

（12）用卡诺图化简具有无关项的逻辑函数时，若用圈 1 法，在包围圈内的 × 是按_____处理；在包围圈外的 × 是按_____处理。

(a) **1,1**　　　　(b) **1,0**　　　　(c) **0,0**　　　　(d) 不确定。

【答案】(1)（b）；(2)（d）；(3)（b）；(4)（c）；(5)（a）；(6)（d）；(7)（a）；(8)（c）；(9)（a）；(10)（c）；(11)（c）；(12)（b）。

2. 填空题（请在空格中填上合适的词语，将题中的论述补充完整）

（1）人们习惯的数制是_____，在数字电路中用的数制是_____。

（2）二进制数的运算规则为_____，各位的权为 2 的_____。

（3）数字电路中，将晶体管饱和导通时的输出低电平赋值为 **0**，截止时的输出高电平赋值为 **1**，则称为_____逻辑。

（4）逻辑代数中有_____、_____和_____三种基本逻辑运算。

（5）逻辑代数中,**与非**、**或非**、**与或非**等是＿＿＿＿＿＿＿逻辑运算。

（6）8421 和 5421 BCD 码等有固定权的代码称＿＿＿＿＿＿码。还有一类常用的代码,像余 3 码、循环码等是＿＿＿＿＿＿码。

（7）常用的字符编码是＿＿＿＿＿＿码。

（8）一组合电路,A、B 是输入信号,C 是输出信号,波形如图 1.3.3 所示,C 的逻辑表达式为＿＿＿＿＿＿。

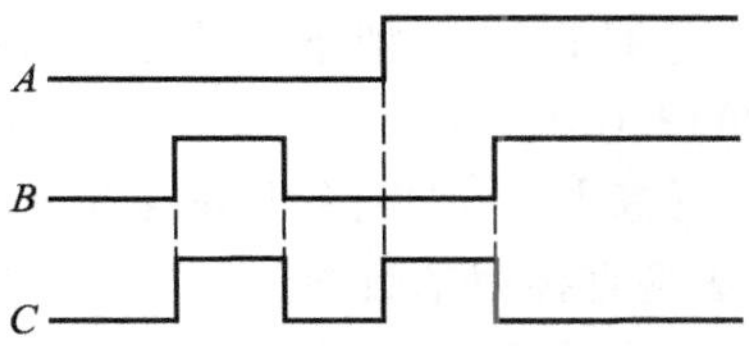

（9）在两个开关 A 和 B 控制一个电灯 L 的电路中,当两个开关都断开时灯亮,则实现的逻辑函数式为＿＿＿＿＿＿。

（10）5 的 8421 BCD 码是＿＿＿＿＿＿。

（11）逻辑表达式中,**异或**的符号是＿＿＿＿＿＿,**同或**的符号是＿＿＿＿＿＿。

图 1.3.3

（12）逻辑函数常用的传统表示方法有＿＿＿＿＿＿、＿＿＿＿＿＿、＿＿＿＿＿＿和＿＿＿＿＿＿等。

（13）用代数法化简逻辑函数需要一定的＿＿＿＿＿＿和＿＿＿＿＿＿,不容易确定化简结果是否是＿＿＿＿＿＿。

（14）用卡诺图化简逻辑函数,化简结果一般是最简＿＿＿＿＿＿式。

（15）无关项在卡诺图中对应位置表示为＿＿＿＿＿＿。

【答案】（1）十进制、二进制;（2）逢二进一、幂;（3）正;（4）与、或、非;（5）复合;（6）有权、无权;（7）ASCII;（8）$C = A \oplus B$;（9）$L = \overline{A + B}$;（10）**0101**;（11）$\oplus$、$\odot$;（12）真值表、逻辑函数式、逻辑电路图、卡诺图;（13）经验、技巧、最简;（14）与－或;（15）×。

1.3.2　典型题举例

【例 1.1】　把下列二进制数转换成十进制数。（1）**11011010**;（2）**11010.101**。

【解】　二进制数转换成十进制数常用的方法是:直接用多项式法把二进制数转换成十进制数。对位数较多的二进制数也可利用十六进制数作为桥梁进行转换。

【方法 1】　直接用多项式法

（1）$(11011010)_B = (1 \times 2^7 + 1 \times 2^6 + 1 \times 2^4 + 1 \times 2^3 + 1 \times 2^1)_D = (218)_D = 218$

（2）$(11010.101)_B = (1 \times 2^4 + 1 \times 2^3 + 1 \times 2^1 + 1 \times 2^{-1} + 1 \times 2^{-3})_D = (26.625)_D = 26.625$

【方法 2】　利用十六进制数作为桥梁

（1）$(11011010)_B = (DA)_H = (13 \times 16^1 + 10 \times 16^0)_D = 218$

（2）$(11010.101)_B = (1A.A)_H = (1 \times 16^1 + 10 \times 16^0 + 10 \times 16^{-1})_D = 26.625$

【例 1.2】　把下列十进制数转换成二进制数。（1）95;（2）251。

【解】　本题目的是练习把十进制数转换成二进制数。常用的方法是直接用基数乘除法。如果十进制数在 2^n 附近,也可以由 2^n 计算出对应二进制数。

【方法1】　直接用除基取余法

（1）过程如图1.3.4所示。$(95)_D = (1011111)_B$。注意高低位顺序。

【方法2】　利用 2^n 计算。

（2）$251 = 256 - 5 = 2^8 - 5$

$$= 1\ 0000\ 0000 - 101 = (11111011)_B$$

2	95		余数	
2	47	…… 1	……	d_0
2	23	…… 1	……	d_1
2	11	…… 1	……	d_2
2	5	…… 1	……	d_3
2	2	…… 1	……	d_4
2	1	…… 0	……	d_5
	0	…… 1	……	d_6

图1.3.4　例1.2①除基取余法

【例1.3】　把下列十进制数转换为十六进制数。（1）250；（2）13.625。

【解】　本题目的是练习把十进制数转换成十六制数，常用的方法是直接用基数乘除法。也可用二进制作为桥梁进行转换。

【方法1】　直接用整数转换的除基取余法

（1）过程如图1.3.5所示。$250 = (FA)_H$

【方法2】　利用二进制数作为桥梁

（2）整数和小数分别转换，小数转换采用乘基取整法。13.625 $= (1101.101)_B = (D.A)_H$

16	250		余数	
16	15	…… A	……	d_0
	0	…… F	……	d_1

图1.3.5　例1.3(1)除基取余法

【例1.4】　把下列十六进制数转换为二进制数。（1）D9；（2）3C.A。

【解】　把十六进制数转换成二进制数，无需计算，可以直接写出1位十六进制数对应的4位二进制数。

（1）$(D9)_H = (1101\ 1001)_B$

（2）$(3C.A)_H = (111100.101)_B$

【例1.5】　写出下列十进制数的8421 BCD码。（1）73；（2）57.68。

【解】　十进制数的8421 BCD码，直接写出对应的4位二进制数即可。

（1）$73 = (0111\ 0011)_{8421BCD}$

（2）$57.68 = (01010111.0110\ 1000)_{8421BCD}$

【例1.6】　两个开关 A 和 B 控制一盏灯 L 的电路，如图1.3.6所示。当 A 和 B 都向上或都向下时，L 就亮；否则，L 就不亮。列出该逻辑问题的真值表。

【解】　本题的目的是练习从逻辑问题建立真值表，一般先假设逻辑变量及取值含义，再列真值表。

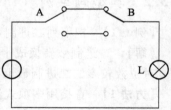

图1.3.6　例1.6题图

设逻辑变量 A、B 代表两个开关状态，**1** 代表向上，**0** 代表向下，$L = 1$ 灯亮，$L = 0$ 灯灭。将 A 和 B 所有的组合与灯的状态列出真值表如表1.3.2所示。

表1.3.2　例1.6解表

A	B	F	A	B	F
0	0	1	1	0	0
0	1	0	1	1	1

【例 1.7】　试建立三输入多数表决系统的逻辑函数。

【解】　本题的目的是练习从逻辑问题建立逻辑函数。建立逻辑函数一般的方法是先假设逻辑变量,再列出该逻辑问题的真值表、写逻辑函数。本题问题较简单,真值表略。

设逻辑变量 A、B、C 代表三人的投票情况,**1** 代表投赞成票,**0** 代表投反对票。逻辑函数 L 代表投票结果,**1** 代表通过,**0** 代表未通过。得到逻辑函数为

$$L = A\overline{B}C + \overline{A}B\overline{C} + ABC$$

【例 1.8】　试将逻辑函数 $L = AB + \overline{B}C + \overline{A}B\overline{C}$ 化为最小项之和形式。

【解】　对于**与或**式的逻辑函数,对那些不是最小项的**与**项,可以反复利用公式 $A + \overline{A} = 1$,把它们化成最小项。

$$L = AB(C + \overline{C}) + (A + \overline{A})\overline{B}C + \overline{A}B\overline{C}$$
$$= ABC + AB\overline{C} + A\overline{B}C + \overline{A}\,\overline{B}C + \overline{A}B\overline{C}$$

【例 1.9】　试将逻辑函数 $L = AB + AC + BC$ 用卡诺图表示。

【解】　将逻辑函数转换成卡诺图表示,一般的方法是:先将逻辑函数化成最小项和式,再将卡诺图中与每一个最小项对应的小方格中填入 **1**,其余小方格中填入 **0**(没有无关项时)即可。也可跳过最小项和式,直接把逻辑函数的每一个**与**项填入卡诺图。

L　A \ BC	00	01	11	10
0	0	0	1	0
1	0	1	1	1

(a)

L　A \ BC	00	01	11	10
0				
1			1	1

(b)

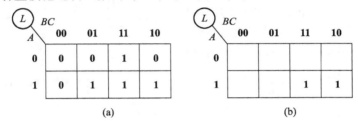

图 1.3.7　例 1.9 解图

【方法 1】　先将逻辑函数 L 化成最小项和式,画卡诺图如图 1.3.7(a)所示。

$$L = AB\overline{C} + ABC + A\overline{B}C + \overline{A}BC$$

【方法 2】　直接填入卡诺图。先将**与**项 AB 填入卡诺图,注意 AB 中无 C,应将 **110** 和 **111** 两个小方格内填入 **1**,如图 1.3.7(b)所示。用相同方法把**与**项 AC、BC 填入卡诺图,如遇到欲填入 **1** 的小方格内已有 **1** 时,不重复填入。

【例 1.10】　画出下列逻辑函数的卡诺图。

$$L = f(A,B,C,D) = \sum m(1,2,4,7,11,13,14)$$

【解】　本题的目的是练习如何把逻辑函数最小项和式转换成卡诺图。按上题介绍方法可以容易获得本题卡诺图,如图 1.3.8 所示。

L　AB \ CD	00	01	11	10
00	0	1	0	1
01	1	0	1	0
11	0	1	0	1
10	0	0	1	0

图 1.3.8　例 1.10 解图

【难点和容易出错处】　对逻辑函数最小项和式填入卡诺图时,要注意逻辑变量的次序。虽然逻辑变量没有高低次序之分,但一般应按 $ABCD$ 由高到低的顺序填写卡诺图,否则极易出错,

题目给出 $L = f(A, B, C, D)$ 也是为了强调这一点。

【例 1.11】 写出表 1.3.3、表 1.3.4 真值表描述的逻辑函数式,并画出实现该逻辑函数的逻辑电路图。

表 1.3.3　例 1.11 题表(a)

A	B	L_1
0	0	1
0	1	0
1	0	0
1	1	0

表 1.3.4　例 1.11 题表(b)

A	B	C	L_2
0	0	0	1
0	0	1	0
0	1	0	0
0	1	1	1
1	0	0	0
1	0	1	1
1	1	0	1
1	1	1	0

【解】 本题是练习从真值表写出逻辑函数并画出相应的逻辑电路图。一般的方法是先写出真值表中 L 为 1 的那些行的最小项和式,对最小项和式进行化简和变换,再画出相应的逻辑电路图如图 1.3.9 所示。一般用卡诺图化简得到最简与–或式,有些最简与–或式再经过变换可以得到使用器件更少的电路。

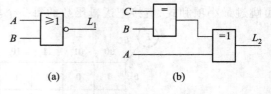

(a)　　　　(b)

图 1.3.9　例 1.11 解图

$$L_1 = \overline{A}\ \overline{B} = \overline{A + B}$$
$$L_2 = \overline{A}\ \overline{B}\ \overline{C} + \overline{A}BC + A\overline{B}C + AB\overline{C}$$
$$= \overline{A}(\overline{B}\ \overline{C} + BC) + A(\overline{B}C + B\overline{C}) = A \oplus (B \odot C)$$

【难点和容易出错处】 从真值表写出逻辑函数是最小项和式,对逻辑函数进行适当的化简和变换可以获得使用最少门电路的逻辑电路图。要注意图 1.3.9(b) 中同或门、异或门逻辑电路符号的区别。

【例 1.12】 试写出图 1.3.10 所示逻辑电路图的逻辑函数式。

【解】 本题的目的是练习从逻辑电路图写出逻辑函数式。对较复杂的逻辑电路可以增加部分辅助变量,如图 1.3.10 中的 L_1、L_2、L_3。可以从逻辑电路图的输入到输出,也可以从输出到输入逐级写出逻辑函数式。后者过程较为简单。

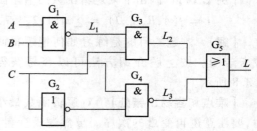

$$L = L_2 + L_3 = L_1 C + \overline{B\ \overline{C}}$$
$$= \overline{ABC} + \overline{B\ \overline{C}}$$
$$= (\overline{A} + \overline{B})C + (\overline{B} + C)$$

图 1.3.10　例 1.12 解图

【例 1.13】 用代数法化简下列逻辑函数式。

$$L_1 = AB\,\overline{C} + \overline{A}B;$$
$$L_2 = ABC + AB\,\overline{C} + A\,\overline{B}C$$

【解】 本题的目的是练习用代数法化简逻辑函数式。

$$L_1 = B(A\,\overline{C} + \overline{A}) = \overline{A}B + B\,\overline{C}$$
$$L_2 = AB(C + \overline{C}) + AC(B + \overline{B}) = AB + AC$$

【难点和容易出错处】 代数法化简没有固定的步骤可循,需要记忆和灵活掌握各种公式和定律。

【例1.14】 用代数法化简下列逻辑函数,并将结果转换成与非 – 与非逻辑函数式。

$$L = \overline{A}B + A\,\overline{C} + B\,\overline{C}$$

【解】 将与 – 或逻辑函数式转换成与非 – 与非逻辑函数式一般需要利用反演律。

$$L = \overline{A}B + A\,\overline{C} + B\,\overline{C}(\overline{A} + A) = (\overline{A}B + A\,\overline{B}\,\overline{C}) + (AB\,\overline{C} + A\,\overline{C})$$
$$= \overline{A}B + A\,\overline{C} = \overline{\overline{\overline{A}B} \cdot \overline{A\,\overline{C}}}$$

【例1.15】 用卡诺图将下列逻辑函数式化简为最简与 – 或逻辑函数式。

$$L_1 = A\,\overline{B}C + \overline{A}B + \overline{B}\,\overline{C} + A\,\overline{C}$$
$$L_2 = \overline{A}\,\overline{B}(C + \overline{C}\,D) + \overline{A}BC + A\,\overline{B}\,\overline{D}$$
$$L_3 = \overline{A}D + A\,\overline{B}\,\overline{C} + \overline{A}\,\overline{B}C\,D,\text{约束条件为}:AB + AC = 0。$$

【解】 卡诺图化简逻辑函数,先画出该逻辑函数的卡诺图,如图1.3.11所示,画出最大包围圈,写出最简与 – 或逻辑函数式。对有约束条件的逻辑函数,必须利用约束条件化简,本题 L_3 的约束条件为 $AB + AC = 0$,即表达式 $AB + AC$ 对应的最小项为无关项。

$$L_1 = A\,\overline{B}C + \overline{A}B + \overline{B}\,\overline{C} + A\,\overline{C}$$
$$= A\,\overline{B} + \overline{A}B + \overline{C}$$
$$L_2 = \overline{A}\,\overline{B}(C + \overline{C}\,D) + \overline{A}BC + A\,\overline{B}\,\overline{D}$$
$$= \overline{A}\,\overline{B}C + \overline{A}\,\overline{B}\,\overline{C}\,D + \overline{A}BC + A\,\overline{B}\,\overline{D}$$
$$= \overline{A}C + \overline{B}\,\overline{D}$$
$$L_3 = \overline{A}D + A\,\overline{B}\,\overline{C} + \overline{A}\,\overline{B}C\,\overline{D} = A + \overline{B}C + D$$

【例1.16】 试用与非门设计一个配电柜报警电路。要求在主开关 C 闭合情况下,有过电压

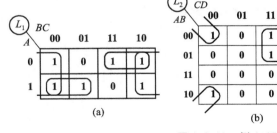
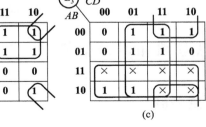

(a) (b) (c)

图1.3.11 例1.15解图

信号 A 或过电流信号 B 时给出报警信号 L。

【解】 本题的目的是综合练习本章学习的真值表、逻辑函数、卡诺图、逻辑电路图等。一般逻辑电路设计的方法是先根据设计要求列真值表,写出逻辑函数,用卡诺图化简,把最简逻辑函数式变换成所需要的与－非逻辑函数式,最后画出逻辑电路图。

(1) 列出真值表

设逻辑函数 $C=1$ 表示主开关闭合、$A=1$ 或 $B=1$ 表示有过电压或过电流信号。写出真值表如表 1.3.5 所示。

表 1.3.5 例 1.16 题表

C	B	A	L
0	0	0	0
0	0	1	0
0	1	0	0
0	1	1	0
1	0	0	0
1	0	1	1
1	1	0	1
1	1	1	1

(2) 由真值表写出逻辑函数式

$$L = C\,\overline{B}A + CB\,\overline{A} + CBA$$

(3) 用卡诺图化简逻辑函数式如图 1.3.12(a)所示,并变换为与非－与非逻辑函数式

$$L = CA + CB = \overline{\overline{CB}\ \overline{CA}}$$

(4) 画出逻辑电路图

用与非门实现的逻辑电路图如图 1.3.12(b)所示。

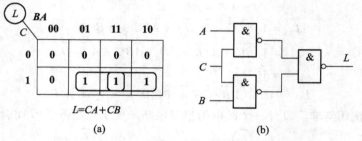

$$L = CA + CB$$

(a)   (b)

图 1.3.12 例 1.16 解图

1.4 思考题和习题解答

1.4.1 思考题

1.1 数字电路中为什么采用二进制计数制? 为什么也常采用十六进制?

【答】　因为常见的电子开关器件只有两种不同的状态,可以方便地表示 1 位二进制数,所以数字电路中通常采用二进制计数制。用二进制表示一个比较大的数时,位数较长且不易读写和输入,用十六进制可以方便的表示二进制数。

1.2　二进制数和十六进制数之间如何转换? 二进制数和十进制数之间如何转换?

【答】　以小数点为界,将二进制数的整数部分由右向左按 4 位一组划分;小数部分由左向右 4 位一组划分,数位不够 4 位者用 0 补齐,每 4 位用 1 位十六进制数代替就可得到对应的十六进制数。

把每 1 位十六进制数用 4 位二进制数代替,就可得到对应的二进制数。

利用多项式法将二进制数按权展开则得到十进制数,基数乘除法适合把一个十进制数转换为二进制数。

1.3　何为 8421 BCD 码? 它与自然二进制数有何异同点?

【答】　8421 BCD 码是最常用的一种 BCD 码。这种编码每位的权和自然二进制码相应位的权一致,从高到低依次为 8、4、2、1,故称为 8421 BCD 码。8421 BCD 码与自然二进制数的前 10 个数码完全相同,后 6 个对 8421 BCD 码是无关项,而对自然二进制数是有效数字。

1.4　算术运算和逻辑运算有何不同?

【答】　当两组二进制数码表示两个数量时,它们之间可以进行数值运算,把这种运算称为算术运算。二进制数之间的运算规则和十进制数的运算规则基本相同,所不同的是二进制中相邻位数之间的进位关系为"逢二进一"。

当二进制数码 0 和 1 表示不同的逻辑状态时,它们之间可以按照某种因果关系进行逻辑运算。这种逻辑运算与算术运算有着本质上的差别。逻辑变量、逻辑函数都与数字量无关,逻辑运算的结果表示在某种条件下,逻辑事件是否发生。

1.5　逻辑变量和普通代数中的变量相比有哪些不同特点?

【答】　逻辑变量只有 0 和 1 两个取值。用它可以表示某一事物的真与假、是与非、有与无、高与低、电灯的亮与灭和电路的通与断等两个相互对立的状态。逻辑变量取值不表示数量大小。普通代数中的变量取值是十进制数,可以是整数、实数、分数等。

1.6　什么是逻辑函数? 有哪几种表示方法?

【答】　当输入逻辑变量 A、B、C … 取值确定之后,输出逻辑变量 L 的取值随之而定,把输入和输出逻辑变量间的这种对应关系称为逻辑函数。逻辑函数常用的表示方法有真值表、逻辑函数式、逻辑电路图和卡诺图等。

1.7　逻辑函数化简的目的和意义是什么?

【答】　在设计实际电路时,除考虑逻辑要求外,往往还要求设计的电路成本低,逻辑器件种类少,工作速度高,工作可靠及便于故障检测等。直接按逻辑要求归纳出的逻辑函数式及对应的逻辑电路,通常不是最简形式,因此,需要对逻辑函数进行化简。逻辑函数化简的目的是用最少的逻辑器件来实现所需的逻辑要求。

在用中小规模逻辑器件实现逻辑设计的情况下,逻辑函数化简的意义是用最少的器件,最少的输入、输出端数和最少的连线构成逻辑电路,从而可以降低成本、提高电路的可靠性。

用大、超大规模逻辑器件实现逻辑电路设计,逻辑函数化简的重要性就降低了,因为减少几个与项一般已不能减少逻辑器件的数量。

1.8 用代数法化简逻辑函数有何优缺点?

【答】 代数化简法就是利用逻辑代数的基本定理和常用公式,将给定的逻辑函数式进行适当的恒等变换,消去多余的与项以及各与项中多余的因子,使其成为最简的逻辑函数式,这种化简没有固定的步骤可循。用代数法化简逻辑函数需要一定的经验和技巧,化简的结果往往取决于人们掌握与运用逻辑代数的基本定理和常用公式的熟练程度,且不容易确定化简结果是否是最简形式。

1.9 什么叫卡诺图?卡诺图上变量取值顺序是如何排列的?

【答】 将 n 变量逻辑函数的全部最小项各用一个小方格表示,将它们按特定的规律排列,使任何在逻辑上相邻的最小项在几何位置上也相邻的这种方格图就叫 n 变量的卡诺图。

卡诺图上变量取值的顺序按照格雷码排列,这样可使逻辑相邻的最小项在几何位置上也相邻。

1.10 什么是卡诺图的循环相邻特性?为什么相邻的最小项才可以合并?

【答】 从几何位置上把卡诺图看成环形封闭图形,处于卡诺图上下及左右两端、四个顶角的最小项都具有相邻性,把这种相邻性称为循环相邻特性。

卡诺图的几何相邻与逻辑相邻是一致性的,逻辑相邻的两个最小项只有一个变量以原变量和反变量形式出现,其他变量都相同,这样就可以反复应用公式 $\overline{A} + A = 1$,合并相邻的最小项。

1.11 卡诺图上画包围圈的原则是什么?卡诺图化简函数的依据是什么?

【答】 卡诺图上画包围圈的原则是:

(1) 包围圈所含小方格数为 2^i 个($i = 1, 2, \cdots$);

(2) 包围圈尽可能大,个数尽可能少;

(3) 允许重复圈 1,但每个包围圈至少应有一个未被其他圈包围过的最小项;

(4) 单独包围孤立的最小项。

卡诺图化简依据的基本原理是逻辑相邻的最小项可以合并,并消去一个因子。

1.12 什么叫无关项?在卡诺图化简中如何处理无关项?

【答】 对应于变量的一部分取值,逻辑函数的值可以是任意的,或者这些变量的取值根本就不会出现,把这些变量取值所对应的最小项称为无关项或任意项。

根据无关项的随意性,在用卡诺图化简具有无关项的逻辑函数时,可以根据需要把无关项当 **0** 或 **1** 处理。若用圈 1 法,在包围圈内的无关项 × 是按 **1** 处理;在包围圈外的 × 是按 **0** 处理。

1.13 简述 VHDL 语言的主要优点。

【答】 硬件描述语言(Hardware Description Language,HDL)是用文本形式来描述数字电路的内部结构和信号连接关系的一类语言,类似于一般的计算机高级语言的语言形式和结构形式。

VHDL 作为 IEEE 标准的 HDL,语法严格,已得到众多 EDA 公司支持。与传统逻辑函数表示方法相比,VHDL 具有以下优点:VHDL 语言具有强大的语言结构,只需采用简单的 VHDL 程序就可以描述十分复杂的硬件电路。VHDL 既支持模块化设计方法,也支持层次化设计方法。VHDL 具有多层次的电路设计描述功能,描述方式可以采用行为描述、寄存器传输描述、结构描述或者三者的混合方式。对于同一个硬件电路的 VHDL 语言描述,可以从一个模拟器移植到另一个模拟器上,从一个综合器移植到另一个综合器上或者从一个工作平台移植到另一个工作平台上去执行,设计易于共享和复用。

1.4.2　习题

1.1　把下列二进制数转换成十进制数。(1)**10010110**;(2)**11010100**;(3)**0101001**;(4)**10110. 111**;(5)**101101. 101**;(6)**0. 01101**。

【解】　直接用多项式法转换成十进制数。(1)$(\mathbf{10010110})_B = (1 \times 2^7 + 1 \times 2^4 + 1 \times 2^2 + 1 \times 2^1)_D = (150)_D = 150$;(2)$(\mathbf{11010100})_B = 212$;(3)$(\mathbf{0101001})_B = 41$;(4)$(\mathbf{10110. 111})_B = 22. 875$;(5)$(\mathbf{101101. 101})_B = 45. 625$;(6)$(\mathbf{0. 01101})_B = 0. 40625$

1.2　把下列十进制数转换为二进制数。(1)19;(2)64;(3)105;(4)1989;(5)89. 125;(6)0. 625。

【解】　直接用基数乘除法,其中(1)的过程如图题 1. 2 所示。

(1) $19 = (\mathbf{10011})_B$

(2) $64 = (\mathbf{1000000})_B$

(3) $105 = (\mathbf{1101001})_B$

(4) $1989 = (\mathbf{11111000101})_B$

(5) $89. 125 = (\mathbf{1011001. 001})_B$

(6) $0. 625 = (\mathbf{0. 101})_B$

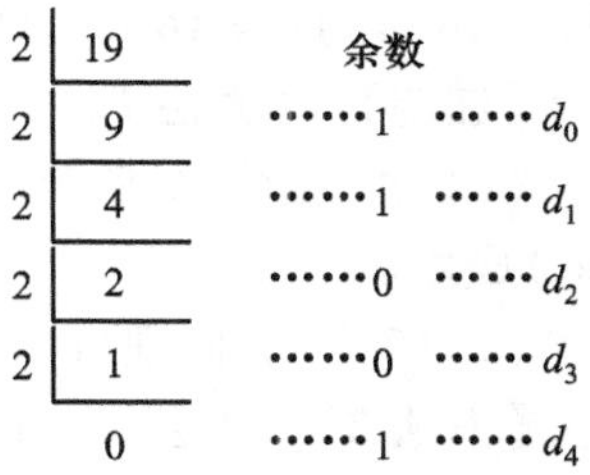

2	19	余数	
2	9	……1	……d_0
2	4	……1	……d_1
2	2	……0	……d_2
2	1	……0	……d_3
	0	……1	……d_4

图题 1.2　例 1.2(1)的基数
除法过程图

1.3　把下列十进制数转换为十六进制数。(1)125;(2)625;(3)145.6875;(4)0.5625。

【解】　直接用基数乘除法。

(1) $125 = (7D)_H$

(2) $625 = (271)_H$

(3) $145. 6875 = (91. B)_H$

(4) $0. 56255 = (0. 9003)_H$

1.4　把下列十六进制数转换为二进制数。(1)4F;(2)AB;(3)8D0;(4)9CE。

【解】　将每位十六进制数直接用 4 位二进制数表示。

(1) $(4F)_H = (\mathbf{1001111})_B$

(2) $(AB)_H = (\mathbf{10101011})_B$

(3) $(8D0)_H = (\mathbf{100011010000})_B$

(4) $(9CE)_H = (\mathbf{100111001110})_B$

1.5　写出下列十进制数的 8421BCD 码。(1)9;(2)24;(3)89;(4)365。

【解】　写出各十进制数的 8421BCD 码为：

(1) **1001**　　　　　　　　　　　　(2) **0010 0100**

(3) **1000 1001**　　　　　　　　　　(4) **0011 0110 0101**

1.6　在下列逻辑运算中,哪个或哪些是正确的?并证明之。

(1) 若 $A + B = A + C$,则 $B = C$;　　　　(2) 若 $1 + A = B$,则 $A + AB = B$;

(3) 若 $1 + A = A$,则 $A + \overline{A}B = A + B$;　　(4) 若 $XY = YZ$,则 $X = Z$。

【解】　(1) 若 $A + B = A + C$,则 $B = C$ 运算错误。可用反证法证明：

设 $A = 1$、$B = 1$、$C = 0$,有 $A + B = A + C$,但 $B \neq C$。

(2) 若 $1 + A = B$,则 $A + AB = B$ 运算错误。

若 $1 + A = B$,则 $B = 1$,而 $A + AB = A(1 + B) = A \neq 1$。

(3) 若 $1 + A = A$,则 $A + \overline{A}B = A + B$ 运算正确。

若 $1 + A = A$,则 $A = 1$,而 $A + \overline{A}B = A + B = 1$。

(4) 若 $XY = YZ$,则 $X = Z$ 运算错误。可用反证法证明：

若 $XY = YZ$,设 $X = 1$、$Y = 0$、$Z = 0$,有 $XY = YZ$,但 $X \neq Z$。

1.7　证明下列恒等式成立：(1) $A + BC = (A + B)(A + C)$;(2) $\overline{A}B + A\overline{B} = (\overline{A} + \overline{B})(A + B)$;(3) $(AB + C)B = AB\overline{C} + \overline{A}BC + ABC$;(4) $BC + AD = (B + A)(B + D)(A + C)(C + D)$。

【证明】【方法 1】　列真值表

(1) 如表题 1.7 所示,可以证明 $A + BC = (A + B)(A + C)$成立。

(2)(3)(4) 同理可以证明。

【方法 2】　用公式法证明：

(1) $(A + B)(A + C) = A + AB + AC + BC = A + BC$

(2) $(\overline{A} + \overline{B})(A + B) = \overline{A}B + A\overline{B}$

(3) $(AB + C)B = AB + BC$

$AB\overline{C} + \overline{A}BC + ABC$

$= AB\overline{C} + \overline{A}BC + ABC + ABC = AB + BC$

(4) 重复利用吸收律：$(A + B)(A + C) = A + BC$

$(B + A)(B + D)(A + C)(C + D) = (B + AD)(C + AD) = BC + AD$

表题 1.7　真值表

A	B	C	$A + BC$	$(A+B)(A+C)$
0	**0**	**0**	**0**	**0**
0	**0**	**1**	**0**	**0**
0	**1**	**0**	**0**	**0**
0	**1**	**1**	**0**	**0**
1	**0**	**0**	**1**	**1**
1	**0**	**1**	**1**	**1**
1	**1**	**0**	**1**	**1**
1	**1**	**1**	**1**	**1**

1.8　求下列逻辑函数的反函数：(1) $L_1 = \overline{A}\,\overline{B} + AB$;(2) $L_2 = BD + \overline{A}C + \overline{B}\,\overline{D}$;(3) $L_3 = AC + BC + AB$;(4) $L_4 = (A + \overline{B})(\overline{A} + \overline{B} + C)$。

【解】　(1) $\overline{L_1} = A\overline{B} + \overline{A}B$

(2) $\overline{L_2} = \overline{\overline{A}C} + \overline{BD} + \overline{\overline{B}\,\overline{D}} = (A + \overline{C})(B \oplus D)$

(3) $\overline{L_3} = (\overline{A} + \overline{C})(\overline{B} + \overline{C})(\overline{A} + \overline{B})$

(4) $\overline{L_4} = \overline{A}B + AB\overline{C}$

1.9 写出表题 1.9 真值表描述的逻辑函数式,并画出实现该逻辑函数的逻辑电路图。

【解】 进行逻辑电路图的设计,需要进行逻辑函数的化简和变换。

$$L_1 = \overline{A}BC + A\overline{B}C + ABC$$

$$注:\overline{A}B + A\overline{B} + AB = A + B = (A + B)C$$

$$L_2 = A\overline{B}C + AB\overline{C} + ABC = A(B + C)$$

表题 1.9

A	B	C	L_1	A	B	C	L_2
0	0	0	0	0	0	0	0
0	0	1	0	0	0	1	0
0	1	0	0	0	1	0	0
0	1	1	1	0	1	1	0
1	0	0	0	1	0	0	0
1	0	1	1	1	0	1	1
1	1	0	0	1	1	0	1
1	1	1	1	1	1	1	1

电路图如图题 1.9 所示。

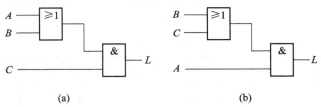

(a)   (b)

图题 1.9 电路图

1.10 写出图题 1.10 所示逻辑电路的表达式,并列出该逻辑电路的真值表。

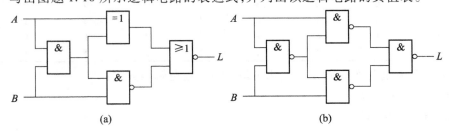

(a)   (b)

图题 1.10 电路图

【解】 (a) $L = \overline{(AB)\oplus A + \overline{ABB}} = \overline{(AB)\oplus A} \cdot AB = (\overline{AB} \cdot \overline{A} + A \cdot AB)AB = AB$

(b) $L = \overline{\overline{\overline{ABA}} \cdot \overline{\overline{ABB}}} = \overline{ABA} + \overline{ABB} = A\overline{B} + \overline{A}B$

电路的真值表如表解 1.10(a)、1.10(b)所示。

表解 1.10(a)

A	B	L
0	0	0
0	1	0
1	0	0
1	1	1

表解 1.10(b)

A	B	L
0	0	0
0	1	1
1	0	1
1	1	0

1.11 某逻辑电路的输入逻辑变量为 A、B、C。当输入中 **1** 的个数多于 **0** 的个数时,输出就为 **1**。列出该逻辑电路的真值表,写出输出的逻辑函数式。

【解】 列出真值表如表解 1.11 所示,输出表达式

$$L = \overline{A}BC + A\overline{B}C + AB\overline{C} + ABC$$

1.12 一个对四个逻辑变量进行判断的逻辑电路。当四个逻辑变量中有奇数个 **1** 出现时,输出为 **1**;其他情况,输出为 **0**。列出该电路的真值表,写出输出逻辑函数式。

【解】 列出真值表如表解 1.12 所示,输出表达式

$$L = \overline{A}\ \overline{B}\ \overline{C}D + \overline{A}\ \overline{B}C\overline{D} + \overline{A}B\overline{C}\ \overline{D} + \overline{A}BCD$$
$$+ A\overline{B}\ \overline{C}\ \overline{D} + A\overline{B}CD + AB\overline{C}D + ABC\overline{D}$$

表解 1.11

A	B	C	L
0	0	0	0
0	0	1	0
0	1	0	0
0	1	1	1
1	0	0	0
1	0	1	1
1	1	0	1
1	1	1	1

表解 1.12

A	B	C	D	L	A	B	C	D	L
0	0	0	0	0	1	0	0	0	1
0	0	0	1	1	1	0	0	1	0
0	0	1	0	1	1	0	1	0	0
0	0	1	1	0	1	0	1	1	1
0	1	0	0	1	1	1	0	0	0
0	1	0	1	0	1	1	0	1	1
0	1	1	0	0	1	1	1	0	1
0	1	1	1	1	1	1	1	1	0

1.13 用代数法将下列逻辑函数式化为最简与 – 或逻辑函数式:

(1) $L = \overline{A}\ \overline{B} + \overline{A}B + AB$;

(2) $L = ABC + \overline{AB} + C$;

(3) $L = A(B\oplus C) + A(B + C) + A\overline{B}\ \overline{C} + \overline{A}\ \overline{B}C$;

(4) $L = \overline{A}\ \overline{B}\ \overline{C} + \overline{A}\ CD + \overline{A}BD + A\overline{B}\ \overline{C} + \overline{B}\ \overline{C}\ \overline{D} + \overline{B}\ \overline{C}D$;

(5) $L = \overline{\overline{A} + B} \cdot \overline{\overline{ABC}} \cdot \overline{\overline{AC}}$;

(6) $L = \overline{(AB + \overline{B}C) + (B\ \overline{C} + \overline{A}B)}$;

(7) $L = (AB + \overline{BC})(AC + \overline{A}\ \overline{C})$;

(8) $L = (A + B + C + D)(\overline{A} + B + C + D)(A + B + \overline{C} + D)$。

【解】 (1) $L = \overline{A}\ \overline{B} + \overline{A}B + \overline{A}B + AB = \overline{A} + B$

(2) $L = ABC + \overline{AB} + C = \overline{\overline{ABC} \cdot AB \cdot \overline{C}} = \overline{AB\ \overline{C}} = \overline{A} + \overline{B} + C$

(3) $L = A(B\oplus C) + A(B + C) + A\overline{B}\ \overline{C} + \overline{A}\ \overline{B}C$

$$= A\,\overline{B}C + AB\,\overline{C} + AB + AC + A\,\overline{B}\,\overline{C} + \overline{A}\,\overline{B}C = A + \overline{B}C$$

（4）$L = \overline{A}\,\overline{B}\,\overline{C} + \overline{A}\,\overline{C}D + \overline{A}BD + A\,\overline{B}\,\overline{C} + \overline{B}\,\overline{C}D + \overline{B}\,\overline{C}D$

$$= \overline{B}\,\overline{C} + \overline{A}\,\overline{C}D + \overline{A}BD + \overline{B}\,\overline{C}$$

$$= \overline{B}\,\overline{C} + \overline{A}\,\overline{C}D + \overline{A}BD = \overline{B}\,\overline{C} + \overline{A}BD$$

（5）$L = \overline{\overline{A} + B \cdot \overline{ABC} \cdot \overline{AC}} = (\overline{A}\,\overline{B})(\overline{A} + \overline{B} + \overline{C})(A + \overline{C})$

$$= \overline{A}\,\overline{B}(A\,\overline{B} + \overline{C}) = \overline{A}\,\overline{B}\,\overline{C}$$

（6）$L = \overline{(AB + \overline{B}C)} + \overline{(B\,\overline{C} + \overline{A}B)}$

$$= (\overline{A} + \overline{B})(B + \overline{C})(\overline{B} + C)(A + \overline{B})$$

$$= \overline{B}(BC + \overline{B}\,\overline{C}) = \overline{B}\,\overline{C}$$

（7）$L = \overline{(AB + \overline{B}C)(AC + \overline{A}\,\overline{C})} = \overline{ABC + A\,\overline{B}C} = \overline{AC} = \overline{A} + \overline{C}$

（8）$L = (A + B + C + D)(\overline{A} + B + C + D)(A + B + \overline{C} + D)$

$$\overline{L} = \overline{A}\,\overline{B}\,\overline{C}\,\overline{D} + A\,\overline{B}\,\overline{C}\,\overline{D} + \overline{A}\,\overline{B}C\overline{D} = \overline{B}\,\overline{C}\,\overline{D} + \overline{A}\,\overline{B}\,\overline{D}$$

$$L = (B + C + D)(A + B + D) = B + D + AC$$

1.14　下列与项哪些是四变量逻辑函数 $f(A,B,C,D)$ 的最小项？

（1）ABC；（2）$AB\,\overline{D}$；（3）$AB\,\overline{C}D$；（4）$AB\,\overline{C}\,\overline{D}$。

【解】　（3）（4）是。

1.15　用卡诺图将下列逻辑函数化简为最简与－或逻辑函数式。

（1）$L = AB + BC + \overline{A}\,\overline{C}$；

（2）$L = \overline{AB + BC} + A\,\overline{C}$；

（3）$L = (A + B + C + D)(A + B + C + \overline{D})(\overline{A} + B + C + D)$；

（4）$L = \overline{A}[\overline{B}C + B(C\,\overline{D} + D)] + AB\,\overline{C}D$；

（5）$L = \sum(0,2,3,4,6)$；

（6）$L = \sum m(2,3,4,5,9) + \sum d(10,11,12,13)$；

（7）$L = \sum(0,1,2,3,4,6,8,9,10,11,12,14)$。

【解】　卡诺图及化简见图解 1.15。

（1）$L = AB + BC + \overline{A}\,\overline{C} = B + \overline{A}\,\overline{C}$

（2）$L = \overline{AB + BC} + A\,\overline{C} = \overline{A}\,\overline{B} + \overline{A}\,\overline{C} + \overline{B} + \overline{B}\,\overline{C} + A\,\overline{C} = \overline{B} + \overline{C}$

（3）$L = (A + B + C + D)(A + B + C + \overline{D})(\overline{A} + B + C + D)$

$$\overline{L} = \overline{A}\,\overline{B}\,\overline{C}\,\overline{D} + \overline{A}\,\overline{B}\,\overline{C}D + A\,\overline{B}\,\overline{C}\,\overline{D} = B + C + AD$$

（4）$L = \overline{A}[\overline{B}C + B(C\,\overline{D} + D)] + AB\,\overline{C}D$

$$= \overline{A}\,\overline{B}C + \overline{A}BC\overline{D} + \overline{A}BD + AB\,\overline{C}D = \overline{A}C + B\,\overline{C}D$$

（5）$L = \sum(0,2,3,4,6) = \overline{C} + \overline{A}B$

（6）$L = \sum m(2,3,4,5,9) + \sum d(10,11,12,13)$

$$= B\,\overline{C} + \overline{B}C + A\,\overline{B}D$$

（7）$L = \sum(0,1,2,3,4,6,8,9,10,11,12,14) = \overline{B} + \overline{D}$

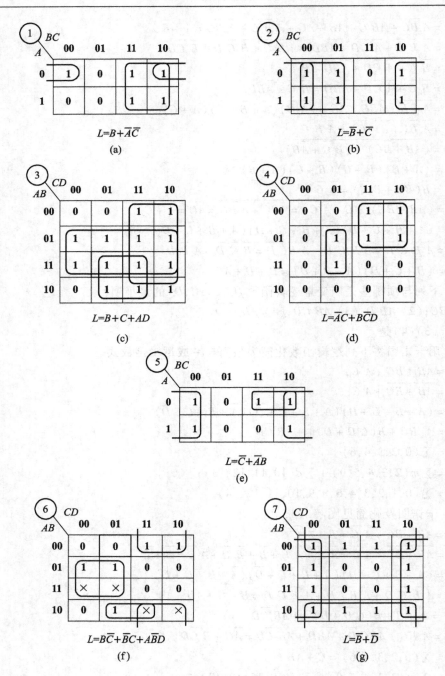

图解 1.15 卡诺图

1.16 判断 VHDL 的操作 c <= a + b 是否正确,如不正确,请改正。字符 a 和 b 的数据类型是 BIT,c 是 INTEGER。

【解】 操作不正确,不同类型的数据不能进行运算操作。需要用类型转换函数进行转换,修改为

c <= conv_integer(a) + conv_integer(b);

1.17 一个 VHDL 模块是否必须有一个实体和一个结构体？是否可以有多个实体和结构体？简述它们的作用。

【解】 一个 VHDL 模块必须有一个实体和一个结构体,不能有多个实体和结构体。实体说明部分(Entity Declaration)规定了设计单元的输入、输出接口信号和引脚;结构体部分(Architecture Body)定义了设计单元的具体构造和操作。

1.18 判断以下三种描述中哪两种的意义相同。

Statement a: z <= not X and not Y;

Statement b: z <= not (X or Y);

Statement c: z <= not X and Y。

【解】 Statement a 和 Statement b 的意义相同,它们都是表示

$$Z = \overline{X} \cdot \overline{Y} = \overline{X}$$

2 集成逻辑门电路

本章重点介绍 TTL 和 CMOS 集成逻辑门的工作原理和主要技术参数,并对门电路使用中的若干问题及其他逻辑门做了简单介绍。

2.1 教学要求

各知识点的教学要求如表 2.1.1 所示。

表 2.1.1 第 2 章教学要求

知 识 点		教 学 要 求		
		熟练掌握	正确理解	一般了解
晶体管的开关特性和简单门电路	双极型三极管的开关特性			√
	场效应管的开关特性			√
集成逻辑门概念、封装特点等		√		
TTL 与非门内部结构及工作原理			√	
TTL 与非门外特性及技术参数	噪声容限和扇出数	√		
	传输延迟时间和功耗		√	
TTL 集电极开路门和三态门		√		
CMOS 集成门	CMOS 逻辑电路特点	√		
	传输门、漏极开路和三态门		√	
TTL 和 CMOS 集成门接口问题	接口问题	√		
	几个实际问题		√	
用 HDL 描述门电路			√	

2.2 基本概念总结回顾

2.2.1 半导体器件的开关特性

1. 双极型三极管的开关特性

双极型三极管工作于开关状态的条件和特点如表 2.2.1 所示。

表 2.2.1 三极管开关条件及特点(以 NPN 硅管为例)

工作状态	电压、电流条件	特点	开关时间
饱和	$U_{BE} = 0.7\,V$ $I_B \geq I_{BS} = I_{CS}/\beta$	发射结和集电结均正偏,$U_{CES} \leq 0.3\,V$,$I_C = I_{CS}$,相当于开关接通	开通时间 $t_{on} = t_d + t_r$
截止	$U_{BE} \leq 0.5\,V$ $I_B \approx 0$	发射结和集电结均反偏,$U_{CE} \approx V_{CC}$,$I_C \approx 0$,相当于开关断开	关断时间 $t_{off} = t_s + t_f$

(1)三极管开关时间的定义

① 延迟时间 t_d:从输入信号发生正向跃变到集电极电流上升到 $0.1I_{CS}$ 所需时间;

② 上升时间 t_r:集电极电流从 $0.1I_{CS}$ 增加到 $0.9I_{CS}$ 所需的时间;

③ 存贮时间 t_s:从输入信号发生负向跃变到集电极电流降到 $0.9I_{CS}$ 所需的时间;

④ 下降时间 t_f:集电极电流从 $0.9I_{CS}$ 下降到 $0.1I_{CS}$ 所需的时间。

(2)影响三极管开关速度的主要因素

通常 $t_{off} > t_{on}$,而 $t_s > t_f$,所以开关速度主要取决于 t_s,t_s 与三极管的饱和深度有关。

(3)改善开关特性,提高开关速度的途径

① 选择开关时间较小的管子(开关管);

② 设计合理的外电路(抗饱和电路)或使用肖特基器件。

2. 场效应管的开关特性

MOS 管工作于开关状态的条件和特点如表 2.2.2 所示。

表 2.2.2 NMOS 管开关条件及特点(以增强型 NMOS 为例)

工作状态	电压条件	特 点	开关时间
导通	$U_{GS} > U_{TN}$	r_{ds} 较小,I_d 较大,沟道开通,相当于开关接通	NMOS 管本身开关时间较短,但由于极间电容的存在,导致它的开关速度降低
截止	$U_{GS} < U_{TN}$	$r_{ds} \to \infty$,$I_d \to 0$,$U_{DS} = V_{DD}$,工作于夹断区。相当于开关断开	

2.2.2 TTL 与非门的内部结构及工作原理

TTL 与非门由输入级、中间级和输出级组成。输入级的多发射极三极管完成与逻辑功能,还有利于提高电路的开关速度。中间级完成倒相,并作为输出级的驱动电路。推拉式输出级可使 TTL 集成门的输出阻抗很低,提高了负载能力,进一步加快开关速度。

2.2.3 集成 TTL 与非门的主要特性及参数

1. 电压传输特性 $[u_O = f(u_I)]$

集成 TTL 与非门的电压传输特性如图 2.2.1 所示。它反映了集成 TTL 与非门输出电压随输入电压变化的规律。从电压传输特性可直接得到集成 TTL 与非门的有关电压参数。

(1) 输出高电平 U_{OH}

U_{OH} 的典型值为 3.6V, $U_{OH} \geqslant 2.4V$, $U_{OHmin} = 2.4V$。

(2) 输出低电平 U_{OL}

U_{OL} 的典型值为 0.3V, $U_{OL} \leqslant 0.4V$, $U_{OLmax} = 0.4V$。

(3) 关门电平 U_{off}

U_{off} 也称为输入低电平的上限值 U_{ILmax},它的典型值为 0.8V。

(4) 开门电平 U_{on}

U_{on} 也称为输入高电平的下限值 U_{IHmin},它的典型值为 2V。

(5) 噪声容限 U_N

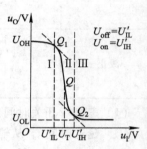

**图 2.2.1 集成与非门的
电压传输特性**

噪声容限大小代表了集成 TTL 与非门抗干扰能力的强弱。集成
TTL 与非门的高、低电平噪声容限分别为

$$U_{NH} = U_{OHmin} - U_{on} \qquad U_{NL} = U_{off} - U_{OLmax}$$

显然,电压传输特性越陡直(U_{off} 越大、U_{on} 越小),U_{NL} 和 U_{NH} 就越大,抗干扰能力就越强。

(6) 阈值电压 U_{TH}

U_{TH} 是电压传输特性转折区的中点所对应的输入电压,是集成 TTL 与非门开、关门状态的分水岭,它的典型值为 1.4V。

2. 输入、输出特性

(1) 输入特性

它反映了集成 TTL 与非门电路的输入电流 i_I 与输入电压 u_I 之间的关系。由图 2.2.2,当 $u_I < U_T$ 时

$$i_I = -(V_{CC} - U_{BE1} - u_I)/R_1$$

当 $u_I \geqslant U_T$ 时,i_I 急剧减小,并反向,一般仅为几到几十微安。

① 输入短路电流 I_{IS}:I_{IS} 反映了集成 TTL 与非门对前级驱动门灌电流的大小。不同系列门的 I_{IS} 大小不同,74 系列的参数值为 $I_{IS} \leqslant 1.6mA$,74LS 系列为 $I_{IS} \leqslant 0.4mA$,其他系列可查产品手册。

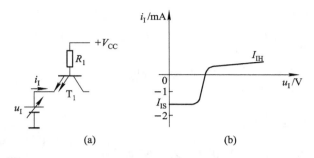

图 2.2.2　集成 TTL 与非门的输入特性

② 高电平输入电流 I_{IH}：高电平输入电流 I_{IH} 反映了对前级驱动门拉电流的多少，一般仅为几十微安。74 系列的参数值为 $I_{IH} \leqslant 40\mu A$；74LS 系列为 $I_{IH} \leqslant 20\mu A$。

（2）输出特性 $[u_O = f(i_L)]$

输出特性反映了集成 TTL 与非门输出电压 u_O 随输出负载电流 i_L 变化的关系。

① 高电平输出特性：如图 2.2.3（a）所示。随输出负载电流 i_L 逐步增加，输出高电平 U_{OH} 由 5V 缓慢下降；当 i_L 增加到一定程度时，U_{OH} 随 i_L 增加而急剧下降。从逻辑上考虑，当 U_{OH} 下降到 U_{OHmin} 时所对应的电流是 I_{OHmax}，从可靠工作考虑，74 系列产品的 $I_{OH} \leqslant 400\mu A$，即参数值 $I_{OHmax} = 400\mu A$。

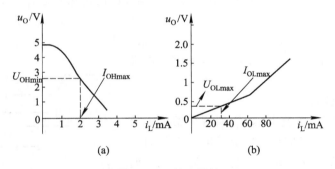

图 2.2.3　输出特性

（a）高电平输出特性　（b）低电平输出特性

② 低电平输出特性：如图 2.2.3（b）所示，当输出电流近似为 0 时，输出低电平 U_{OL} 仅为几十毫伏；而当负载电流 i_L 增加时，输出低电平抬高。仅从逻辑方面考虑，允许输出低电平上升到 U_{OLmax} 时对应的 i_L 可达 $30 \sim 40mA$ 或更大。但从可靠工作方面考虑，74××产品的参数值为 $I_{OL} \leqslant 16mA$，即 $I_{OLmax} = 16mA$。74LS××产品参数值为 $I_{OL} \leqslant 8mA$。

（3）与非门的扇出数

与非门的负载能力称为扇出数，用 N 来表示。与非门输出为低电平时驱动的是灌电流负载 I_{OL}，如图 2.2.4 中实线箭头所示。输出高电平时驱动的是拉电流负载 I_{OH}，如图 2.2.4 中虚线箭头所示。

① 灌电流负载能力 N_L

$$N_L = \left[\frac{I_{OLmax}}{I_{IS}} \right]$$

式中 I_{OLmax} 和 I_{IS} 应取产品参数。[ ]表示取整的意思。

② 拉电流负载能力 N_H

$$N_H = \left[\frac{I_{OHmax}}{I_{IH}} \right]$$

式中 I_{OHmax} 和 I_{IH} 应取产品参数。严格讲 N_H 表示驱动的负载输入端数。

③ 与非门的扇出系数 N

$$N = \min\{N_L, N_H\} = \min\left\{ \left[\frac{I_{OLmax}}{I_{IS}} \right], \left[\frac{I_{OHmax}}{I_{IH}} \right] \right\}$$

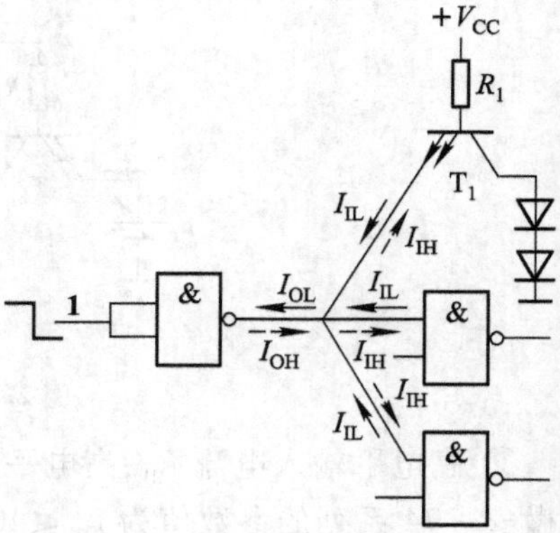

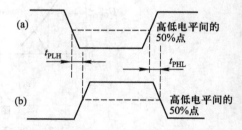

图 2.2.4   与非门的负载能力

N_L 和 N_H 一般并不相同。由于门电路中的 I_{IS} 总比 I_{IH} 大得多,所以 N_L 一般总是小于 N_H。

3. TTL 与非门的其他特性及参数

（1）动态响应特性（开关速度）

TTL 与非门中的晶体管一般都工作于开关状态,它们的开通与关断都需要一定的时间,如图 2.2.5 所示。取开门和关门时间的平均值作为 TTL 与非门的传输时延 t_{pd}。它是表示门电路开关速度的重要参数。

$$t_{pd} = (t_{PHL} + t_{PLH})/2$$

典型 TTL 与非门的 t_{pd} 为 $10 \sim 20$ns。高速 TTL 与非门的 t_{pd} 可达 $1 \sim 2$ns。

（2）电源电流及功耗

集成门电路工作时,直流电源 V_{CC} 所提供给的电流叫电源电流,用 I_E 表示。功耗 P 是指门电路工作时自身消耗的功率,$P = V_{CC} \times I_E$,由于门电路导通和截止时的 I_E 值不同,因而导通功耗 P_{on} 和截止功耗 P_{off} 不同,一般取二者的平均值作为门电路的功耗

图 2.2.5   TTL 与非门的传输时延

$$P = (P_{on} + P_{off})/2$$

功耗 P 和传输时延 t_{pd} 的乘积 M 称为品质因数（又称为速度 – 功耗积）。M 值愈小,门的性能越好。

2.2.4   其他集成 TTL 逻辑门

非门、与门、或门、或非门、与或非门和异或门等集成 TTL 逻辑门的结构特点及其电参数与

TTL 与非门类似。集电极开路门(OC 门)和三态门(TS 门)结构上及外特性上与上述集成门区别较大。

1. 集电极开路门(OC 门)

在 TTL 与非门中,若省去输出级有源负载 T_4、D 和 R_4,就形成了集电极开路与非门(OC 门)。其逻辑符号如图 2.2.6 中所示。

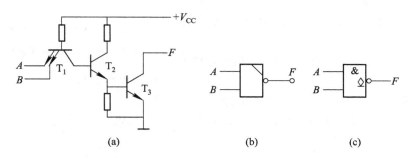

图 2.2.6 集电极开路与非门

(a)电路 (b)曾用符号 (c)国标符号

(1)OC 门实现**与非**逻辑

OC 门输出只有接一个合适的上拉电阻,才能实现**与非**逻辑。显然,OC 门可以通过上拉电阻所接电压不同来实现电平的转换。

(2)OC 门实现**线与**逻辑

在图 2.2.7 中,将两个 OC 门的输出直接相连,并通过一电阻 R_C 接至电源 V_{CC},就能实现**线与逻辑**。所谓**线与**是指通过导线直连获得与逻辑关系。即

$$L = \overline{AB} \cdot \overline{CD}$$

(3)上拉电阻 R_C 的选择

设有 n 个 OC 门**线与**驱动 m 个 TTL 负载,且有 k 个输入负载端接于**线与**点。所选 R_C 既要保证门电路的安全应用,又要保证实现正常的逻辑。要求 $R_{Cmin} \leq R_C \leq R_{Cmax}$,$R_{Cmax}$、$R_{Cmin}$ 可按下式计算(结合本章习题 2.10 的解答理解该计算公式)。

$$R_{Cmax} = \frac{V_{CC} - U_{OHmin}}{nI_{OH} + kI_{IH}}$$

$$R_{Cmin} = \frac{V_{CC} - U_{OLmax}}{I_{OL} - mI_{IS}}$$

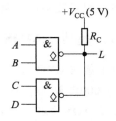

图 2.2.7 OC 门实现线与

(4)OC 门用作接口电路

所谓接口电路,就是将一种逻辑电路和其他不同特性的逻辑电路相连的电路。图 2.2.8 所示为 TTL OC 门驱动 CMOS 逻辑门电路,通过选择合适的 R_C 就可以使 TTL 和 CMOS 逻辑电平匹配。

2. 三态逻辑门（TS 门）

在普通 TTL 门的基础上增加输出高阻状态，就可构成三态逻辑门。三态非门的逻辑符号如图 2.2.9 所示。

（1）三态逻辑表达式

① 除输入 A 和输出 F 外，由图 2.2.9（b）和（c）可见，三态非门还有一个低有效的使能输入端，其逻辑表达式为

$$\overline{EN} = 0, F = \overline{A} \quad （使能端有效，实现逻辑门的功能）$$

$$\overline{EN} = 1, F = Z \quad （使能端无效，输出高阻）$$

② 三态逻辑门不同，使能输入端及高、低有效性不同。

③ 很多中、大规模集成数字器件的输出端都具有三态特性。

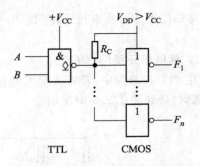

图 2.2.8 OC 门实现逻辑电平转换

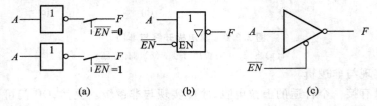

图 2.2.9 三态非门

（a）等效电路 （b）国标符号 （c）国外流行符号

（2）三态逻辑门的应用

三态逻辑门的输出可以直接连到公共总线。不过，接到总线上的三态设备应分时工作，即任何时刻只允许一个三态逻辑门使能端有效（选通），以便共享总线而不引起总线"冲突"。计算机和数字控制系统中广泛采用总线结构，既节省了连线，又便于控制。

2.2.5 集成 CMOS 逻辑门

由于集成 CMOS 逻辑门优越的性能，目前已超越 TTL 而成为占主导地位的逻辑器件。目前主要有 4000B、4500、74HC 等系列产品。

1. CMOS 电路的特点

CMOS 电路是由 PMOS 和 NMOS 互补网络构成。逻辑门的每个输入都连接到一个 MOS 互补对（一个 PMOS 和一个 NMOS）上。一个单输入的逻辑门需要两个（一对）MOSFET，而一个 2 输入的逻辑门至少需要 4 个（两对）MOSFET，依此类推。PMOS 网络用于在输出与电源之间形成通路，而 NMOS 用于在输出与地之间形成电流流动的路径。集成 CMOS 电路的具体特点如下：

① 功耗极低，4000B 系列单门功耗在 μW 数量级；

② 输出高低电平理想：$U_{OL} \approx 0V$，$U_{OH} \approx V_{DD}$；

③ 电源适用范围宽,4000B 系列 $V_{DD} = 3 \sim 18V$;

④ 噪声容限高,理想情况下 $U_N \approx V_{DD}/2$,一般可取 $U_N = V_{DD}/3$;

⑤ 扇出能力强,$N \geqslant 50$。

2. CMOS 传输门(TG)

CMOS 传输门可以双向传输 $u_I = 0 \sim V_{DD}$ 之间的模拟和数字信号。

3. 集成 CMOS 电路的应用场合

根据 CMOS 电路功耗极低、抗干扰能力强等特点,它可广泛地应用于电池供电的便携式以及不易散热、电磁环境恶劣空间的电子装置中。

4. CMOS 电路使用注意事项

CMOS 电路输入端虽然设置了二极管保护网络,但它们所能承受的静电电压及脉冲功率有限。为防止静电感应造成的损坏,使用时仍需采取措施加以保护。例如,不用的输入端不能悬空、电烙铁应良好接地等。

2.2.6 使用集成逻辑门的几个实际问题

1. 输入端电阻对逻辑门工作状态的影响

(1)输入端电阻 R 对 TTL 门输出状态的影响(即输入负载特性)

当 TTL 门输入对地接入电阻时,门的工作情况可分析如下:

① $R = 0$,$u_I = 0$,$u_O = u_{OH}$。一般 $R \leqslant R_{OFF}$(900Ω)时,输入相当于接低电平。实验测量时,不同门的 R_{OFF} 相差很大。

② $R \rightarrow \infty$,$u_O = u_{OL}$。一般 $R \geqslant R_{ON}$(2kΩ)时,输入相当于接高电平。实验测量时,不同门的 R_{ON} 相差很大。

(2)输入端电阻对 CMOS 门输出状态的影响

由于 CMOS 门输入为绝缘栅极,几乎不会有电流流过。因而 CMOS 门的输入端经过电阻接地,输入电平是低电平,与电阻阻值大小无关。

2. 尖峰电流的影响

TTL 门输出由低电平转向高电平会瞬间产生短暂的但幅度很大的尖峰电流。对一般电路而言,这种尖峰电流是正常工作电流的数十倍。为降低尖峰电流影响,可在门电路的电源与地之间接入滤波电容。

3. 不使用输入端的处理

工程设计中一般不让多余输入端悬空,以免受到干扰。对多余输入端可按下述方法进行恰当的处理:

① 可将等效**与**门多余输入端接电源,或者将它们与使用端并联。

② 可将等效**或**门多余输入端接地,或者将它们与使用端并联。

4. 逻辑门电路之间的接口

工程实际中,经常会出现需将 TTL 与 CMOS 两种器件相互对接的问题。无论用 TTL 电路驱动 CMOS 电路,还是用 CMOS 电路驱动 TTL 电路,驱动门必须为负载门提供满足标准的高低电平和足够的驱动电流,下面简要介绍对接原则和具体实现方法。

(1) TTL 电路驱动 CMOS 电路

① 假设 $V_{CC} = V_{DD}$:TTL 电路的 $U_{OHmin} = 2.4V$,不满足 CMOS 的输入高电平的最小值 U_{IHmin},可在 TTL 电路的输出端对电源 V_{CC} 接入上拉电阻 R_U。这样,TTL 电路的输出高电平就上拉到接近 V_{CC}。

② $V_{DD} > V_{CC}$:可增加一个 OC 门作为电平转换,或者直接用 TTL OC 门驱动 CMOS 门,如图 2.2.8 所示。

(2) CMOS 电路驱动 TTL 电路

用 CMOS 电路驱动 TTL 电路时,若 CMOS 门输出低电平时的灌电流能力不够,可采用下列方式提高灌电流负载能力:

① 将若干 CMOS 电路并联提高灌电流负载能力(输入、输出分别并联);

② 采用 CMOS 驱动器。

2.3　基本概念自检题与典型题举例

2.3.1　基本概念自检题

1. 选择填空题

(1) 硅开关二极管导通时的正向压降为＿＿＿＿＿＿。

　(a) 0.5V　　　　　　(b) 0.7V　　　　　　(c) 0.1V　　　　　(d) 0.3V

(2) 二极管**与**门的两输入信号 $AB = $ ＿＿＿＿＿＿时,输出为高电平。

　(a) **00**　　　　　　(b) **01**　　　　　　(c) **10**　　　　　(d) **11**

(3) 二极管**或**门的两输入信号 $AB = $ ＿＿＿＿＿＿时,输出为低电平。

　(a) **00**　　　　　　(b) **01**　　　　　　(c) **10**　　　　　(d) **11**

(4) 当发射结 J_e 和集电结 J_c 均正偏时,晶体管工作在＿＿＿＿＿＿状态。

　(a) 放大　　　　　　(b) 饱和　　　　　　(c) 截止　　　　　(d) 倒置

(5) 当晶体管两个 PN 结都反偏时,工作在＿＿＿＿＿＿状态。

　(a) 放大　　　　　　(b) 饱和　　　　　　(c) 截止　　　　　(d) 倒置

(6) 数字电路中,当晶体管的饱和深度变浅时,其工作速度＿＿＿＿＿＿。

　(a) 变低　　　　　　(b) 不变　　　　　　(c) 变高　　　　　(d) 加倍

(7) 三极管开关电路中,影响开关速度的主要因素是＿＿＿＿＿＿。

　(a) t_d　　　　　　(b) t_r　　　　　　(c) t_s　　　　　(d) t_f

(8) 当＿＿＿＿＿＿时,增强型 NMOS 管相当于开关接通。

　(a) $U_{GS} > U_T, U_{GD} > U_T$　　　　　　　　(b) $U_{GS} > U_T, U_{GD} < U_T$

(c) $U_{GS} < U_T, U_{GD} < U_T$ (d) $U_{GS} < U_T, U_{GD} > U_T$

(9) 标准 TTL 逻辑门关门电平 U_{OFF} 之值为_____。

  (a) 0.3 V   (b) 0.5 V   (c) 0.8 V   (d) 1.2 V

(10) 标准 TTL 逻辑门开门电平 U_{ON} 之值为_____。

  (a) 0.3 V   (b) 0.7 V   (c) 1.4 V   (d) 2 V

(11) TTL **与非门**输出高电平的参数规范值是_____。

  (a) $U_{OH} \geqslant 1.4 V$ (b) $U_{OH} \geqslant 2.4 V$ (c) $U_{OH} \geqslant 3.3 V$ (d) $U_{OH} = 3.6 V$

(12) TTL **与非门**输出低电平的参数规范值是_____。

  (a) $U_{OL} \leqslant 0.3 V$ (b) $U_{OL} \geqslant 0.3 V$ (c) $U_{OL} \leqslant 0.4 V$ (d) $U_{OL} = 0.8 V$

(13) TTL **与非门**阈值电压 U_T 的典型值是_____。

  (a) 0.4 V   (b) 1.4 V   (c) 2 V   (d) 2.4 V

(14) TTL **与非门**输入短路电流 I_{IS} 的参数规范值是_____。

  (a) 20 μA   (b) 40 μA   (c) 1.6 mA   (d) 16 mA

(15) TTL **与非门**高电平输入电流 I_{IH} 的参数规范值是_____。

  (a) 20 μA   (b) 40 μA   (c) 1.6 mA   (d) 16 mA

(16) TTL **与非门**低电平输出电流 I_{OL} 的参数规范值是_____。

  (a) 20 μA   (b) 40 μA   (c) 1.6 mA   (d) 16 mA

(17) TTL **与非门**高电平输出电流 I_{OH} 的参数规范值是_____。

  (a) 200 μA   (b) 400 μA   (c) 800 μA   (d) 1000 μA

(18) 某集成电路封装内集成有 4 个与非门,它们输出全为高电平时,测得 5 V 电源端的电流为 8 mA,输出全为低电平时,测得 5 V 电源端的电流为 16 mA,该 TTL **与非门**的功耗为_____ mW。

  (a) 30   (b) 20   (c) 15   (d) 10

(19) TTL 电路中,_____能实现**线与逻辑**。

  (a) **异或门**   (b) OC 门   (c) 三态门   (d) **与或非门**

(20) 用三态门可以实现"总线"连接,但其"使能"控制端应为_____。

  (a) 固定接 **0**   (b) 固定接 **1**   (c) 同时使能   (d) 分时使能

(21) TTL 逻辑门电路的开门电阻 R_{ON} 的典型值为_____。

  (a) 3 kΩ   (b) 2 kΩ   (c) 900 Ω   (d) 300 Ω

(22) 门电路输入端对地所接电阻 $R \leqslant R_{OFF}$ 时,相当于此端_____。

  (a) 接逻辑 **1**   (b) 接逻辑 **0**   (c) 接 2.4 V 电压   (d) 逻辑不定

(23) TTL 门电路输入端对地所接电阻 $R \geqslant R_{ON}$ 时,相当于此端_____。

  (a) 接逻辑 **1**   (b) 接逻辑 **0**   (c) 接 0.4 V 电压   (d) 逻辑不定

(24) 数字系统中,降低尖峰电流影响所采取的措施是_____。

  (a) 接入关门电阻   (b) 接入开门电阻   (c) 接入滤波电容   (d) 降低供电电压

（25）CMOS 系列产品中，工作速度低于 74 系列 TTL 产品的是_____系列。

(a) 74HC　　　　　(b) 74HCT　　　　　(c) 54HC　　　　　(d) 4000B

（26）不属于 CMOS 逻辑电路优点的提法是_____。

(a) 输出高低电平理想　　　　　　　　(b) 电源适用范围宽

(c) 抗干扰能力强　　　　　　　　　　(d) 电流驱动能力强

（27）电源电压 V_{DD} 为 10V 的 CMOS 传输门可以传递幅度为_____的信号。

(a) −10～0V　　　　　(b) 0～10V　　　　　(c) 0～V_{DD}/2　　　　　(d) 大于 10V

【答案】(1)(b)；(2)(d)；(3)(a)；(4)(b)；(5)(c)；(6)(c)；(7)(c)；(8)(a)；(9)(c)；(10)(d)；(11)(b)；(12)(c)；(13)(b)；(14)(c)；(15)(b)；(16)(d)；(17)(b)；(18)(c)；(19)(b)；(20)(d)；(21)(b)；(22)(c)；(23)(a)；(24)(c)；(25)(d)；(26)(d)；(27)(b)。

2. 填空题（请在空格中填上合适的词语，将题中的论述补充完整）

（1）二极管最重要的特性是_____。

（2）逻辑电路中，电平接近于零时称为_____，电平接近 V_{CC} 时称为_____。

（3）数字电路中，晶体管一般工作在_____状态。

（4）晶体管进入饱和后，若继续增加 I_B，集电极电流 I_C_____。

（5）在晶体管 c、b 极间并接_____，可提高晶体管开关速度。

（6）TTL 逻辑门的驱动能力比 CMOS 逻辑门_____。

（7）当 $U_{GS} < U_T$ 时，NMOS 管工作于_____状态，

（8）NMOS 管输入电阻 R_{GS} 可达_____。

（9）TTL 逻辑门电路中，多发射极晶体管完成_____逻辑功能。

（10）TTL 逻辑门采用推拉输出结构的优点是_____。

（11）TTL **与非门**输出高电平 U_{OH} 的典型值为_____。

（12）TTL **与非门**输出低电平 U_{OL} 的典型值为_____。

（13）TTL **与非门**的噪声容限反映了门电路的_____能力。

（14）TTL **与非门**的低电平噪声容限 $U_{NL} =$ _____。

（15）TTL **与非门**的高电平噪声容限 $U_{NH} =$ _____。

（16）逻辑门电路输出波形相对于输入波形的延后时间称为_____。

（17）逻辑门的品质因数 $M =$ _____，M 值越_____，门的性能越好。

（18）用三态逻辑门构成总线连接时，依靠_____信号的控制，可以实现总线的共享而不至于引起_____。

（19）**与门**的多余输入端可_____。

（20）**或门**的多余输入端可_____。

（21）CMOS 逻辑门电路中，若 $V_{DD} = 10V$，则输出低电平 U_{OL} 近似为_____，输出高电平 U_{OH} 近似为_____。

（22）CMOS 逻辑门电路中,若 $V_{DD} = 15V$,电路的噪声容限 U_N 可达_____。

（23）TTL 逻辑电路驱动 CMOS 逻辑电路负载时,$U_{OHmin} \geqslant U_{1Hmin}$ 得不到满足,常用的解决办法是将 TTL 逻辑电路输出接_____。

（24）CMOS 逻辑门电路驱动 TTL 逻辑电路负载时,$I_{OL} \geqslant nI_1$ 得不到满足,常用的解决办法是_____。

【答案】（1）单向导电性;（2）低电平、高电平;（3）开关;（4）几乎不变;（5）肖特基二极管;（6）强;（7）截止;（8）10^{15} Ω 以上;（9）与;（10）输出阻抗低,带负载能力强;（11）3.6V;（12）0.3V;（13）抗干扰;（14）$U_{OFF} - U_{OLmax}$;（15）$U_{OHmin} - U_{ON}$;（16）平均延迟时间 t_{pd};（17）$P \cdot t_{pd}$、小;（18）使能、总线冲突;（19）与使能端并联或接高电平;（20）与有用端并联或接低电平;（21）0V、10V;（22）5V;（23）上拉电阻或 OC 门;（24）将多个 CMOS 逻辑电路并联或接入 CMOS 驱动器。

2.3.2 典型题举例

【例 2.1】 试分析 TTL 非门输入端接法如下时,相当于接什么电平?

（1）（a）接地;（b）接低于 0.8V 的电压; （c）接另一 TTL 逻辑电路的输出低电平。

（2）（a）悬空;（b）接高于 2V 的电压; （c）接另一 TTL 逻辑电路的输出高电平。

【解】 （1）（a）、（b）和（c）中的输入均小于 TTL 非门的关门电平 U_{OFF}（$U_{ILmax} = 0.8V$）,因此,相当于接低电平。

（2）（a）输入端悬空,相当于输入端对地接无穷大电阻,它远大于开门电阻 R_{ON},TTL 非门输入悬空相当于接高电平;（b）和（c）中的输入电压大于或等于 TTL 门的开门电平 U_{ON}（$U_{1Hmin} = 2V$）,因此,相当于接高电平。

【例 2.2】 欲判断一个 TTL 与非门输入端的工作情况,若用内阻为 20 kΩ/V 的万用表去测量某一悬空输入端的电压。在下列情况下,所测得的电压值 U 各为多少? 为什么?

（1）其他输入端接正电源（+5V）;

（2）其他输入端悬空;

（3）其他输入端有一个接地;

（4）其他输入端全部接地;

（5）其他输入端有一个接 0.4V。

【解】 本题要结合图 2.3.1 的 TTL 门内部输入级电路进行分析与理解。

（1）万用表内阻 $R_i > R_{ON}$,u_1 为高电平。因此,与非门 T_1 的集电结 BC_1、晶体管 T_2 和 T_3 的发射结 BE_2、BE_3 均导通,$U_{B1} = U_{BC1} + U_{BE2} + U_{BE3} = 2.1V$,万用表所能测得的电压值为:$U = U_{B1} - U_{BE1} = 1.4V$;

（2）此时,与非门的工作情况同（1）中,故 $U = 1.4V$;

（3）此时,T_1 通过该输入对地导通,使 $U_{B1} = 0.7V$,故 $U = U_{B1} - U_{BE1} = 0V$;

（4）全部接地时,与非门的工作情况同（3）,因而 $U = 0V$;

（5）此时，T_1 通过接 0.4V 的输入端导通，使 $U_{B1} = U_I +$
$U_{BE1} = 1.1V$；万用表所测电压值 $U = U_{B1} - U_{BE1} = 0.4V$。

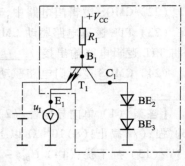

【例 2.3】 实测得一 74TTL 与非门的 $U_{OL} = 0.2V$，$U_{OH} =$
3.6V，$U_{ON} = 1.45V$，$U_{OFF} = 1.35V$，$I_{IS} = 1.4mA$，$I_{Olmax} = 25$ mA，试
求：

（1）输入高电平噪声容限 U_{NH} 和输入低电平噪声容限 U_{NL}；

（2）该门的扇出系数 N 为多少？

图 2.3.1

【解】 不能用实测参数计算逻辑门的参数，类似问题都一
样，需要查器件手册。

（1）$U_{NH} = U_{OHmin} - U_{on} = U_{OHmin} - U_{IHmin} = (2.4 - 2.0)V = 0.4$ V

$U_{NL} = U_{off} - U_{OLmax} = U_{ILmax} - U = (0.8 - 0.4)V = 0.4$ V

（2）$N_L = \left[\dfrac{I_{OLmax}}{I_{IS}} \right] = \left[\dfrac{16}{1.6} \right] = 10$；$N_L = \left[\dfrac{I_{OHmax}}{I_{IH}} \right] = \left[\dfrac{0.4}{0.04} \right] = 10$

因此，$N = 10$

【难点和容易出错处】 本题计算中给出了测试值，会误导大家。计算逻辑门的技术参数，
要以器件手册中给出的参数计算，器件手册给出的参数一般是器件工作在最差条件下。

【例 2.4】 用 TTL 与非门、发光二极管 LED 和电阻构成的逻辑测试笔电路如图 2.3.2 所示
（可用于检查 TTL 逻辑电路的逻辑值）。

（1）计算电阻 R 的阻值；

（2）说明电阻和逻辑门的作用。

【解】 （1）$R \geqslant \dfrac{V_{CC} - U_D - U_{OL}}{I_{DM}} = \dfrac{5 - 1.7 - 0.3}{10} k\Omega$
$= 0.3 k\Omega$

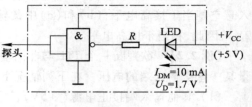

（2）电阻 R 的作用是限流，使流过 LED 的电流
不超过 I_{DM}。逻辑门的作用：一是隔离，使测试电路向
被测试电路灌入电流小于 1.6mA；二是逻辑配合，当

图 2.3.2

探头接触高电平时，逻辑门输出低电平，LED 导通，发光，表明探测到高电平，反之，逻辑门输出高
电平，LED 截止，不发光，表明探测到低电平。

【例 2.5】 图 2.3.3 电路中，G_1 是三态输出非门，G_2
是普通 TTL 与非门。试回答：当控制信号 C 为低电平，开
关 S 闭合和断开时，三态逻辑门的输出电位各是多少？当
控制信号 C 为高电平，开关 S 闭合和断开时，三态逻辑门
的输出电位又是多少？

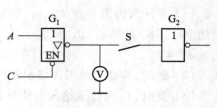

【解】 （1）当 C 为低电平时，三态门"使能"，实现正
常的与非逻辑，输出为 $\overline{A}$。S 闭合和断开时，三态门的输出

图 2.3.3

电位受输入信号 A 的控制,当 $A = 1$ 时,输出低电平 $U_{OL} \leq 0.4V$。当 $A = 0$ 时,输出高电平 $U_{OH} \geq$ 2.4V。

(2) 当 C 为高电平时,三态门"禁止",输出为高阻抗"Z",当 S 闭合时,"Z"接于 G_2 输入端,大于其开门电阻 R_{ON},G_2 输出低电平,由此推得三态门输出端的电位为1.4V;当S断开时,三态门的输出为高阻态。

【例2.6】 OC 门构成的电路如图2.3.4所示。

(1) 写出输出表达式;

(2) 当 A 与 B 或者 C 与 D 都是高电平时,输出何种电平?

(3) 当 A、B 和 C、D 中都至少有一个为低电平时,输出何种电平?

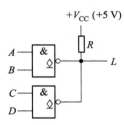

图 2.3.4

【解】 (1) $L = \overline{AB} \cdot \overline{CD} = AB + CD$

(2) 输出低电平;

(3) 输出高电平。

【例2.7】 三态输出**非**门构成如图2.3.5所示的电路,试写出当 C 为 **0** 和 **1** 时,输出 L 的表达式。

【解】 当 $C = 0$ 时,三态输出门 G_1"使能",G_2"禁止",$L = \overline{A}$;

当 $C = 1$ 时,三态输出门 G_1"禁止",G_2"使能",$L = \overline{B}$。

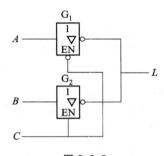

【例2.8】 3 个三态输出门的输出接到数据总线 DB 上,如图 2.3.6 所示。

(1) 它们的使能信号 $\overline{E}$ 能否接在一起集中控制?

(2) 简述数据传输原理;

(3) 若门 G_1 发送数据,此时各三态输出门的 $\overline{E}$ 应是何种电平?

【解】 (1) 它们的使能端不能接在一起集中控制,应分时使能。若集中同时使能,会引起总线冲突。

(2) 3 个三态输出门的输出共享总线必须分时占用总线,即任何时刻,仅允许一个三态输出门使能,将数据放到总线上。

(3) 此时,$\overline{E_1} = 0$,而 $\overline{E_2} = \overline{E_3} = 1$ 即可。

【例2.9】 电路如图2.3.7(a)所示,各输入信号如图(b)所示。试分别画出输出端的波形图。

【解】 $Y_1 = ABC$(全高为高),$Y_2 = A + B + C$(全低为低)。画出输出端 Y_1 和 Y_2 的波形如图2.3.8所示。

【例2.10】 **异或**门电路图形符号如图2.3.9(a)所示。

(1) 写出 F 的逻辑表达式;

(2) 写出 B 分别为 **0** 和 **1** 时,F 的表达式;

(3) 若输入波形如图2.3.9(b)所示,画出输出波形。

【解】 (1) $F = A \oplus B = \overline{A} B + A \overline{B}$

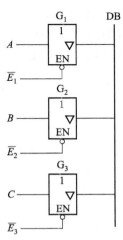

图 2.3.6

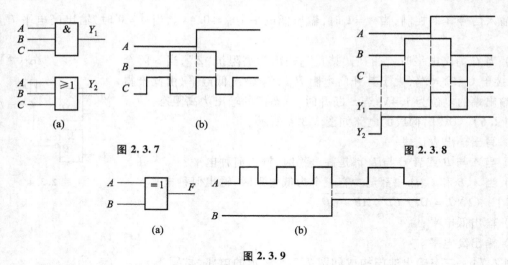

图 2.3.7　　　　　　　　　　　　　　　　图 2.3.8

图 2.3.9

（2）当 $B=0$ 时，$F=A \oplus 0=A$；当 $B=1$ 时，$F=A \oplus 1=\bar{A}$。

（3）画出波形如图 2.3.10 所示。

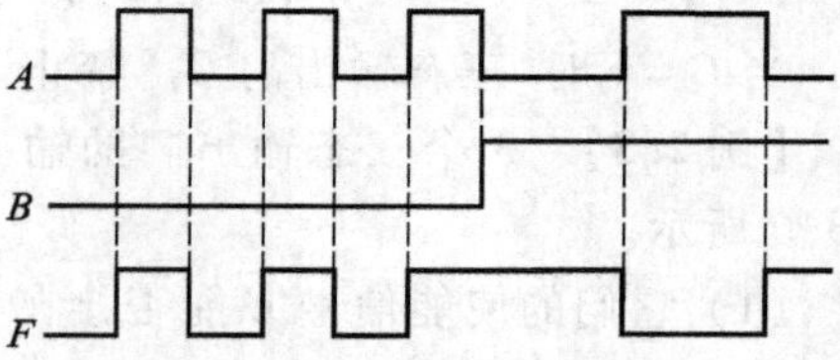

【例 2.11】　逻辑电路及输入信号波形如图 2.3.11（a）和（b）所示。

（1）当电路采用的是 TTL 逻辑门时，写出输出表达式；

（2）当电路采用的是 CMOS 逻辑门时，写出输出表达式；

图 2.3.10

（3）画出采用 TTL 逻辑门时的输出波形图。

【解】　（1）考虑 TTL 门电路输入对地所接电阻，当 $R \leqslant R_{\mathrm{OFF}}=700\Omega$ 时，相当于接逻辑 0，当 $R \geqslant R_{\mathrm{ON}}=2\mathrm{k}\Omega$ 时，相当于接逻辑 1。因此，$L_1=\overline{AB \cdot 1}=\overline{AB}$，$L_2=\overline{C+C+0}=\bar{C}$。

（2）考虑 CMOS 门电路输入对地所接电阻，只要不是无穷大，均可视为接逻辑 0，因此，$L_1=\overline{AB \cdot 0}=1$，$L_2=\overline{C+C+0}=\bar{C}$。

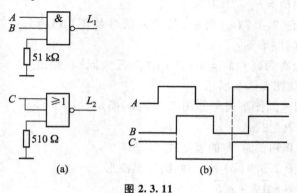

图 2.3.11

（3）画 TTL 门电路输出波形如图 2.3.12 所示。

【例 2.12】　逻辑电路及输入信号波形如图 2.3.13（a）和
（b）所示。

（1）写出各电路的名称；

（2）写出各电路的逻辑表达式；

（3）试画出各电路的输出波形图。

【解】（1）G_1 为**与或非**门，G_2 为三态输出非门。

（2）$Y_1 = \overline{A \cdot \mathbf{1} + B \cdot \mathbf{0}} = \overline{A}$；$C = 0$ 时，G_2 输出为高阻态，$C = 1$
时，$Y_2 = \overline{B}$。

（3）各输出端波形如图 2.3.14 所示。

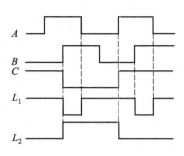

图 2.3.12

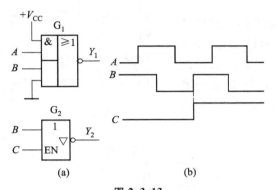

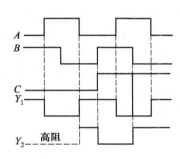

（a）　　　　　　（b）

图 2.3.13　　　　　　　　　图 2.3.14

【例 2.13】　模拟开关构成的电路如图 2.3.15（a）所示，电源 $V_{DD} = 10\text{V}$。

（1）写出输出 Y 的表达式；

（2）若各输入信号电压波形如图 2.3.15（b）所示，试画出输出 Y 的电压波形图。

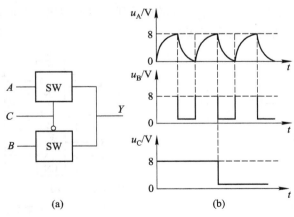

（a）　　　　　　　　　　（b）

图 2.3.15

【解】　（1）$C = 1$ 时，$Y = A$；$C = 0$ 时，$Y = B$。

（2）输出电压波形如图 2.3.16 所示。

【例 2.14】　某 TTL 逻辑电路的输出需驱动继电器负载，设继电器线包电压为 24V，线包直流电阻 R_x 为 2kΩ，试设计合理的接口电路，完成驱动任务，并画出电路图。

【解】　本题驱动电路应具有承受 24 V 电压，且具有 $I_0 = 12$ mA 的驱动能力，应选取 OC 门。取 OC 门外接电压 $V_{CC} = 24$ V，线包电阻 R_x 作为外接电阻，采用低电平驱动。画电路图如图 2.3.17 所示。

【例 2.15】　将 TTL 与 CMOS 门电路直接相连时，常外接电阻 R_U，如图 2.3.18 所示，试说明 R_U 的作用。

【解】　图 2.3.18 电路为 TTL 门电路驱动 CMOS 门电路负载的接口电路，由于 CMOS 门电路输入电压要求 $U_{IL} \leqslant 1$ V，$U_{IH} \geqslant 3.5$ V，而 TTL 门电路输出未接 R_U 时，$U_{OL} \leqslant 0.4$ V，$U_{OH} \geqslant 2.4$ V，输出高电平不能满足 CMOS 门电路的要求，外接 R_U 后，TTL 门电路输出高电平可以被提高到 CMOS 门电路的 U_{IH} 要求，因此称 R_U 为上拉电阻，R_U 选择与 OC 门上拉电阻类似。

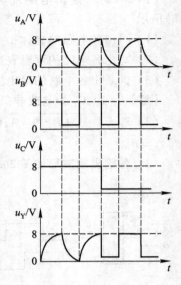

图 2.3.16

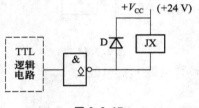

图 2.3.17

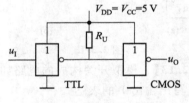

图 2.3.18

【例 2.16】　数字万用表中，常用若干 4000B 系列 CMOS 门电路并联起来产生电路需要的负电压，如图 2.3.19 所示。为什么这样连接？

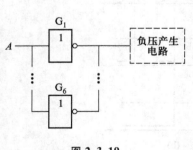

图 2.3.19

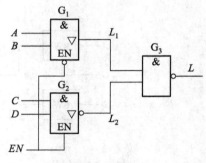

图 2.3.20

【解】 参见教材表 2.5.1,4000B 系列单个 CMOS 门电路的电流驱动能力仅为 0.51 mA,多个电路输入与输出分别并联可以提高电流驱动能力。

【例 2.17】 逻辑电路如图 2.3.20 所示,试写出其输出表达式。

【解】 当 $EN=0$ 时,三态门 G_1 使能,$L_1=AB$;三态门 G_2 禁止,$L_2=Z$,对 G_3 与非门而言,$Z>R_{ON}$,相当于输入为 1,因此,$L=\overline{L_1\cdot L_2}=\overline{AB\cdot 1}=\overline{AB}$。当 $EN=1$ 时,G_1 禁止,G_2 使能,$L=\overline{L_1\cdot L_2}=\overline{1\cdot CD}=\overline{CD}$。

2.4 思考题和习题解答

2.4.1 思考题

2.1 总结对比 TTL 门电路与 CMOS 门电路技术参数,说明 CMOS 系列门电路具有哪些优点。

【答】 CMOS 系列门电路具有功耗低、抗干扰能力强、电源电压范围宽、扇出能力强等优点。

2.2 CMOS 门电路的电源电压是否固定为 +5 V?

【答】 不是,CMOS 门电路电源电压有一个范围。

2.3 为什么 CMOS 门电路具有低功耗的特点?

【答】 CMOS 门电路输入阻抗高,静态功耗几乎为零。

2.4 CMOS 门电路是否具有与 TTL 门电路一样的输入负载特性? 为什么?

【答】 两者负载特性不同,由于 CMOS 门电路栅极下是绝缘层,流过栅极的电流始终为 0。

2.5 为什么 CMOS 门电路的工作速度较 TTL 门电路低?

【答】 CMOS 与 TTL 门电路的情况不同,影响 CMOS 门电路工作速度的主要因素在于电路的外部,即负载电容 C_L,CMOS 门电路带同类型的负载门越多,负载电容 C_L 越大,速度越慢。

2.6 为什么 CMOS 门电路需要在输入和输出端加缓冲器?

【答】 CMOS 门电路的一般构成规律是:①由 NMOS 管和 PMOS 管组成,NMOS 管和 PMOS 管成对出现。门电路的每个输入同时加到一个 NMOS 管和一个 PMOS 管的栅极上;②将多个 NMOS 管串联,PMOS 管并联,可得到 CMOS 与非门。反之,将多个 NMOS 管并联,PMOS 管串联,可得到 CMOS 或非门。

虽然 CMOS 门电路结构很简单,但存在着一些不足之处。比如,门电路的输出电阻受输入电平状态的影响,以教材图 2.4.2 的 CMOS 逻辑门中的与非门(a)为例,假设 MOS 管的导通电阻为 R_{ON},截止时电阻为 ∞,其输出阻抗分析如下:

当 $A=B=1$ 时,输出电阻为 T_1 管和 T_2 管的导通电阻串联,其值为 $2R_{ON}$;

当 $A=B=0$ 时,输出电阻为 T_3 管和 T_4 管的导通电阻并联,其值为 $R_{ON}/2$;

当 $A=1$、$B=0$ 时,输出电阻为 T_4 管的导通电阻,其值为 R_{ON};

当 $A = 0$、$B = 1$ 时,输出电阻为 T_3 管的导通电阻,其值为 R_{ON}。

可见,输入电平状态不同,输出电阻可相差 4 倍之多。

另外,CMOS 门电路输出的低电平也受输入端数目的影响。输入端数越多,则串联的 NMOS 管越多,输出的低电平电压也越高。为了避免经过多次串、并联后带来的电平平移和对输出特性的影响,实际的 CMOS 门电路常常引入反相器作为每个输入端和输出端的缓冲器,大大改善了 CMOS 门电路的电气特性(比如电压传输特性、输入特性、输出特性、动态特性等)。

2.7　CMOS 传输门的功能是什么? 有何应用?

【答】　CMOS 传输门就是一种传输模拟信号(也包括数字信号)的可控开关电路。由于 MOS 管结构对称,其源极与漏极可以对调使用,因此,传输门具有双向性,也称为双向开关。

2.8　CMOS 门电路使用时应注意什么?

【答】　(1) CMOS 门电路工作电压一般为 3 V ~ 18 V,当系统中有门电路的模拟应用时,如作为脉冲振荡、线性放大,则最低工作电压应不低于 + 4.5 V。

(2) 为了增加 CMOS 门电路的驱动能力,除了选用驱动能力较大的缓冲器外,还可以将同一芯片上的几个同类电路的输入端和输出端分别并联在一起来提高驱动能力,这时驱动能力将增大 N 倍,N 是并联门电路的数量。

(3) 多余输入端的处理。CMOS 门电路输入端不允许悬空,因为悬空的输入端输入电位不定,会破坏电路的正常逻辑关系,另外悬空时输入的阻抗高,易受外界噪声干扰,使电路误动作,而且也极易使栅极感应静电,造成击穿。对**与非门**和**与门**的多余输入端应接高电平,而**或门**和**或非门**则应接至低电平。如果电路的工作速度不高,功耗也不需要特别考虑,可将多出来的输入端与使用端并用。

(4) 输入端接长线时的保护。可串接电阻以尽可能地消除较大的分布电容和分布电感。

(5) CMOS 门电路的输入电流超过 1mA 可能烧坏 CMOS 器件。

2.4.2　习题

2.1　图题 2.1 电路中的二极管均为理想二极管,各二极管的状态(导通或截止)和输出电压 U_O 的大小分别为:

D_1 _____;

D_2 _____;

D_3 _____;

U_O _____。

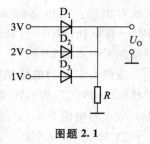

图题 2.1

【解】　D_1 导通,D_2 和 D_3 截止,U_O 为 2.3 V。

2.2　今有一个 3 输入端**与非门**,已知输入端 A、B 及输出端 F 的波形如图题 2.2 所示,问输入端 C 可以有下面 (1)、(2)、(3)、(4)、(5) 中的哪些波形?

【解】　C 可以是 (1)、(2)、(3) 和 (5) 的任一波形。

2.3　有一逻辑系统如图题 2.3 所示,它的输入波形如图中所示。假设门传输时间可以忽视,问输出波形为(1)、(2)、(3)、(4)中的哪一种?

【解】　设图中电路输入变量为 A,输出为 F,可求逻辑式为

$$F = \overline{\overline{A} \cdot \overline{A}} + A = A + (\overline{A} + A) = A + 1 = 1$$

所以,输出波形为(3)。

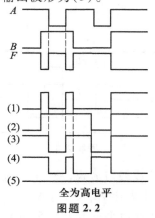

图题 2.2

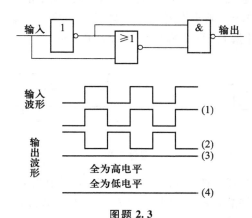

图题 2.3

2.4　若 TTL 与非门的输入电压为 2.2 V,确定该输入属于(1)逻辑 **0**;(2)逻辑 **1**;(3)输入位于过渡区,输出不确定,为禁止状态。

【解】　因为 TTL 与非门的 $U_{IH} \geqslant 2.0$ V,所以输入电压为 2.2 V 时,属于(2)逻辑 **1**。

2.5　若 TTL 与非门的输出电压为 2.2 V,确定该输出属于(1)逻辑 **0**;(2)逻辑 **1**;(3)不确定的禁止状态。

【解】　因为 TTL 与非门的输出低电平 $U_{OL} \leqslant 0.4$ V,输出高电平 $U_{OH} \geqslant 2.4$ V,所以输出电压为 2.2 V 时,属于(3)不确定的禁止状态。

2.6　利用网络资源,查找 7432 和 7421IC 的数据手册,说明分别是什么逻辑器件?内部分别有几个独立器件?7421 是多少引脚的封装?是否有未使用的引脚?

【解】　读者通过以下网址,搜索并下载 7432 和 7421 IC 的 pdf 文件,阅读下载的器件资料可知,7432 内部有四个独立的两输入**或**门,称为四 2 输入**或**门。7421 是双 4 输入与门,DIP 封装,3 和 11 引脚未使用。

http://www.icpdf.com/

http://www.51ic.info/

http://www.21ic.com/

http://www.icminer.com/

http://www.datasheet5.com/

2.7　标准 TTL 门电路电源电压一般为(1)12 V;(2)6 V;(3)5 V;(4) −5 V。

【解】　(3)5 V。

2.8 某一标准 TTL 与非门的低电平输出电压为 0.1 V,则该输出所能承受的最大噪声电压为(1)0.4 V;(2)0.3 V;(3)0.7 V;(4)0.2 V。

【解】 查教材表 2.5.1 可得,TTL 与非门的 $U_{\text{ILmax}} = 0.8$ V,$U_{\text{OLmax}} = 0.4$ V,$U_{\text{IHmin}} = 2.0$ V,$U_{\text{OHmin}} = 2.4$ V。故该输出端所能承受的噪声电压为:$U_N = 0.4$ V。参见教材 P48 的说明及计算。与本题类似的计算门扇出数的问题,也不能用实测参数计算。

2.9 画出图题 2.9 中异或门的输出波形。

【解】 见图解 2.9 中的输出波形。

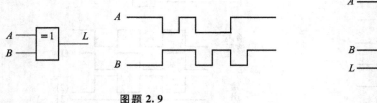
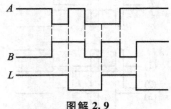

图题 2.9　　　　　　　　　图解 2.9

2.10 图题 2.10 中,G_1、G_2 是两个集电极开路与非门,接成线与形式,每个门在输出低电平时允许灌入的最大电流为 $I_{\text{OLmax}} = 13$ mA,输出高电平时的输出电流 $I_{\text{OH}} < 25$ μA。G_3、G_4、G_5、G_6 是四个 TTL 与非门,它们的输入低电平电流 $I_{\text{IL}} = 1.6$ mA,输入高电平电流 $I_{\text{IH}} < 50$ μA,$V_{\text{CC}} = 5$ V。试计算外接负载 R_C 的取值范围 R_{Cmax} 及 R_{Cmin}。

【解】 R_C 的选择应同时满足逻辑和驱动能力要求。当 OC 门线与信号为逻辑 0 时,不仅要求输出低电平不超过 U_{OLmax},而且还要考虑所有灌入一个导通的 OC 门的电流不超过其允许电流 I_{OLmax},由此可得

$$I_{RC} + mI_{\text{IL}} \leq I_{\text{OLmax}} \quad I_{RC} = \frac{V_{\text{CC}} - U_{\text{OLmax}}}{R_C} \quad \text{即} \quad R_C \geq \frac{V_{\text{CC}} - U_{\text{OLmax}}}{I_{\text{OLmax}} - mI_{\text{IL}}}$$

式中,m 为所接负载门数。

$$R_{\text{Cmin}} = \frac{V_{\text{CC}} - U_{\text{OLmax}}}{I_{\text{OLmax}} - mI_{\text{IL}}} = \frac{5 - 0.4}{13 - 4 \times 1.6} \times 10^3 \ \Omega = 0.697 \ \text{k}\Omega$$

当 OC 门输出为逻辑 1 时,G_1、G_2 中的输出管截止,I_{OH} 为晶体管的穿透电流(I_{CEO}),此时,穿透电流和负载门输入高电平电流 I_{IH} 全部流经 R_C,应使 OC 门输出高电平不低于 U_{OHmin},由此可得

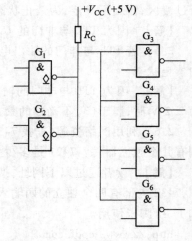

图题 2.10

$$V_{\text{CC}} - I_{RC}R_C \geq U_{\text{OHmin}}, \quad R_C \leq \frac{V_{\text{CC}} - U_{\text{OHmin}}}{I_{RC}} = \frac{V_{\text{CC}} - U_{\text{OHmin}}}{nI_{\text{OH}} + kI_{\text{IH}}}$$

式中,n 为 OC 门数,k 为所接负载门输入端总数。

$$R_{\text{Cmax}} = \frac{5 - 2.4}{2 \times 25 + 4 \times 50} \times 10^6 \ \Omega = 10.4 \ \text{k}\Omega$$

2.11 图题 2.11 中,若 A 的波形如图所示,写出逻辑函数式 F,并对应地画出波形;若考虑与非门的平均传输时延 $t_{pd} = 50$ ns,试重新画出 F 的波形。

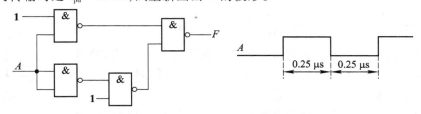

图题 2.11

【解】 $F = \overline{\overline{AA}} = 1$,不考虑门的传输延时,输出固定为高电平;若考虑与非门的平均传输时延 t_{pd},F 的波形如图解 2.11 所示。

2.12 某一 74 系列与非门输出低电平时,最大允许的灌电流 $I_{OLmax} = 16$ mA,输出为高电平时的最大允许输出电流 $I_{OHmax} = 400$ μA,测得其输入低电平电流 $I_{IL} = 0.8$ mA,输入高电平电流 $I_{IH} = 1.5$ μA,试问若不考虑裕量,此门的实际扇出为多少?

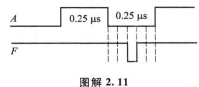

图解 2.11

【解】 本题与 2.8 题类似,要用器件手册中参数计算扇出数 N

$$N = \min[N_L, N_H] = \min\left[\frac{I_{OLmax}}{I_{IL}}, \frac{I_{OH}}{I_{IH}}\right]$$

$$= \min\left[\frac{16}{1.6}, \frac{400}{40}\right] = \min[10, 10] = 10$$

注意:式中 I_{IL} 和 I_{IH} 应取该参数的最大值,而不能用实测值。

2.13 在图题 2.13 中,能实现给定逻辑功能 $Y = \overline{A}$ 的电路是哪个?

【解】 本题电路要分 TTL 门电路和 CMOS 门电路两种情况分析,若图中门为 CMOS 门电路,一般不允许输入端悬空,三态门有高阻输出,正确答案只有(c)可以实现 $Y = \overline{A}$;若图中门为 TTL 门电路,(d)中其中一个输入上拉为高电平,所以可以实现 $Y = \overline{A}$。

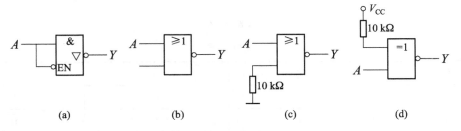

图题 2.13

2.14 设计一个发光二极管(LED)驱动电路,设 LED 的参数为 $U_F = 2.2$ V,$I_D = 10$ mA;若 $V_{CC} = 5$ V,当 LED 发亮时,电路的输出为低电平,选择集成门电路的型号,并画出电路图。

【解】　根据题意,可画电路如图解 2.14 所示。

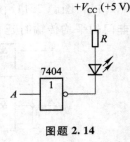

图题 **2.14**

(1)限流电阻 R 之值(取 $U_{OL} = 0.4$ V)

$$R = \frac{V_{CC} - U_F - U_{OL}}{I_D} = \frac{5 - 2.2 - 0.4}{10} \times 10^3 \ \Omega = 240 \ \Omega$$

(2)选用门电路的型号:由于电路输出为低电平时 LED 发光,要求所选电路的 $I_{OLmax} \geq I_D = 10$ mA,可选 74 系列 TTL **非门** 7404。

2.15　分析图题 2.15 中各电路逻辑功能。

【解】　分析三态门构成电路的逻辑功能时,一般分别分析门的使能有效和无效两种情况。

(a)当 $C = 0$ 时,G_1 禁止,输出高阻抗 Z,对其后的 TTL **异或门** 相当于接逻辑 **1**,所以,$F_2 = D \oplus 1 = \overline{D}$。而 G_2 使能端有效,输出为 $\overline{A}$,所以,

$$F_1 = \overline{A} \oplus B = \overline{A} \ \overline{B} + AB = A \odot B$$

当 $C = 1$ 时,G_1 使能,G_2 禁止,所以,$F_2 = \overline{A} \oplus D = A \odot D$;$F_1 = 1 \oplus B = \overline{B}$。

(b)三态门的输出端并接在一起,因此,应控制其使能端,使三态门全部禁止或分时使能。使能信号控制下的功能输出与功能输入间的逻辑关系如表解 2.15 所示。

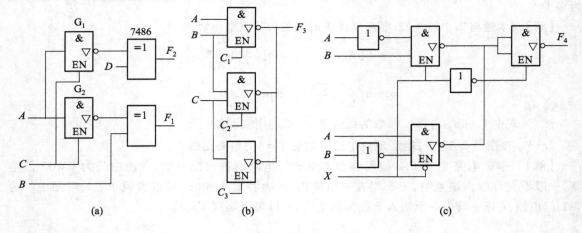

	(a)	(b)	(c)

图题 **2.15**

表解 **2.15**

C_3	C_2	C_1	F_3
0	0	0	Z
0	0	1	$\overline{AB}$
0	1	0	$\overline{BC}$
1	0	0	$\overline{C}$

（c）当 $X = 1$ 时,经**非**门使输出端三态门的控制信号 $\overline{EN} = 1$,因此,$F_4 = Z$;

当 $X = 0$ 时,输出端控制信号 $\overline{EN} = 0$,$F_4 = A\,\overline{B}$。

2.16　在图题 2.16（a）、（b）所示电路中,都是用 74 系列门电路驱动发光二极管,若要求 u_{I} 为高电平时发光二极管 D 导通并发光,且发光二极管的导通电流为 10 mA,试说明应选用哪一个电路?

【解】　74 系列门电路低电平输出时驱动能力强,应该选择（a）电路。

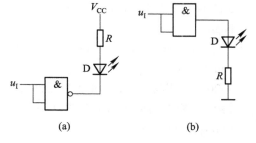

图题 2.16

2.17　参考教材中表 2.5.1,确定:

（1）单个 74HCT CMOS 门可以驱动几个 74LS TTL 负载?

（2）单个 74LS TTL 门可以驱动几个 74HCT CMOS 负载?

【解】　该题的计算与扇出数计算类似。

（1）74HCT CMOS 高电平输出时,$N_{\mathrm{H}} = 4$ mA/20 μA $= 200$;低电平输出时,$N_{\mathrm{L}} = 4$ mA/400 μA $= 10$,因此,可以驱动 10 个 74LS TTL 负载。

（2）74LS TTL 高电平输出时,$N_{\mathrm{H}} = 0.4$ mA/1 μA $= 400$;低电平输出时,$N_{\mathrm{L}} = 8$ mA/1 μA $= 8000$,因此,可以驱动 400 个 74HCT CMOS 负载。

2.18　参考教材中表 2.5.1,试确定下面哪一种接口（驱动门到负载门）需要接上拉电阻,为什么? 上拉电阻取值应该注意什么? 哪一种接口驱动会有问题? 如何解决?

（1）74 TTL 驱动 74 ALS TTL;

（2）74 HC CMOS 驱动 74 TTL;

（3）74 TTL 驱动 74 HC CMOS;

（4）74 LS TTL 驱动 74 HCT CMOS;

（5）74 TTL 驱动 4000B CMOS;

（6）4000B CMOS 驱动 74 LS TTL。

【解】　本题与 2.17 类似,根据教材中表 2.5.1 中各个门的电压和电流参数,分析上述接口的电压和电流是否匹配。一般情况下,TTL 门驱动 CMOS 门驱动能力不存在问题,但电压参数满足不了 CMOS 门的要求,需要接上拉电阻。CMOS 门驱动 TTL 门,电压可以满足要求,但驱动能力弱。

2.19　设计一**与或非**门的 VHDL 程序。

【解】　**与或非**门的 VHDL 程序如下:

```
library   IEEE;
use   IEEE. STD_LOGIC_1164. ALL;
entity   and_or_not   is
    Port(a:in   STD_LOGIC;
```

```
            b:in    STD_LOGIC;
            c:in    STD_LOGIC;
            d:in    STD_LOGIC;
            z:out   STD_LOGIC);
    end and_or_not;
    architecture Behavioral of and_or_not is
    begin
        z <= not((a and b) or (c and d));
    end Behavioral;
```

2.20　调用**与门、或门**和**非门**元件,设计一**异或门**的 VHDL 程序。

【解】　异或门的 VHDL 程序如下:

```
    library IEEE;
    use IEEE. STD_LOGIC_1164. ALL;
    entity xor_exp is
        Port(a:in    STD_LOGIC;
             b:in    STD_LOGIC;
             z:out   STD_LOGIC);
    end xor_exp;
    architecture Behavioral of xor_exp is
        SIGNAL i1,i2,i3,i4: STD_LOGIC;
        COMPONENT inv port(I: IN STD_LOGIC; O : OUT STD_LOGIC);
        END COMPONENT;
        COMPONENT and2 port(I0,I1: IN STD_LOGIC; O: OUT STD_LOGIC);
        END COMPONENT;
        COMPONENT or2 PORT(I0,I1: IN STD_LOGIC; O: OUT STD_LOGIC);
        END COMPONENT;
    begin
        U0: inv PORT MAP(a,i1);
        U1: inv PORT MAP(b,i2);
        U2: and2 PORT MAP(i1,b,i3);
        U3: and2 PORT MAP(a,i2,i4);
        U4: or2 PORT MAP(i3,i4,z);
    end Behavioral;
```

3 组合逻辑电路的分析和设计

本章的重点是组合逻辑电路的分析与设计方法;介绍一些常用中规模集成电路和相应的功能电路,如译码器、多路选择器和数字运算电路等。掌握它们的逻辑功能及使用方法;了解组合逻辑电路中的竞争与冒险。

3.1 教学要求

各知识点的教学要求如表 3.1.1 所示。

表 3.1.1　第 3 章教学要求

知　识　点		教 学 要 求		
		熟练掌握	正确理解	一般了解
门级组合电路的分析和设计	分析	√		
	设计	√		
常用中规模组合逻辑器件	编码器		√	
	译码器	√		
	多路选择器和多路分配器	√		
	加法器		√	
	数值比较器		√	
基于 MSI 功能块组合逻辑电路的分析和设计	分析	√		
	设计	√		
竞争与冒险	险象的判断与消除			√
用 HDL 描述组合电路			√	

3.2　基本概念总结回顾

3.2.1　组合电路的概念

组合逻辑电路是指：任意时刻电路的输出状态只决定于该时刻输入信号的状态，而与先前电路的状态无关。

组合逻辑电路可以用 A_1、A_2、$\cdots$、A_n 表示输入逻辑变量，L_1、L_2、$\cdots$、L_m 表示输出逻辑变量。它们之间的逻辑关系可以用逻辑函数来表示。

如果组合逻辑电路只有一个输出变量，则称为单输出组合逻辑电路；否则称为多输出组合逻辑电路。

3.2.2　门级组合逻辑电路的分析和设计

门级组合电路是指由各种集成门组成的逻辑电路。门级组合电路分析的目的是为了得到给定逻辑电路完成的逻辑功能。分析步骤归纳如下：

（1）写出电路的逻辑函数表达式；

（2）如有必要，对逻辑函数式进行适当的化简或变换；

（3）列出真值表；

（4）分析和说明电路的逻辑功能。

门级组合电路的设计是分析的逆过程。设计时一般是根据给定的逻辑功能要求，先列出真值表、写出逻辑函数式、化简和变换，最后画出门级组合逻辑电路图。

传统的最佳设计要求所用门的种类、个数和输入端数最少，即设计追求用最少集成电路、最少的连线完成满足要求的设计。

根据逻辑命题设计符合要求的电路。设计步骤如下：

（1）进行逻辑规定

根据逻辑命题选取输入逻辑变量和输出逻辑变量。一般把引起事件的原因作为输入变量，把事件的结果作为输出变量。然后用二值逻辑的 **0** 和 **1** 分别代表输入和输出逻辑变量的两种不同状态，称为逻辑赋值。

（2）列真值表并写出逻辑函数式

根据输入、输出之间的因果关系列出真值表，由真值表写出逻辑函数式。

（3）对逻辑函数式进行化简和变换

根据选用的逻辑门的类型，用代数法或卡诺图法将逻辑函数式化简和变换为最简式。

（4）画出逻辑电路图

将逻辑式用门电路的符号代替，画出逻辑图。

应当指出,上述设计步骤并非一成不变,实际设计时可根据具体情况进行取舍。

3.2.3 常用中规模组合逻辑器件

中规模(MSI)组合逻辑器件是数字电路设计中常用的器件,其内部可以看成是逻辑门组成的具有某种特定功能的电路。学习的重点是掌握功能电路输入输出间的逻辑关系,而对于器件内部电路一般不必做过多分析。器件的功能由功能表、逻辑表达式等方法描述。下面介绍几种常用的 MSI 器件的功能。

1. 编码器

将二进制数码(**0** 或 **1**)按一定规则组成代码表示一个特定对象,称为二进制编码。具有编码功能的电路称为编码电路,而相应的器件称为编码器。编码器是一个多输入、多输出的组合逻辑电路,将代表某意义的高、低电平输入信号表示为二进制、十进制或其他进制代码的输出信号。n 位二进制代码最多可以表示 2^n 个事件,其编码器称为 $2^n - n$ 线二进制编码器。

为了防止多输入被编码时输出发生混乱,实际中常常选用优先编码器编码。

2. 译码器

译码是编码的逆过程,是将输入特定含意的二进制代码"翻译"成对应的输出信号。具有译码功能的器件称为译码器。译码器是一种常用的组合功能电路,有通用译码器和显示驱动译码器两大类。

若译码器有 n 个输入,则最多有 2^n 个输出,这种译码器被称为 $n - 2^n$ 线译码器。若译码器只有一个输出为有效电平,其余输出为相反电平,这种译码电路称为唯一地址译码电路,也称为基本译码器,常用于计算机中对存储单元地址或其他外围设备的地址译码。74LS138 是比较常用的 3 - 8 译码器,它的三个控制信号为译码器的扩展及灵活应用提供了方便。

基本译码器除了完成译码的基本功能外,由于译码器的每个输出对应着一个输入变量的最小项,而任何逻辑函数都可写为最小项之和的表达式,因此可用这类译码器方便地构成多输出的逻辑函数发生器。此外译码器也常作多路分配器使用。

在数字系统中常用七段 LED 数码管显示测量和运算的十进制结果,BCD - 七段译码器可以将 BCD 码转换成七段码,驱动数码管的对应段,显示出十进制数。

3. 多路选择器和多路分配器

在数字系统中,有时需要将多路数字信息分时地从一条通道传送,完成这一功能的电路称为多路数据选择器(MUX)。多路选择器用于控制从多路数据中选择其中一路数据传送出去,目前常用的产品有 2 选 1、4 选 1、8 选 1、16 选 1 等,利用级联可以扩展数据选择器的输入数据路数。

n 个地址输入可选择 2^n 路输入数据,称为 2^n 选 1 多路选择电路。它的逻辑表达式可表示为

$$Y = \sum_{i=0}^{2^n-1} m_i D_i$$

其中 n 为地址个数,m_i 是地址输入变量的最小项,D_i 表示对应的数据输入。

此外,数据选择器可以构成一个多输入变量的单输出逻辑函数的最小项输出器,实现组合逻

辑设计。例如,实现三变量逻辑函数 $F(A,B,C)$,可将变量 A、B、C 作为数据选择器的地址,而将对应于 F 最小项的数据输入端加逻辑 **1**,其他数据输入端加逻辑 **0**,则输出即为所得逻辑函数。

　　与数据选择器相反,有时需要把一条通道上的数字信息分时送到不同的数据通道上,完成这一功能的 MSI 芯片称为多路数据分配器(DMUX)。

　　多路分配器可用译码器实现或看做是译码器的一种应用。如用 3 线 – 8 线译码器 74LS138 构成多路数据分配器时,译码器的地址输入端 $A_2A_1A_0$ 作为分配器的地址输入,数据 D 加到任一控制输入端,其他的控制输入端仍按要求接高低电平。根据地址码 $A_2A_1A_0$ 不同的组合,输入数据 D 被分配到了 $\overline{Y}_0 \sim \overline{Y}_7$ 相应的输出。

4. 加法器

　　加法器是执行算术运算的重要逻辑部件,其主要功能是做加法运算。在数字系统和计算机中,二进制数的加、减、乘、除等运算都可以转换为加法运算。加法器还可作代码转换以及实现其他一些组合逻辑功能。

　　两个 1 位二进制数 A 和 B 相加,不考虑低位进位的加法器称为半加器(HA),用 S 表示和,C 表示进位。函数式为

$$S = A \oplus B, \quad C = AB$$

　　两个 1 位二进制数 A_i、B_i 相加时,考虑到相邻低位的进位 C_{i-1} 的加法器称为全加器(FA),全加器的函数式为

$$S_i = A_i \oplus B_i \oplus C_{i-1}, \quad C_i = (A_i \oplus B_i)C_{i-1} + A_iB_i$$

　　将 n 个全加器级联,即把低位进位输出端接到相邻高位的进位输入端,可实现两个 n 位二进制数 $A_{n-1} \sim A_0$,$B_{n-1} \sim B_0$ 相加。这种串行进位加法器每位运算结果需等低位的进位产生后才得到正确结果,运算速度慢。为了提高运算速度,通常使用超前进位全加器。

　　由于运算速度的提高是靠增加电路复杂程度换取的。目前中规模集成超前进位全加器多为 4 位。超前进位全加器广泛应用于高速数字计算机、数据处理及控制系统中。

5. 比较器

　　在数字系统和计算机中,经常需要比较两个数的大小,完成这一功能的逻辑电路称为数值比较电路,相应的器件称为比较器。

　　下面对常用逻辑功能电路和中规模集成组合器件做一小结。

　　(1)具有特定的逻辑功能的电路称为逻辑功能电路,常用的功能电路一般已有现成的中规模集成器件可选用,如 3 – 8 译码器、MUX、4 位全加器等。

　　(2)常用中规模集成组合器件的逻辑功能可用符号图、逻辑功能表、逻辑函数式来描述。一般通过逻辑功能表就可以掌握器件的逻辑功能及使用方法,必要时可以由集成器件手册进一步查出集成电路的引脚图、逻辑函数式甚至内部逻辑电路图。

　　(3)使用中规模集成器件时,要注意控制端的作用和连接。在正常工作时,要使器件处于"选通"状态,可以利用控制端进行器件扩展。

　　(4)常用功能电路可以由 1 片或多片相应的中规模集成器件组成,也可以由门电路或大规

模集成电路组成。特定的功能电路可以由不同的逻辑器件组成,一种集成电路也可以实现不同的逻辑功能,如译码器还可以用来实现 DMUX。

3.2.4 基于 MSI 组合逻辑电路的分析和设计

基于中规模集成器件组合逻辑电路的分析和设计的方法比门级组合逻辑电路的分析和设计要灵活得多。分析和设计的关键是要熟悉使用的 MSI 器件。教材提出了通过划分功能块的方法来分析和设计基于 MSI 的组合逻辑电路。

1. 分析方法

由几个不同功能块组合的逻辑电路分析流程如下:

(1)划分功能块

首先根据电路的复杂程度和器件类型,视情形将电路划分为一个或多个逻辑功能块。划分成几个功能块和怎样划分功能块,取决于对常用功能电路的熟悉程度和经验。对于较为复杂的电路,可以画出功能块电路框图,以便于进一步的分析。

(2)分析功能块的逻辑功能

分析各功能块的逻辑功能。

(3)分析整体逻辑电路的功能

在对各功能块电路分析的基础上,最后对整个电路进行整体功能的分析。但应该注意,即使电路只有一个功能块,整体电路的逻辑功能也不一定是这个功能块原来的逻辑功能。

2. 设计方法

由于 MSI 功能电路的设计灵活多样,下面是功能块设计步骤供参考:

(1)画功能框图

首先根据逻辑问题确定输入输出逻辑变量;然后将总体逻辑设计分为若干子功能,每一子功能由一个功能块电路来实现;最后画出功能框图。

(2)设计功能块电路

选择常用中规模集成芯片设计各功能块内部的逻辑电路。

(3)画出整个逻辑电路图

各功能块内部电路设计完成后,将各块逻辑电路相互连接,画出完整的逻辑电路图。

(4)验证逻辑设计

设计完成后还必须仔细验证逻辑设计是否正确。

3.2.5 组合逻辑电路中的竞争冒险

前面讨论组合逻辑电路的工作时,都是在输入输出处于稳定的状态下进行的。实际上,由于电路的延迟,使逻辑电路在信号变化的瞬间可能出现错误的逻辑输出,从而引起逻辑混乱。了解产生这种现象的原因是非常必要的。

竞争冒险现象及原因如下:

任何实际的电路,从输入发生变化到引起输出响应,都要经历一定的延迟时间。如果把输入信号 A 及互补信号 $\overline{A}$ 都加到一个电路输入端,由于它们的延迟时间不同(这叫竞争),有可能在电路的输出端产生瞬间逻辑错误的尖峰脉冲(这叫冒险或险象)。这种现象又可能引起下级逻辑电路的误动作,在设计时应及早发现并消除。

3.3   基本概念自检题与典型题举例

3.3.1   基本概念自检题

1. 选择填空题

(1) 门级组合电路是指_____的电路。

  (a) 由二极管、三极管开关组成   (b) 由各种门电路组成且无反馈线

  (c) 由组合器件组成   (d) 由各种数字集成电路组成

(2) 组合电路分析的结果是要获得_____。

  (a) 逻辑电路图   (b) 电路的逻辑功能

  (c) 电路的真值表   (d) 逻辑函数式

(3) 组合电路设计的结果一般是要得到_____。

  (a) 逻辑电路图   (b) 电路的逻辑功能

  (c) 电路的真值表   (d) 逻辑函数式

(4) 在设计过程中,逻辑函数化简的目的是_____。

  (a) 获得最简**与或**表达式   (b) 用最少的逻辑器件完成设计

  (c) 用最少的集电门完成设计   (d) 获得最少的**与**项

(5) 10 线 – 4 线优先编码器最多允许同时输入_____路编码信号,

  (a) 1   (b) 9   (c) 10   (d) 多

(6) 74LS138 有_____个译码输入端和_____个译码输出端。

  (a) 1   (b) 3   (c) 8   (d) 无法确定

(7) 利用 2 个 74LS138,可以扩展得到 1 个_____线译码器。

  (a) 2 – 4   (b) 3 – 8   (c) 4 – 16   (d) 无法确定

(8) 用原码输出的译码器实现多输出逻辑函数,需要增加若干个____。

  (a) 非门   (b) 与非门   (c) 或门   (d) 或非门

(9) 七段译码器 74LS47 的输入是 4 位_____,输出是_____。

  (a) 二进制码   (b) 八段码 (c) 七段反码   (d) BCD 码

(10) 多路数据选择器 MUX 的输入信号可以是_____。

  (a) 数字信号   (b) 模拟信号

(c) 数模混合信号　　　　　　　　　(d) 数字和模拟信号

(11) 与 4 位串行进位加法器比较,使用超前进位全加器的目的是_____。

　　(a) 完成自动加法进位　　　　　(b) 完成 4 位加法

　　(c) 提高运算速度　　　　　　　(d) 完成 4 位串行加法

(12) 功能块电路内部一般是由_____组成。

　　(a) 单片 MSI　　(b) 多片 MSI　　(c) 各种门电路　　(d) 无法确定

(13) 某逻辑电路由一个功能块电路组成,整体电路的逻辑功能与这个功能块原来的逻辑功能_____。

　　(a) 一定相同　　(b) 一定不同　　(c) 不一定相同　　(d) 无法确定

【答案】(1)(b);(2)(b);(3)(a);(4)(b);(5)(d);(6)(b)、(c);(7)(c);(8)(c);(9)(d)、(c);(10)(a);(11)(c);(12)(d);(13)(c)。

2. 填空题(请在空格中填上合适的词语,将题中的论述补充完整)

(1) 所谓组合逻辑电路是指:在任何时刻,逻辑电路的输出状态只取决于电路各_____,而与电路_____无关。

(2) 在分析门级组合电路时,一般需要先从_____写出逻辑函数式。

(3) 在设计门级组合电路时,一般需要根据设计要求列出_____,再写出逻辑函数式。

(4) 要扩展得到 1 个 6 线 - 64 线译码器,需要_____个 74LS138。

(5) 基本译码电路除了完成译码功能外,还能实现_____和_____功能。

(6) 用 74LS138 译码器实现多输出逻辑函数,需要增加若干个_____。

(7) BCD - 七段译码器 74LS47 可以用来驱动_____极数码管。

(8) 4 - 1 数据选择器有 4 个数据输入信号 $D_0 \sim D_3$ 和 2 个地址输入信号 $A_1 A_0$,当使能信号 $\overline{S}$ 有效时,输出逻辑函数可表示为_____。

(9) 用多路数据选择器 MUX 可以方便地实现_____输出逻辑函数,而用译码器可以方便地实现_____输出逻辑函数。

(10) 74LS253 为具有三态输出的双 4 选 1 数据选择器,要把它扩展成为 8 - 1 数据选择器,它的 2 个输出端可以_____或者通过_____门得到 8 选 1 的输出端。

(11) 多路分配器 DMUX 可以直接用_____来实现。

(12) 余三码 $L_3 L_2 L_1 L_0$ 与 8421BCD 码 $A_3 A_2 A_1 A_0$ 相差 **0011**。因此,用_____实现将 8421BCD 码转换到余三码的设计最简单。

【答案】(1) 输入状态、原来的状态;(2) 逻辑电路图;(3) 真值表;(4) 9;(5) 逻辑函数发生、DMUX;(6) 与非门;(7) 共阳;(8) $Y = D_0 \overline{A_1} \overline{A_0} + D_1 \overline{A_1} A_0 + D_2 A_1 \overline{A_0} + D_3 A_1 A_0$;(9) 单、多;(10) 直接连接、TTL 与门;(11) 译码器;(12) 4 位二进制全加器。

3.3.2　典型题举例

【例 3.1】　试分析图 3.3.1 所示电路的逻辑功能。

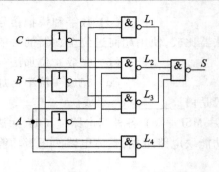

图 3.3.1　例 3.1 题图

【解】　本题是门级组合电路分析题。

（1）由逻辑图写出表达式并变换

可以设中间变量 L_1、L_2、L_3、L_4，由输出到输入写出 S 的表达式

$$S = \overline{L_1 \cdot L_2 \cdot L_3 \cdot L_4} = \overline{\overline{\bar{C}\,\bar{B}\,A} \cdot \overline{\bar{C}\,B\,\bar{A}} \cdot \overline{C\,\bar{B}\,\bar{A}} \cdot \overline{CBA}}$$

$$= \bar{C}\,\bar{B}\,A + \bar{C}\,B\,\bar{A} + C\,\bar{B}\,\bar{A} + CBA$$

$$= C \oplus B \oplus A$$

（2）列逻辑真值表见表 3.3.1。

表 3.3.1　例 3.1 解表

C	B	A	S
0	0	0	0
0	0	1	1
0	1	0	1
0	1	1	0
1	0	0	1
1	0	1	0
1	1	0	0
1	1	1	1

（3）由分析可知，该电路的功能是一个 3 输入奇校验电路，即当输入变量中 **1** 的个数为奇数时，输出 $S = 1$；否则 $S = 0$。

【难点和容易出错处】　对初学者来说，要用适当的专业术语正确地描述出数字电路的逻辑功能是很困难的。对本题而言，读者要能看出逻辑函数式是 3 变量**异或**式，并知道它是奇校验电路，是需要在大量练习的基础上积累经验和专业术语的。从本题也可也看出，有时把逻辑函数变换成合适的形式（不一定是化简）对获得正确的结论是非常重要的。

【例 3.2】　试分析图 3.3.2 所示电路，列出真值表，写出逻辑表达式，说明当 $M = 0$ 和 $M = 1$ 时各具有什么逻辑功能？

【解】　本题的目的是练习多输出门级组合逻辑电路的分析。

（1）写逻辑表达式可以由输出向输入逐级写出电路的逻辑表达式并整理

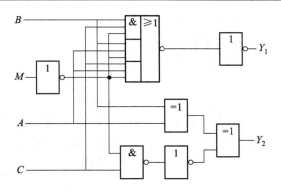

图 3.3.2　例 3.2 题图

$$Y_2 = A \oplus B \oplus (C\,\overline{M})$$

$$Y_1 = (AB + AC + BC)\overline{M}$$

（2）列逻辑真值表见表 3.3.2。

表 3.3.2　例 3.2 解表

M	C	B	A	Y_1	Y_2	M	C	B	A	Y_1	Y_2
0	0	0	0	0	0	1	0	0	0	0	0
0	0	0	1	0	1	1	0	0	1	0	1
0	0	1	0	0	1	1	0	1	0	0	1
0	0	1	1	1	0	1	0	1	1	0	0
0	1	0	0	0	1	1	1	0	0	0	0
0	1	0	1	1	0	1	1	0	1	0	1
0	1	1	0	1	0	1	1	1	0	0	1
0	1	1	1	1	1	1	1	1	1	0	0

（3）分析电路的逻辑功能

控制输入变量,当 $M=0$ 时,电路实现了一全加器,Y_2 为全加和,Y_1 为进位。$M=1$ 时,Y_1 恒 0,$Y_2 = A \oplus B$,与变量 C 无关。

【难点和容易出错处】　一开始就把 M 看成控制输入变量,可以把 $M=0$ 和 $M=1$ 分别处理,可以简化运算。

【例 3.3】　试用 OC 门设计一个实现锅炉报警电路。要求在喷嘴打开时,温度或压力过高时用发光二极管显示报警。

【解】　本题的目的是练习 OC 门组合逻辑电路的设计。

（1）规定逻辑变量

设变量 $C=1$ 代表喷嘴打开,$B=1$ 代表温度过高,$A=1$ 为压力过高。

（2）列真值表并写出逻辑函数表达式

列真值表如表 3.3.3,写出逻辑函数式

$$F = CB + CA, \overline{F} = \overline{CB} \cdot CA$$

（3）画出逻辑电路

用 2 个与非 OC 门按图 3.3.3 连接,即可实现上述功能。

【难点和容易出错处】 OC 门的输出端并接到一起可实现"线与",OC 门的输出为低电平时才可以驱动发光二极管发光,因此要把逻辑式改写成与非函数式。

表 3.3.3　例 3.3 解表

C	B	A	F
0	0	0	0
0	0	1	0
0	1	0	0
0	1	1	0
1	0	0	0
1	0	1	1
1	1	0	1
1	1	1	1

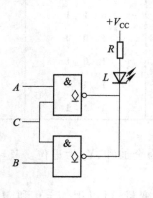

图 3.3.3　例 3.3 解图

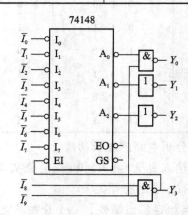

图 3.3.4　例 3.4 题图

【例 3.4】 由 8 线 - 3 线优先编码器 74148 构成的电路如图 3.3.4 所示,分析电路的逻辑功能。

【解】 本题的目的是练习基于 MSI 的逻辑电路的分析。

本电路比较简单,无需划分功能块。根据图 3.3.4,$\overline{Y_9}$ 或 $\overline{Y_8}$ 为低电平时,Y_3 为高电平,74148 使能端无效,其输出都为高电平,可得到:

$\overline{Y_9} = 0$ 且无论 $\overline{Y_8}$ 是否为低有效 $\qquad Y_3 Y_2 Y_1 Y_0 = \textbf{1001}$

$\overline{Y_9} = 1$ 且 $\overline{Y_8} = 0$ $\qquad\qquad\qquad Y_3 Y_2 Y_1 Y_0 = \textbf{1000}$

$\overline{Y_9}$ 和 $\overline{Y_8}$ 都为高电平时，Y_3 为低电平，74148 的使能信号 $\overline{EI}$ 有效，8 线 – 3 线优先编码器按照功能表功能工作。

由此可见，整个电路实现了 10 线 – 4 线原码输出的 BCD 优先编码器，$\overline{Y_9}$ 的优先级最高。

【例 3.5】 试分析图 3.3.5 电路的逻辑功能。

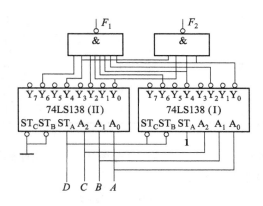

图 3.3.5　例 3.5 题图

【解】 本题的目的是熟悉译码器扩展和功能块逻辑电路的分析方法。

图 3.3.5 中 74LS138 是 3 线 – 8 线译码器。当 $DCBA$ 为 **0000 ~ 0111** 时，第 Ⅰ 片译码器工作，其输出对应为 $\overline{Y_7} \sim \overline{Y_0}$；当 $DCBA$ 为 **1000 ~ 1111** 时，第 Ⅱ 片译码器工作，其输出对应为 $\overline{Y_{15}} \sim \overline{Y_8}$。显然，两片 3 线 – 8 线译码器实际上扩展成为一个 4 线 – 16 线译码电路，当 $DCBA$ 从 **0000 ~ 1111** 变化时，译码对应输出 $\overline{Y_{15}} \sim \overline{Y_0}$ 分别为低电平有效。

由上述分析可写出电路的逻辑表达式如下

$$F_1 = \overline{\overline{Y_{14}}\ \overline{Y_{12}}\ \overline{Y_{10}}\ \overline{Y_8}\ \overline{Y_6}\ \overline{Y_4}\ \overline{Y_2}\ \overline{Y_0}} = \sum m(14,12,10,8,6,4,2,0)$$

$$F_2 = \overline{\overline{Y_{12}}\ \overline{Y_8}\ \overline{Y_4}\ \overline{Y_0}} = \sum m(12,8,4,0)$$

由分析可知，电路为多输出逻辑电路。当 4 位二进制数 $DCBA$ 为偶数时 $F_1 = \textbf{1}$，否则 $F_1 = \textbf{0}$。当二进制数 $DCBA$ 可被 4 整除时 $F_2 = \textbf{1}$，否则 $F_2 = \textbf{0}$。

【难点和容易出错处】 本题的难点是要能看出由两片 3 线 – 8 线译码器扩展成的 4 线 – 16 线译码器。

【例 3.6】 试用译码器设计 1 位二进制数全减运算电路。

【解】 本题的目的是练习用译码器实现多输出逻辑电路。

（1）规定逻辑变量

设输入逻辑变量 A_i 为被减数、B_i 为减数、C_{i-1} 为低位的借位，输出逻辑函数 S_i 为差、C_i 为本级的借位输出信号。根据设计要求写出逻辑真值表见表 3.3.4。

表 3.3.4　例 3.6 解表

输　入			输　出	
A_i	B_i	C_{i-1}	S_i	C_i
0	0	0	0	0
0	0	1	1	1
0	1	0	1	1
0	1	1	0	1
1	0	0	1	0
1	0	1	0	0
1	1	0	0	0
1	1	1	1	1

（2）设计电路

由于本设计有 A_i、B_i 和 C_{i-1} 共 3 个输入量,故选用 3 线 – 8 线译码器实现电路最为简便。首先将输出逻辑表达式写为最小项和的形式

$$S_i = \sum m(1,2,4,7)$$
$$C_i = \sum m(1,2,3,7)$$

选用 3 线 – 8 线译码器 74LS138 和双 4 输入与非门 74LS20 实现的逻辑电路设计见图 3.3.6,将 A_i、B_i、C_{i-1} 接译码器的输入 $A_2A_1A_0$,74LS138 的输出为低电平有效,故在输出接与非门。

【难点和容易出错处】　　本题容易出错处是① 译码器输出接其他类型门,② 译码器的控制输入未接合适的高低电平,③ 功能电路的输入输出未标注合适的输入输出逻辑变量。

【例 3.7】　　图 3.3.7 的电路中的各 BCD – 七段译码器 7447 的输入信号 $DCBA$ 是 8421 BCD 码,试分析该电路实现的逻辑功能。

【解】　　本题的目的是分析带灭零功能的多位 BCD 码译码和显示电路。

（1）划分功能块

本题电路按数码管的个数可以划分成 4 个功能块。

（2）分析功能块的逻辑功能

每一个块内有 1 个 BCD – 七段译码器、7 个限流电阻、1 个七段 LED 数码管。显然实现了 1 位 BCD 码显示电路。注意 7447（Ⅲ）对应的数码管的小数点通过电阻接地,始终处于点亮状态。

（3）分析整个电路的逻辑功能

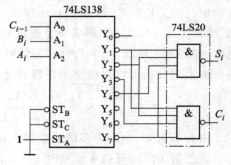

图 3.3.6　例 3.6 解图

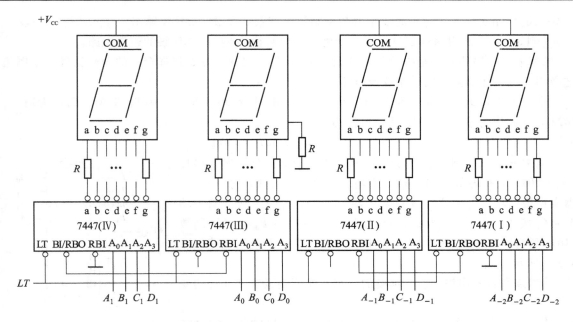

图 3.3.7　例 3.7 题图

本题电路显然是 4 位 BCD 码显示电路。它有 2 位整数和 2 位小数位。由图 3.3.7 可见,小数点左边,高位的灭零输出 $\overline{RBO}$ 输出接到低位的灭零输入 RBI 端,最高位的 $\overline{RBI}$ 接地;小数位对应的 7447(I)的 $\overline{RBO}$ 输出接到高位的灭零输入 RBI 端,最低位的 $\overline{RBI}$ 接地。这样的连接可以熄灭不需要显示的零。

【难点和容易出错处】　　本题的难点是要熟悉 BCD – 七段译码器 7447 灭零输入、输出控制信号的作用。

【例 3.8】　　图 3.3.8 的电路中的输入信号 $DCBA$ 是 8421 BCD 码,试分析输出 L 实现的逻辑功能。

【解】　　本题的目的是分析由 MUX 实现的逻辑电路。

电路只用到一个 8 选 1 数据选择器,显然是用 MUX 来实现一个单输出逻辑函数。注意到输出 L 接到 74151 反相输出端,输入信号 D 接到控制端。

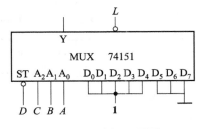

图 3.3.8　例 3.8 题图

当 $D = \overline{ST} = 0$ 时,由 MUX 的逻辑功能以及电路连接可知,$CBA = 000 \sim 100$ 时,L 为 0;$CBA = 101 \sim 111$ 时,L 为 1。当 $D = \overline{ST} = 1$ 时,L 恒为 1。

显然,该电路为 4 舍 5 入逻辑电路,当输入的 8421 BCD 码 $DCBA$ 大于等于 5 时,输出 L 为 1,否则为 0。

【难点和容易出错处】　　本题电路的一个输入逻辑变量 D 接到了 MUX 的控制端,输出 L 接到MUX的反相输出端。分析时要很清楚控制信号有效和无效时,MUX 输出和输入的逻辑关系。

【例 3.9】   试用 MSI 器件设计一个将余三码转换为 8421 BCD 码的逻辑电路。

【解】   本题的目的是练习用 MSI 设计电路,设计之前首先要选择合适的 MSI 器件。本例题选择用 4 位全加器实现的码制变换电路。

余三码 $L_3 L_2 L_1 L_0$ 总是比 8421BCD 码 $A_3 A_2 A_1 A_0$ 多余 **0011** 得名。因此,将余三码作为输入,8421BCD 码作为输出,输出表达式可写为

$$A_3 A_2 A_1 A_0 = L_3 L_2 L_1 L_0 - \textbf{0011}$$

减去一个二进制正数等于加上其负数的补码(按位求反再加**1**),**−0011** 的补码是 **1101**。输出为输入加上一个常数,自然用加法器实现最简单。将 4 位二进制全加器 74LS283 的一组数据输入端 $A_3 \sim A_0$ 接余三码 $L_3 L_2 L_1 L_0$,另一组数据输入端 $B_3 \sim B_0$ 接二进制数 **1101**,则输出 $F_3 \sim F_0$ 即为 8421 BCD 码 $A_3 A_2 A_1 A_0$。画逻辑电路如图 3.3.9 所示。

【难点和容易出错处】   本题的难点是要清楚减法到加法的变换。

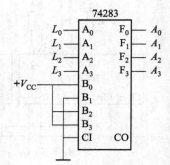

图 3.3.9   例 3.9 题图

【例 3.10】   图 3.3.10 电路由一片 4 位数字比较器 MC14585 及驱动电路 7405、发光二极管 L_1、L_2、L_3 组成,试分析该电路的逻辑功能。

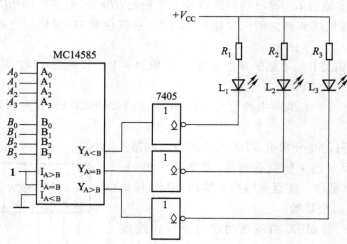

图 3.3.10   例 3.10 题图

【解】   (1) 将电路分为两个功能块:① MC14585 芯片;② 7405 及 LED 显示电路。

(2) 分析功能块的逻辑功能

MC14585 是 4 位二进制数比较器,可比较 $A_3 \sim A_0$ 与 $B_3 \sim B_0$ 的大小,对应比较结果的输出高电平有效。

7405 是 OC 非门驱动电路,由图可知,当 7405 输出低电平时,可分别驱动发光二极管 L_1、L_2、L_3 发光。

(3) 整个电路实现两个 4 位二进制数比较,并用 3 个 LED 显示比较结果。

【**例 3.11**】　试分析图 3.3.11 所示电路,写出逻辑表达式,列出真值表,分析整个电路具有什么逻辑功能?

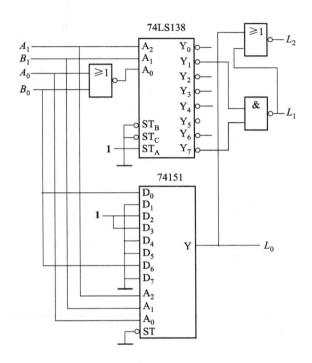

图 3.3.11　例 3.11 题图

【**解**】　本题是基于 MSI 组合逻辑电路的分析。

(1) 划分功能块

可将电路划分为 2 个逻辑功能块。

(2) 分析功能块的逻辑功能

显然各功能块均为逻辑函数发生电路。可写出每个输出的逻辑函数式并列出真值表,见表 3.3.5。

$$L_0 = \overline{A_1}\ \overline{B_1}\ \overline{A_0}\ B_0 + \overline{A_1}\ B_1\ \overline{A_0}\ + \overline{A_1}\ B_1 A_0 + A_1 B_1\ \overline{A_0}\ B_0$$
$$\quad = \overline{A_1}\ B_1 + (A_1 \odot B_1)\overline{A_0}\ B_0$$
$$L_1 = \overline{A_1}\ \overline{B_1}\ (A_0 \odot B_0) + A_1 B_1 (A_0 \odot B_0)$$
$$\quad = (A_1 \odot B_1)(A_0 \odot B_0)$$
$$L_2 = \overline{L_1 + L_0}$$

表 3.3.5   例 3.11 解表

A_1	B_1	A_0	B_0	L_0	L_1	L_2
0	0	0	0	0	1	0
0	0	0	1	1	0	0
0	0	1	0	0	0	1
0	0	1	1	0	1	0
0	1	0	0	1	0	0
0	1	0	1	1	0	0
0	1	1	0	1	0	0
0	1	1	1	1	0	0
1	0	0	0	0	0	1
1	0	0	1	0	0	1
1	0	1	0	0	0	1
1	0	1	1	0	0	1
1	1	0	0	0	1	0
1	1	0	1	1	0	0
1	1	1	0	0	0	1
1	1	1	1	0	1	0

（3）分析整体逻辑电路的功能

当 $A_1A_0 = B_1B_0$ 时，L_1 为高电平；

当 $A_1A_0 < B_1B_0$ 时，L_0 为高电平；

当 $A_1A_0 > B_1B_0$ 时，L_2 为高电平。

因此，整个电路实现 2 位二进制数比较器功能。

【难点与容易出错点】   （1）未按题目要求分析整个电路的逻辑功能，而仅对单个输出加以分析。

（2）对**同或**和**异或**门的符号分不清楚；

（3）逻辑函数化简错误，其实此类分析题不一定要得到最简逻辑式。

（4）由真值表观察不出电路的逻辑功能。对于分析题，分析之前要学会观察电路图中输入和输出变量命名，本题中四个变量为 $A_1A_0B_1B_0$，由变量名可以推测电路输入应该是两个两位的二进制数，由电路有三个输出可以推测电路是实现二进制数的加、减或比较，这样就容易得到电路的功能。同时，推测 $A_1A_0B_1B_0$ 是两个两位二进制数，因此，列真值表时，表 3.3.5 中表头不应该是 $A_1B_1A_0B_0$，而应该写为 $A_1A_0B_1B_0$，方便观察电路功能。

【例 3.12】　　电路如图 3.3.12 所示,写出逻辑函数式 F,并化简为最简**与或**表达式。若考虑与非门的平均传输延时 t_{pd},在何种情况,电路会出现竞争冒险现象。

【解】　　$F = \overline{\overline{\overline{AB}\,A}} = AB + \overline{A}$

上面的逻辑函数式在 $B = 1$ 时成为

$$F = A + \overline{A}$$

因此在这种情况下,若考虑与非门的平均传输延时,电路会出现竞争冒险现象。

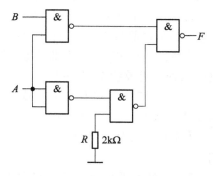

图 3.3.12　例 3.12 题图

3.4　思考题和习题解答

3.4.1　思考题

3.1　组合逻辑电路有什么特点?

【答】　　组合逻辑电路是指:在任何时刻,逻辑电路的输出状态只取决于电路各输入状态的组合,而与电路原来的状态无关。它的电路中不包含记忆性元器件,而且输出与输入之间没有反馈连线。门电路是组合电路的基本单元。

3.2　什么是编码? 编码电路的作用是什么?

【答】　　将二进制数码(**0** 或 **1**)按一定规则组成代码表示一个特定对象,称为二进制编码。具有编码功能的电路称为编码电路,而相应的 MSI 芯片称为编码器。按照被编对象的不同特点和编码要求,有各种不同的编码器,如二进制编码器、优先编码器和 8421BCD 编码器等。

3.3　优先编码器有何特点?

【答】　　优先编码器对输入信号安排了优先编码顺序,允许同时输入多路编码信号,但编码器只对其中优先权最高的一个输入信号进行编码,所以不会出现编码混乱。这种编码器广泛应用于计算机系统中的中断请求和数字控制的排队逻辑电路中。

3.4　什么是译码? 译码电路的作用是什么?

【答】　　译码是编码的逆过程,是将输入特定含意的二进制代码“翻译”成一组对应的输出信号。

3.5　在 MSI 器件中控制端有什么作用?

【答】　　控制端又称为使能端,当控制端有效时,器件处于工作状态,否则器件被禁止(即不工作)。

在分析具有控制输入端的组合电路时,要分清功能输入端和控制输入端。只有控制输入端处于有效(使能)状态时,功能输入与输出之间才有相应的逻辑关系。

3.6 中规模集成译码器 74LS138，若 ST_A 引脚从根部折断，该器件是否能用？为什么？若 ST_B、ST_C 从根部折断，该器件还能用否？为什么？

【答】 若 ST_A 管脚从根部折断，可视为悬空，为高电平，仍可用；若 ST_B、ST_C 从根部折断，控制输入处于无效状态，不可用。

3.7 用 74LS138 译码器构成 4 线 – 16 线译码电路，至少需多少块 74LS138 译码器？它们之间如何连接？

【答】 至少需 2 块 74LS138 译码器。高地址输入信号分别接到两块 74LS138ST_B 和 ST_A 端。

3.8 如实现 6 线 – 64 线译码电路，至少需多少块 4 线 – 16 线译码器？

【答】 至少需 4 块 4 线 – 16 线译码器和 2 线 – 4 线译码电路或门电路。

3.9 若已有现成的 BCD – 七段译码器，选用七段显示器 LED 时应注意什么？

【答】 若七段译码器输出为高电平有效，则选共阴极 LED 数码管；否则选共阳极 LED 数码管。

3.10 若有共阳极显示器 LED，应选用何种输出电平的显示译码电路？

【答】 应选用输出低电平有效的显示译码电路驱动共阳极 LED 显示器。

3.11 数据选择电路的基本功能是什么？

【答】 可将多路数字信息分时地由一条通道传送。

3.12 数据分配电路的基本作用是什么？

【答】 与数据选择器相反，数据分配电路的基本作用是把一条通道上的数字信息分时送到不同的数据通道上。

3.13 全加器与半加器有何区别？

【答】 两个 1 位二进制数 A 和 B 相加，不考虑低位进位的加法器称为半加器，如考虑到相邻低位进位的加法器则称为全加器。

3.14 串行加法器与超前进位加法器各有什么特点？

【答】 将 n 个一位全加器级联，可实现两个 n 位二进制数 $A_n \sim A_1$，$B_n \sim B_1$ 相加的电路，由于电路的高位相加的结果只有等到低位进位产生后才能建立起来，因此，这种结构的电路称为串行进位加法器或行波加法器。

串行进位加法器的缺点是运算速度慢，但它具有电路结构简单的优点，在运算速度要求不高的场合仍得到应用。

超前进位全加器采用超前进位技术，进位信号不再是逐级传递，因而提高了运算速度。但运算速度的提高是靠增加电路复杂程度换取的。它们广泛应用于高速数字计算机、数据处理及控制系统中。

3.15 用 MSI 设计组合逻辑电路有什么优点？

【答】 由于中规模集成器件具有体积小、功耗低、速度高及抗干扰能力强等一系列优点而得到了广泛的应用。在较复杂的数字逻辑电路设计中，常用中规模集成器件和相应的功能电路为基本单元,取代门级组合电路,可以使设计过程大为简化,设计的电路工作更加可靠。

3.16 简述用译码器或 MUX 实现组合逻辑电路的不同之处。

【答】 不同器件都各具特点,如译码电路除具有译码功能外,还可实现多输出逻辑函数的电路功能以及作为多路分配电路使用;多路选择器可实现单输出逻辑函数功能电路,还可将并行数据转换为串行输出。

3.17 什么叫竞争冒险?

【答】 门电路输入端接两个或两个以上相反的输入信号,由于某逻辑变量电平跳变(从 **1** 变为 **0** 或从 **0** 变为 **1**),造成相反的两个信号到达同一门的输入端的延时时间不同,这一现象叫做竞争。由于竞争而在电路输出端产生尖峰脉冲的现象叫做冒险现象,简称险象。

3.18 竞争冒险产生的原因是什么? 有哪两种险象?

【答】 由于电路的延迟,使逻辑电路在信号变化的瞬间可能出现错误的逻辑输出,从而引起逻辑混乱。出现高电平尖峰的险象称为 **1** 冒险,低电平险象称为 **0** 冒险。

3.19 根据什么判断简单电路中的险象存在?

【答】 方法如下:

(1)代数法。代数法是通过电路的逻辑表达式来检查电路中是否存在险象的方法。对于 n 个变量的逻辑表达式 $L = f(X_1, X_2, \cdots, X_n)$,当任选其中 $n-1$ 个输入变量之值为 **0** 或 **1**,使表达式仅为某一单变量 X 的函数,并可写为 $L = X \overline{X}$ 或 $L = X + \overline{X}$ 的形式时,可判定险象存在。

(2)卡诺图法。在卡诺图中,某两项所对应的包围圈"相切",则可判断逻辑电路中存在险象。

3.20 常用消除冒险现象的方法有哪些?

【答】 (1)修改逻辑设计。

用代数法改变逻辑表达式,此方法亦称为增加冗余项法,适用范围有限。

(2)引入选通脉冲。

在电路中引入选通脉冲,使电路在输入信号变化瞬间,处于禁止状态。当输入稳定后,电路在选通脉冲作用下输出稳定结果,避免了险象。但输出信号与选通脉冲宽度相同。此方法需要电路提供同步的脉冲信号,在中、大规模集成电路中得到广泛应用。

(3)输出端接滤波电容。在输出端加一滤波电容,可有效地将尖峰脉冲幅度削弱至门电路的阈值电压以下,但会使正常输出信号前后沿变坏。

3.4.2 习题

3.1 图题 3.1 所示电路,当 $M=0$ 时实现何种功能? 当 $M=1$ 时又实现何种功能? 请说明其工作原理。

【解】 (1)由电路可写出如下逻辑关系

$$F_i = M \odot A_i = MA_i + \overline{M}\,\overline{A_i}$$

(2)分析电路功能

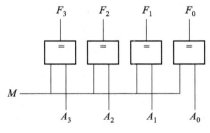

图题 3.1

当 $M=0$ 时，$F_i=\overline{A_i}$，输出为反码；当 $M=1$ 时，$F_i=A_i$，输出为原码。电路实现 4 位原码、反码变换功能。

3.2　图题 3.2 所示电路为多功能函数发生器，共有 16 种逻辑功能。A、B 为输入变量，$E_3E_2E_1E_0$ 为功能控制端。

（1）试写出 Y 的表达式（不需化简）；

（2）列表给出 $E_3E_2E_1E_0$ 取值为 **0000** 到 **0111** 时的电路功能（Y 的表达式）。

（3）若 OC 门输出高电平大于 3V，且每个门漏电流 $I_{OH}=100\mu A$；输出低电平小于 0.3V，且最大灌电流 $I_{OL}=8mA$，设输出驱动两个 TTL 门，且各 TTL 门的输入端数为 1（TTL 门的高电平输入电流 $I_{IH}=20\mu A$，输入短路电流 $I_{IS}=0.4mA$），试问 R 的取值范围是多少？

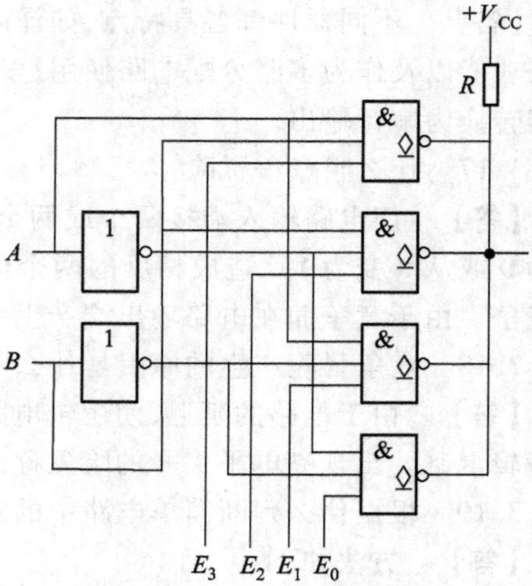

【解】　（1）写出电路的逻辑表达式
$$Y=\overline{\overline{AB}E_3}\cdot\overline{\overline{A}BE_2}\cdot\overline{A\overline{B}E_1}\cdot\overline{\overline{A}\,\overline{B}E_0}$$

（2）将输入变量的所有组合代入上式，可得电路的逻辑功能关系，见表解 3.2。电路构成多功能函数发生器。

图题 3.2

表解 3.2

E_3	E_2	E_1	E_0	Y
0	**0**	**0**	**0**	1
0	**0**	**0**	**1**	$A+B$
0	**0**	**1**	**0**	$\overline{A}+B$
0	**0**	**1**	**1**	B
0	**1**	**0**	**0**	$A+\overline{B}$
0	**1**	**0**	**1**	A
0	**1**	**1**	**0**	$A\odot B$
0	**1**	**1**	**1**	AB

（3）计算上拉电阻
$$R\leqslant\frac{V_{CC}-U_{OHmin}}{nI_{OH}+mI_{IH}}$$
$$=\frac{5-3}{(4\times0.1+2\times0.02)\times10^{-3}}\Omega=4.6k\Omega$$
$$R\geqslant\frac{V_{CC}-U_{OLmax}}{I_{OL}-mI_{IS}}=\frac{5-0.3}{(8-2\times0.4)\times10^{-3}}\Omega=0.65k\Omega$$

R 可选 1.1kΩ 电阻。

3.3 设计一个代码转换器,要求将三位步进码 CBA 转换成二进制码 $Z_3Z_2Z_1$。编码如表题 3.3 所示。

表题 3.3

输 入			输 出		
C	B	A	Z_2	Z_1	Z_0
0	0	0	0	0	0
1	0	0	0	0	1
1	1	0	0	1	0
1	1	1	0	1	1
0	1	1	1	0	0
0	0	1	1	0	1

【解】 由表可直接写出输出逻辑表达式,并化简

$$Z_2 = \sum m(1,3) = \overline{C}BA + \overline{C}\,\overline{B}A = \overline{C}A$$

$$Z_1 = \sum m(6,7) = CB\overline{A} + CBA = CB$$

$$Z_0 = \sum m(1,4,7) = \overline{C}\,\overline{B}A + C\overline{B}\,\overline{A} + CBA$$

该逻辑电路若用集成门实现,需 2 个非门、5 个与门和 1 个 3 输入或门,设计使用芯片多。如用 3 - 8 译码器设计,则电路较简单,电路见图解 3.3。

3.4 用与非门设计一多数表决电路。要求 A、B、C 三人中 A 具有一票否决权,即只要 A 不同意,即使多数人同意也不能通过。要求列出真值表、化简逻辑函数,并画出电路图。

【解】 (1)规定逻辑变量

设 A、B、C 同意为 1,不同意为 0;决议 L 通过为 1,决议不通过为 0。由题可写出逻辑真值表如表解 3.4。

(2)根据表解 3.4 写出逻辑函数

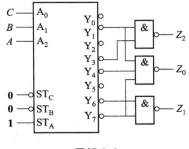

74LS138

图解 3.3

表题 3.4

A	B	C	L
0	0	0	0
0	0	1	0
0	1	0	0
0	1	1	0
1	0	0	0
1	0	1	1
1	1	0	1
1	1	1	1

$$L = \overline{C}BA + C\,\overline{B}A + CBA$$

用 7400 与非门设计,故将 L 化为与非 – 与非式

$$L = \overline{\overline{CA} \cdot \overline{BA}}$$

（3）画出 74LS00 芯片电路接线图如图解 3.4 所示,将 3、6 管脚与 13、12 管脚分别连接,则 11 脚输出即为函数 L。

3.5　设计一交通灯故障检测电路。要求 R、G、Y 三灯只有并一定有一灯亮,输出 $L = 0$;无灯亮或有两灯以上亮均为故障,输出 $L = 1$。要求列出逻辑真值表,如用非门和与非门设计电路,试将逻辑函数化简,并给出所用 74 系列器件的型号。

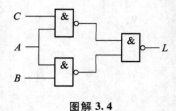

图解 3.4

【解】　题目已规定逻辑变量并赋值,根据要求写出逻辑真值表 3.5,列出逻辑函数式如下

表题 3.5

R	G	Y	L
0	0	0	1
0	0	1	0
0	1	0	0
0	1	1	1
1	0	0	0
1	0	1	1
1	1	0	1
1	1	1	1

$$L = \overline{R}\,\overline{G}\,\overline{Y} + \overline{R}GY + R\,\overline{G}Y + RG\overline{Y} + RGY$$
$$= \overline{(\overline{\overline{R}\,\overline{G}\,\overline{Y}}) \cdot \overline{RY} \cdot \overline{RG} \cdot \overline{GY}}$$

可选用六非门 7404、四 2 输入与非门 7400、双 4 输入与非门 7420 实现电路设计（图略）。

3.6　一热水器如图题 3.6 所示,图中虚线表示水位;A、B、C 电极被水浸没时会有信号输出。水面在 C、B 间时为正常状态,绿灯 G 亮;水面在 B、A 间或在 C 以上时,为异常状态,黄灯 Y 亮;水面在 A 以下时,为危险状态,红灯 R 亮。试用 SSI 器件设计实现该逻辑功能的电路。

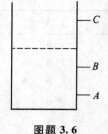

图题 3.6

【解】　根据题目已给逻辑变量,设输入变量水面未超过设定范围时为 0,超过设定范围时为 1;输出逻辑变量灯亮为 1,灯不亮为 0。列出逻辑真值表如表解 3.6,其中有些状态是不出现的,作为无关项。经化简的逻辑表达式如下

$$G = \overline{C}B \qquad R = \overline{A} \qquad Y = \overline{C} + B\overline{A} = \overline{\overline{C} \cdot \overline{B\overline{A}}}$$

选用 1 片 7404 非门和 1 片 7400 与非门即可实现电路的设计,电路图见图解 3.6。

表解 3.6

C	B	A	G	R	Y
0	0	0	0	1	0
0	0	1	0	0	1
0	1	0	×	×	×
0	1	1	1	0	0
1	0	0	×	×	×
1	0	1	×	×	×
1	1	0	×	×	×
1	1	1	0	0	1

3.7 试用 3 线 - 8 线译码器和若干门电路实现 3.6 题的逻辑设计。要求选择逻辑器件的型号,画出电路连接图。

【解】 (1) 将 3.6 题输出量用最小项表示

$$G = \sum m(3) = \overline{\overline{Y}_3}$$

$$R = \sum m(0) = \overline{\overline{Y}_0}$$

$$Y = \sum m(1,7) = \overline{\overline{Y}_1 \, \overline{Y}_7}$$

(2) 用 74LS138 译码器和与非门 7400 组成电路见图解 3.7。

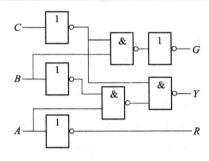

图解 3.6

3.8 用译码器 74LS47 驱动七段数码管时,发现数码管只显示 1、3、5、7、9。试问故障出在哪里?

【解】 当译码器 74LS47 的输入信号 $A_3 A_2 A_1 A_0$ 中 A_0 固定为高电平时,就会出现只能显示奇数 1、3、5、7、9 的故障。因此,检查 A_0 线是否开路或与 V_{cc} 短接。

3.9 试分析图题 3.9,写出 Y 的逻辑表达式,当 DC 为 **00 ~ 11** 时,说明电路的功能(读者自行查找 74153 的数据手册,了解其逻辑功能)。

【解】 $Y = \overline{A}_1 \overline{A}_0 D_0 + \overline{A}_1 A_0 D_1 + A_1 \overline{A}_0 D_2 + A_1 A_0 D_3$

将 $D_0 = \overline{A \cdot B}, D_1 = \overline{A + B}, D_2 = A \odot B, D_3 = \overline{A}, A_1 A_0 = DC$ 代入上式可得

$$Y = \overline{D}\,\overline{C}\,(\overline{AB}) + \overline{D}C(\overline{B+A}) + D\,\overline{C}(A \odot B) + DC\overline{A}$$

当 DC 为 **00 ~ 11** 时,Y 的逻辑表达式见表解 3.9。电路实现多功能输出。

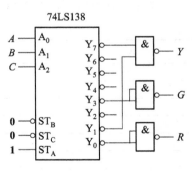

图解 3.7

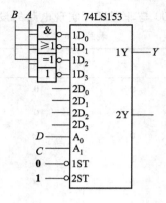

图题 3. 9

表解 3. 9

D	C	Y
0	**0**	$\overline{BA}$
0	**1**	$\overline{B+A}$
1	**0**	$B \odot A$
1	**1**	$\overline{A}$

3.10   试用一片 3 线 – 8 线译码器(输出为低电平有效)和一个**与非门**设计一个 3 位数 $X_2 X_1 X_0$ 奇偶校验器。要求当输入信号为偶数个 **1** 时(含 0 个 **1**),输出信号 F 为 **1**,否则为 **0**。

【解】   (1)根据题意写出真值表如表解 3.10,将输出 F 用最小项表达式写出

$$F = \sum m(0,3,5,6) = \overline{\overline{Y_0} \cdot \overline{Y_3} \cdot \overline{Y_5} \cdot \overline{Y_6}}$$

(2)电路连接图见图解 3.10。

表解 3. 10

X_2	X_1	X_0	F
0	**0**	**0**	**1**
0	**0**	**1**	**0**
0	**1**	**0**	**0**
0	**1**	**1**	**1**
1	**0**	**0**	**0**
1	**0**	**1**	**1**
1	**1**	**0**	**1**
1	**1**	**1**	**0**

3.11   将双 4 选 1 数据选择器 74LS253 扩展为 8 选 1 数据选择器,并实现逻辑函数 $F = AB + B\overline{C} + \overline{A}C$。画逻辑电路图,令 CBA 对应着 $A_2 A_1 A_0$。

【解】   (1)根据所给器件扩展电路

74LS253 的两个输出 1Y 和 2Y 未被选通时为高阻状态,故两个输出可直接连接作为一个输出端。先将双 4 选 1MUX 扩展为 8 选 1MUX,电路见图解 3.11。当 $A_2A_1A_0(CBA)$ 为 **000 ~ 011** 时,1Y 输出 $1D_0 \sim 1D_3$;当 $A_2A_1A_0$ 为 **100 ~ 111** 时,2Y 输出 $2D_0 \sim 2D_3$。

（2）设计整个电路

将逻辑函数 F 写为最小项和的形式: $F = \overline{C}B\,\overline{A} + \overline{C}BA + C\,\overline{B}\,\overline{A} + CB\,\overline{A} + CBA$

令 $CBA = A_2A_1A_0$,$D_2 = D_3 = D_4 = D_6 = D_7 = \mathbf{1}$,$D_0 = D_1 = D_5 = \mathbf{0}$,即可用 MUX 实现上述函数的逻辑功能,见图解 3.11。

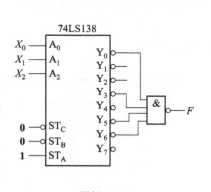

图解 3.10

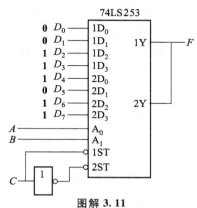

图解 3.11

3.12　试用 74LS138 译码器构成 8 线输出数据分配器,要求将一路数据 D 分时通过 8 个通道原码输出。

【解】　本题是联系用译码器实现多路分配器功能。见图解 3.12,CBA 作为地址选择信号,一路数据 D 接到 74LS138 一个低电平使能端,D 为低电平对应的一路输出为低电平,其余全为高电平。D 为高电平对应的一路输出为高电平,实现原码输出。

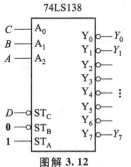

图解 3.12

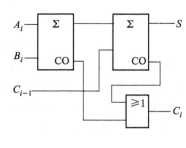

图解 3.13

3.13　画出用半加器构成 1 位全加器的逻辑电路图。

【解】　（1）功能电路分析

半加器的逻辑表达式为

$$S = A \oplus B$$

$$C = AB$$

全加器的逻辑表达式为

$$S_i = A_i \oplus B_i \oplus C_{i-1}$$

$$C_i = (A_i \oplus B_i) C_{i-1} + A_i B_i$$

（2）用半加器设计全加器的逻辑电路

用两个半加器与一个**或**门设计的 1 位全加器电路见图解 3.13。

3.14 试选择 MSI 器件,设计一个将余三码转换成 8421 码的电路。

【解】 【方法 1】最简便的方法是用全加器实现,详见 3.3.2 典型题举例中的例 3.9。

【方法 2】 用译码器实现

由于余三码与 8421 码对应关系见表解 3.14。逻辑表达式如下

表解 3.14

L_3	L_2	L_1	L_0	A_3	A_2	A_1	A_0
0	0	1	1	0	0	0	0
0	1	0	0	0	0	0	1
0	1	0	1	0	0	1	0
0	1	1	0	0	0	1	1
0	1	1	1	0	1	0	0
1	0	0	0	0	1	0	1
1	0	0	1	0	1	1	0
1	0	1	0	0	1	1	1
1	0	1	1	1	0	0	0
1	1	0	0	1	0	0	1

$$A_3 = \sum m(11,12) = \overline{\overline{Y_{11}} \, \overline{Y_{12}}}$$

$$A_2 = \sum m(7,8,9,10) = \overline{\overline{Y_7} \, \overline{Y_8} \, \overline{Y_9} \, \overline{Y_{10}}}$$

$$A_1 = \sum m(5,6,9,10) = \overline{\overline{Y_5} \, \overline{Y_6} \, \overline{Y_9} \, \overline{Y_{10}}}$$

$$A_0 = \sum m(4,6,8,10,12) = \overline{\overline{Y_4} \, \overline{Y_6} \, \overline{Y_8} \, \overline{Y_{10}} \, \overline{Y_{12}}}$$

4 线 –16 线译码器 74154 的输出端为低电平有效,将余三码 $A_3 A_2 A_1 A_0$ 接译码器地址输入端 $A_3 A_2 A_1 A_0$,输出端用**与非门**电路即可实现电路的逻辑功能(电路图略)。

3.15 试用 3 线 –8 线译码器 74LS138 和若干**与非门**设计一个 1 位全加器。

【解】 （1）如令 $A_2 A_1 A_0 = CBA$,写全加器最小项和式

$$S = C \oplus B \oplus A = \overline{\overline{m_1} \, \overline{m_2} \, \overline{m_4} \, \overline{m_7}}$$

$$C = C(B \oplus A) + BA = \overline{\overline{m_3} \, \overline{m_5} \, \overline{m_6} \, \overline{m_7}}$$

（2）画逻辑电路图

将全加器的输出函数与译码器逻辑式比较,则

$$S = \overline{\overline{Y_1} \, \overline{Y_2} \, \overline{Y_4} \, \overline{Y_7}}$$

$$C = \overline{\overline{Y_3} \, \overline{Y_5} \, \overline{Y_6} \, \overline{Y_7}}$$

译码器的对应输出端与 1 片双 4 输入的**与非门** 7420 连接,即可实现 1 位的全加器功能。电路见图解 3.15。

3.16 用比较器或加法器设计如下功能的电路:当输入为四位二进制数 N, $N \geqslant 10$ 时,输出 $L = 1$,其余情况下 $L = 0$。

【解】 **【方法 1】**用比较器 CC14585 实现电路设计

根据题意令 $A_3 A_2 A_1 A_0 = N_3 N_2 N_1 N_0$、$B_3 B_2 B_1 B_0 = 1001$,令 $I_{A>B} = I_{A=B} = 1$、$I_{A<B} = 0$,则从 $Y_{A>B}$ 可以得到输出 L。电路见图解 3.16(a)。

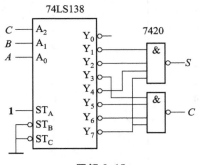

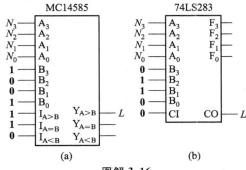

图解 3.15   图解 3.16

【方法 2】 用加法器实现电路设计

令 $A_3 A_2 A_1 A_0 = N_3 N_2 N_1 N_0$、$B_3 B_2 B_1 B_0 = \mathbf{0110}$,则从进位输出 CO 可以得到输出 L。电路见图解 3.16(b)。

3.17 选择 MSI 器件,设计一个 4 位奇偶逻辑校验判断电路,当输入为奇数个 **1** 时,输出为 **1**;否则输出为 **0**。

【解】 (1)设逻辑变量

根据题意,设输入逻辑变量为 $X_3 X_2 X_1 X_0$,输出逻辑变量为 L。写出真值表如表解 3.17。

(2)设计电路

【方法 1】 选用 1 个输出为低电平有效的 4 线 - 16 线译码器 74154 实现电路,将 L 写为如下形式

$$L = \sum m(1, 2, 4, 7, 8, 11, 13, 14)$$

令 $A_3 A_2 A_1 A_0 = X_3 X_2 X_1 X_0$,将上式中最小项对应的输出接一个 8 输入**与非门** 74LS30 的输入端,在 74LS30 的输出即可得到 L(图略)。

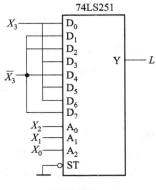

图解 3.17

【方法 2】 用 8 选 1 MUX 实现电路设计。

将函数 L 写为如下形式

$$L = \overline{X_3}(\overline{X_2}\ \overline{X_1}X_0) + \overline{X_3}(\overline{X_2}\ X_1\ \overline{X_0}) + \overline{X_3}(X_2\ \overline{X_1}\ \overline{X_0})$$
$$+ \overline{X_3}(X_2X_1X_0) + X_3(\overline{X_2}\ \overline{X_1}\ \overline{X_0}) + X_3(\overline{X_2}X_1X_0)$$
$$+ X_3(X_2\ \overline{X_1}X_0) + X_3(X_2X_1\ \overline{X_0})$$

令 $A_2A_1A_0 = X_0X_1X_2$，$D_0 = D_3 = D_5 = D_6 = X_3$，$D_1 = D_2 = D_4 = D_7 = \overline{X_3}$，则 $L = Y$。电路见图解 3.17。

表解 3.17

X_3	X_2	X_1	X_0	L
0	0	0	0	0
0	0	0	1	1
0	0	1	0	1
0	0	1	1	0
0	1	0	0	1
0	1	0	1	0
0	1	1	0	0
0	1	1	1	1
1	0	0	0	1
1	0	0	1	0
1	0	1	0	0
1	0	1	1	1
1	1	0	0	0
1	1	0	1	1
1	1	1	0	1
1	1	1	1	0

3.18　已知函数 $F(D,C,B,A) = \sum m(2,5,7,8,10,12,15)$

试用以下功能组件实现该逻辑函数的电路(自行选择器件型号,可增加少量门电路)。

(1)8 选 1 或 16 选 1 数据选择器;

(2)3 线 −8 线译码器或 4 线 −16 线译码器。

【解】　(1)用一个 16 选 1 MUX 74LS150 实现电路,可令 $A_3A_2A_1A_0 = DCBA$,令 $D_2 = D_5 = D_7 = D_8 = D_{10} = D_{12} = D_{15} = 1$,其他 D_i 接 0,输出即为 F。

(2)选用 4 线 −16 线译码器 74154 和 8 输入的与非门 74LS30 实现。

令 $A_3A_2A_1A_0 = DCBA$,将译码器的输出 $\overline{Y_2}$、$\overline{Y_5}$、$\overline{Y_7}$、$\overline{Y_8}$、$\overline{Y_{10}}$、$\overline{Y_{12}}$、$\overline{Y_{15}}$ 接 8 输入与非门 74LS30 的七个输入,另一个接 1,则 74LS30 的输出即为函数 F。

3.19　试选择如下器件设计一个逻辑电路,当 $X_2X_1X_0 > 5$ 时,电路输出为 1,否则输出为 0。

(1)比较器;

(2)加法器;

(3)MUX;

(4)3 线 −8 线译码器。

【解】 根据题目要求写出逻辑真值表如表解 3.19。

表解 3.19

X_2	X_1	X_0	L
0	0	0	0
0	0	1	0
0	1	0	0
0	1	1	0
1	0	0	0
1	0	1	0
1	1	0	1
1	1	1	1

（1）用 4 位比较器 74LS85 实现电路

令 $A_3 A_2 A_1 A_0 = \mathbf{0} X_2 X_1 X_0, B_3 B_2 B_1 B_0 = \mathbf{0101}$，则 $Y_{A>B} = L$。

（2）用 4 位加法器 74LS83 实现电路

令 $A_3 A_2 A_1 A_0 = \mathbf{0} X_2 X_1 X_0, B_3 B_2 B_1 B_0 = \mathbf{1010}$，则 $CO = L$。

（3）用输出为高电平有效的 8 选 1MUX74LS251 实现电路。

由于 8 选 1MUX 输出 $L = \sum m(6,7)$，可令 $A_2 A_1 A_0 = X_2 X_1 X_0$、$D_6 = D_7 = \mathbf{1}$、$D_0 \sim D_5 = \mathbf{0}$ 即可。

若用 4 选 1MUX 74LS153 实现

将函数改写为 $L = \sum m(6,7) = X_2 X_1 \overline{X_0} + X_2 X_1 X_0$，

令 $A_1 A_0 = X_1 X_0, D_3 = D_2 = X_2, D_1 = D_0 = \mathbf{0}$。

（4）用输出为低电平有效的 3 线 – 8 线译码器 74LS138 实现

由于 $L = \sum m(6,7) = \overline{\overline{m_6} \cdot \overline{m_7}}$，可令 $A_2 A_1 A_0 = X_2 X_1 X_0$，将对应的 m_6、m_7 输出接一双输入与非门 7400 即可。

3.20 设计一个多输出组合逻辑电路，其输入为 8421 BCD 码，其输出定义为

（1）L_1：输入数值能被 4 整除时 L_1 为 1；

（2）L_2：输入数值大于或等于 5 时 L_2 为 1；

（3）L_3：输入数值小于 7 时 L_3 为 1。

【解】 （1）规定逻辑变量

将输入 8421 BCD 码用 $X_3 X_2 X_1 X_0$ 表示。

（2）分析电路的逻辑功能

根据题目写出真值表见表解 3.20。

表解 3.20

X_3	X_2	X_1	X_0	L_3	L_2	L_1
0	0	0	0	1	0	1
0	0	0	1	1	0	0
0	0	1	0	1	0	0
0	0	1	1	1	0	0
0	1	0	0	1	0	1
0	1	0	1	1	1	0
0	1	1	0	1	1	0
0	1	1	1	0	1	0
1	0	0	0	0	1	1
1	0	0	1	0	1	0

将 L_1、L_2、L_3 的逻辑表达式分别写出

$$L_1 = \sum m(0,4,8)$$
$$L_2 = \sum m(5,6,7,8,9)$$
$$L_3 = \sum m(0,1,2,3,4,5,6)$$

（3）选择 MSI 完成设计

本题为多输入多输出逻辑电路,选择译码器实现最为简单。根据输入变量的个数,需选择 1 个 4 线 – 16 线译码器 74LS154、1 个 4 输入与非门 74LS20 和 2 个 8 输入与非门 74LS30 即可实现设计要求（图略）。

3.21   某建筑物的自动电梯系统有五个电梯,其中三个是主电梯,两个备用电梯。当上下人员拥挤,主电梯全被占用时,才允许使用备用电梯。现需设计一个监控主电梯的逻辑电路,当任何两个主电梯运行时,产生一个信号(L_1),通知备用电梯准备运行;当三个主电梯都在运行时,则产生另一个信号(L_2),使备用电梯主电源接通,处于可运行状态。

【解】   （1）规定逻辑变量

设三个主电梯为 C、B、A,运行时为 1,不运行为 0;任何两个主电梯运行时 L_1 为 1,三个都在运行时 L_2 为 1。

（2）设逻辑变量并赋值。

（3）列逻辑真值表

由题意列逻辑真值表见表解 3.21。

表解 3.21

C	B	A	L_1	L_2
0	0	0	0	0
0	0	1	0	0
0	1	0	0	0
0	1	1	1	0
1	0	0	0	0
1	0	1	1	0
1	1	0	1	0
1	1	1	1	1

（4）设计电路

注意到逻辑函数 L_1 可以由全加器 CO 输出端实现,逻辑函数 L_2 可由 3 输入与门实现。因此本题用 1 个全加器和一个 3 输入与门电路实现最为简洁,逻辑电路图见图解 3.21。

用 3 线 –8 线译码器和 1 个与非门也能实现本题设计要求。

3.22 分析下面的 VHDL 程序,说明电路的功能并画出逻辑电路图。

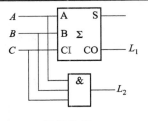

图解 3.21

```
library IEEE;
use IEEE. STD_LOGIC_1164. ALL;
entity alarm is
    PORT( water,smoke,door :IN STD_LOGIC;
          alarm_en          :IN STD_LOGIC;
          water_alarm,smoke_alarm,burg_alarm :OUT STD_LOGIC);
end alarm;
architecture Behavioral of alarm is
    SIGNAL  in1, in2, in3: STD_LOGIC;
    COMPONENT nor2 PORT(I0,I1:IN STD_LOGIC; O:OUT STD_LOGIC);
    END COMPONENT;
    COMPONENT INV   PORT(I:IN STD_LOGIC; O:OUT STD_LOGIC);
    END COMPONENT;
begin
    U0:INV   PORT MAP (water,in1);
    U1:INV   PORT MAP (smoke,in2);
```

U2:INV   PORT MAP（door,in3）;

U3:NOR2 PORT MAP（in1,alarm_en,water_alarm）;

U4:NOR2 PORT MAP（in2,alarm_en,smoke_alarm）;

U5:NOR2 PORT MAP（in3,alarm_en,burg_alarm）;

end Behavioral;

【解】   这部分 VHDL 程序实现了房间的水、烟、盗窃的报警功能。以水为例,设水溢出的状态为 **1**,若 alarm_en 处于低电平使能状态,则**或**门 U3 输出为高电平,为水溢出报警状态。若 alarm_en处于高电平,则无论有否报警信号,三个输出始终为 **0**,即不允许报警工作状态。这部分的 VHDL 程序属于结构描述,在 ISE 中运行得到的电路图如图解 3.22 所示。

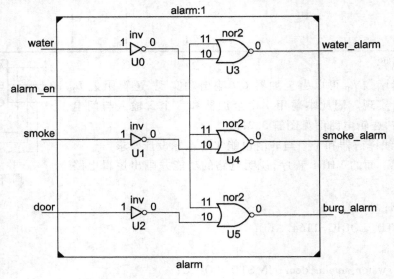

图解 3.22

3.23   试用 VHDL 语言描述本章的半加器、全加器、比较器、译码器、多路选择器等器件的逻辑功能。

【解】   描述半加器的 VHDL 程序如下

library IEEE;

use IEEE. STD_LOGIC_1164. ALL;

use IEEE. STD_LOGIC_UNSIGNED. ALL;

use IEEE. STD_LOGIC_ARITH. ALL;

entity halfadd is

　　　Port（a : in　STD_LOGIC;

　　　　　 b : in　STD_LOGIC;

　　　　　 s : out　STD_LOGIC;

```
                c : out   STD_LOGIC);
end halfadd;
architecture Behavioral of halfadd is
    signal temp: STD_LOGIC_VECTOR(1 downto 0);
begin
    temp < = ('0'&a) + ('0'&b);
    s < = temp(0);
    c < = temp(1);
end Behavioral;
```

全加器

```
library IEEE;
use IEEE. STD_LOGIC_1164. ALL;
use IEEE. STD_LOGIC_UNSIGNED. ALL;
use IEEE. STD_LOGIC_ARITH. ALL;
entity fulladd is
    Port (a : in    STD_LOGIC;
           b : in    STD_LOGIC;
          ci : in    STD_LOGIC;
           s : out   STD_LOGIC;
           c : out   STD_LOGIC);
end fulladd;
architecture Behavioral of fulladd is
    signal temp: STD_LOGIC_VECTOR(1 downto 0);
begin
    temp < = ('0'&a) + ('0'&b) + ('0'&ci);
    s < = temp(0);
    c < = temp(1);
end Behavioral;
```

比较器

```
library IEEE;
use IEEE. STD_LOGIC_1164. ALL;
entity my_comp is
    Port (a : in   STD_LOGIC_VECTOR (1 downto 0);
           b : in   STD_LOGIC_VECTOR (1 downto 0);
```

```vhdl
            grt : out   STD_LOGIC;
            lt  : out   STD_LOGIC;
            eq : out   STD_LOGIC);
end my_comp;
architecture Behavioral of my_comp is
begin
    grt < = '1' when a > b else '0';
    lt < = '1'   when a < b else '0';
    eq < = '1'   when a = b else '0';
end Behavioral;
```

译码器

```vhdl
library IEEE;
use IEEE. STD_LOGIC_1164. ALL;
entity decode38 is
    Port (a : in   STD_LOGIC_VECTOR (2 downto 0);
          y : out   STD_LOGIC_VECTOR (7 downto 0));
end decode38;
architecture Behavioral of decode38 is
begin
    process(a)
    begin
    case a is
    when "000"  = >  y < = "00000001";
    when "001"  = >  y < = "00000010";
    when "010"  = >  y < = "00000100";
    when "011"  = >  y < = "00001000";
    when "100"  = >  y < = "00010000";
    when "101"  = >  y < = "00100000";
    when "110"  = >  y < = "01000000";
    when "111"  = >  y < = "10000000";
    when others  = >  y < = "00000000";
    end case;
    end process;
end Behavioral;
```

多路选择器

```
library IEEE;
use IEEE. STD_LOGIC_1164. ALL;
entity mul_sel is
    Port ( sel : in  STD_LOGIC_VECTOR (1 downto 0);
           a3 : in  STD_LOGIC;
           a2 : in  STD_LOGIC;
           a1 : in  STD_LOGIC;
           a0 : in  STD_LOGIC;
           y : out  STD_LOGIC);
end mul_sel;
architecture Behavioral of mul_sel is
begin
    with sel select
    y < = a0 when "00",
          a1 when "01",
          a2 when "10",
          a3 when "11",
          'Z'  when others;
end Behavioral;
```

4 锁存器和触发器

本章主要介绍了锁存器和触发器的基本知识、电路组成、逻辑功能及触发器的脉冲特性。

4.1 教学要求

各知识点的教学要求如表4.1.1所示。

表 4.1.1　第 4 章教学要求

知 识 点		教 学 要 求		
		熟练掌握	正确理解	一般了解
基本概念	触发器、锁存器的特点		√	
	触发器、锁存器的分类			√
锁存器、触发器的描述方法	状态转换表、特征方程、状态转换图、波形图	√		
各种锁存器的逻辑功能	基本 RS 锁存器	√		
	钟控 RS 锁存器	√		
	D 锁存器	√		
各种触发器的逻辑功能	D 触发器	√		
	JK 触发器	√		
	T 触发器	√		
	功能特点	√		

续表

知　识　点		教 学 要 求		
		熟练掌握	正确理解	一般了解
触发器的电路结构	主从触发器			√
	边沿触发器			√
触发器的触发方式	高（低）电平触发、上（下）降沿触发		√	
触发器的脉冲工作特性	主从 JK 触发器、维持阻塞 D 触发器		√	
触发器之间的转换	D 触发器改为 JK 触发器			√
	D 触发器改为 T 触发器			√
	JK 触发器改为 D 触发器			√
用 HDL 描述触发器			√	

4.2　基本概念总结回顾

4.2.1　锁存器和触发器基本概念

在数字系统和计算机中,常常需要具有记忆功能的单元来保持数值或运算结果。能够存储一位二值信息的记忆单元电路称为锁存器和触发器(简称 FF)。在门电路的基础上引入适当的反馈就可以构成锁存器和触发器,它们是时序逻辑电路的基本单元电路。

锁存器与触发器的区别:锁存器是利用电平控制数据的输入。触发器则是利用脉冲边沿控制数据的输入。

1. 锁存器和触发器的基本特点

(1) 锁存器和触发器有两种能保持的稳定状态,分别表示二进制数 **0** 和 **1** 或逻辑 **0** 和逻辑 **1**;

(2) 在适当的触发信号作用下,触发器可从一种稳定状态转变为另一种稳定状态;当触发信号消失后,触发器的状态保持不变。

2. 锁存器和触发器的分类

根据电路结构的不同,锁存器可分为基本锁存器和时钟控制锁存器。

根据电路结构的不同,触发器可分为基本触发器、同步触发器、主从触发器、边沿触发器等;根据控制方式不同(即信号的输入方式以及触发器状态随输入信号变化的规律不同)触发器可分为直接触发器、同步触发器、主从触发器和边沿触发器。按逻辑功能又可分为 RS 触发器、D 触发器、JK 触发器、T 触发器等几种类型。

4.2.2 锁存器和触发器的描述方法

锁存器和触发器是时序逻辑电路的基本单元,用前面组合逻辑电路的描述方法已经不能用来描述它们的逻辑功能。锁存器和触发器的工作状态一般可用状态转换表、状态方程、状态转换图和工作波形图等方法描述。

通常把时钟脉冲 CP 作用前锁存器和触发器的状态称现态,用 Q^n 表示;把在时钟脉冲 CP 作用后,锁存器和触发器的状态称次态,用 Q^{n+1} 表示。

1. 状态转换表

锁存器和触发器的次态 Q^{n+1} 不仅与当时的输入信号有关,而且还与原来的状态 Q^n 有关。如果将 Q^n 也当作一个输入变量,可以列出次态 Q^{n+1} 与输入信号和现态 Q^n 的关系表,这种表称为状态转换表。表 4.2.1 即是根据这种关系列出的同步 RS 锁存器的状态转换表,其中 × 表示任意值(0 或 1),1^* 表示不允许状态。

表 4.2.1 同步 RS 锁存器的状态转换表

CP	S	R	Q^n	Q^{n+1}	说　　明
0	×	×	0	0	保持原状态不变
0	×	×	1	1	
1	0	0	0	0	$Q^{n+1} = Q^n$
1	0	0	1	1	
1	0	1	0	0	$Q^{n+1} = 0$
1	0	1	1	0	
1	1	0	0	1	$Q^{n+1} = 1$
1	1	0	1	1	
1	1	1	0	1^*	不允许状态
1	1	1	1	1^*	

2. 特征方程(次态方程)

由表 4.2.1 的逻辑关系,画出 RS 锁存器的次态卡诺图如图 4.2.1。次态卡诺图是将锁存器(触发器)现态 Q^n 和输入信号作为逻辑变量,锁存器(触发器)的次态 Q^{n+1} 作为逻辑函数所画的卡诺图。锁存器(触发器)不允许状态可作为无关项处理。

在次态卡诺图上,对次态逻辑函数式化简,得到的最简逻辑式称为锁存器(触发器)的特征方程或次态方程。该方程反映了锁存器(触发器)次态 Q^{n+1} 与输入信号和现态 Q^n 之间的逻辑关系。

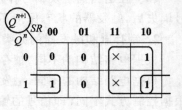

图 4.2.1 同步 RS 触发器的次态卡诺图

同步 RS 锁存器的特征方程如下

$$\begin{cases} Q^{n+1} = S + \overline{R}Q^n \\ R \cdot S = \mathbf{0}(\text{约束条件}) \end{cases}$$

由于 RS 锁存器有约束条件,特征方程以方程组形式给出。

3. 状态转换图

状态转换图也可形象地说明锁存器、触发器如何从现态转换到次态。根据表 4.2.1 可以画出 RS 锁存器的状态转换图,如图 4.2.2 所示。图中两个圆圈中的 **0** 和 **1** 分别表示锁存器的两个稳定状态,用箭头表示状态转换的方向,箭头旁注明 R 和 S 的值表示转换条件。

4. 波形图

锁存器和触发器的工作状态还可用工作波形图来描述。JK 触发器的工作波形如图 4.2.3 所示。

触发器的各种描述方法之间可以互相转换,这里就不详细讨论了。

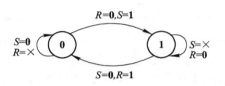

图 4.2.2 同步 RS 锁存器的状态转换图

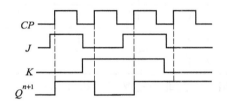

图 4.2.3 JK 触发器的工作波形图

4.2.3 各种类型锁存器、触发器的逻辑功能

1. 基本 RS 锁存器

用两个与非门如图 4.2.4(a)交叉反馈连接,就可构成的基本 RS 锁存器。锁存器有两个互补的输出 Q 和 $\overline{Q}$。当 $Q=1$、$\overline{Q}=0$ 时,锁存器为 1 状态;当 $Q=0$、$\overline{Q}=1$ 时,称锁存器为 0 状态。锁存器的两个输入信号标为 $\overline{R}$ 和 $\overline{S}$。RS 锁存器符号见图 4.2.4(b)。由图 4.2.4(a)及**与非门的逻辑关系**可知

当 $\overline{S}=\mathbf{0}$,$\overline{R}=\mathbf{1}$ 时,锁存器被置 1,即 $Q=1$,$\overline{Q}=0$;

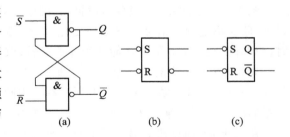

图 4.2.4 基本 RS 锁存器

(a)逻辑电路图 (b)国标符号 (c)国外流行符号

当 $\overline{S}=\mathbf{1}$,$\overline{R}=\mathbf{0}$ 时,锁存器被清 0,即 $Q=0$,$\overline{Q}=1$;

当 $\overline{S}=\mathbf{1}$,$\overline{R}=\mathbf{1}$ 时,锁存器的状态不变,即锁存器具有保持功能。

根据以上分析,可将 $\overline{R}$ 称为清 0(Reset)信号,$\overline{S}$ 称为置 1(Set)信号。

当 $\overline{R}=\mathbf{0}$,$\overline{S}=\mathbf{0}$ 时,锁存器两个输出都为 **1**,不再是互补关系,且在输入低电平信号同时消失

后,锁存器的状态为 **0** 还是为 **1** 不确定。因此,在正常工作时,不允许输入 $\bar{R}$ 和 $\bar{S}$ 同时为 **0**,即要求输入信号遵守 $\bar{R} + \bar{S} = 1$ 的约束条件。

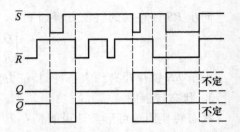

由于基本 RS 锁存器的输入信号直接控制其输出状态,故它又称为直接置 **1**(置位)、清 **0**(复位)锁存器,其触发方式为直接触发方式。

图 4.2.5　基本 RS 锁存器的工作波形

表 4.2.2 是基本 RS 锁存器的状态转换真值表,它描述了锁存器的输出与输入的逻辑关系。基本 RS 锁存器的工作波形见图 4.2.5。

表 4.2.2　基本 RS 锁存器状态转换表

$\bar{R}$　$\bar{S}$	Q^{n+1}	状态说明
0　**0**	**1***	输入信号同时消失后状态不定
0　**1**	**0**	清 0
1　**0**	**1**	置 1
1　**1**	Q^n	保持原状态不变

用两个**或非门**交叉反馈也能构成基本 RS 锁存器,但锁存器的输入信号 R 和 S 为高电平有效。

基本锁存器无时钟控制输入,是异步锁存器。

2. 同步锁存器

在实际数字电路中,一般要求多个触发器在一个共同的时钟脉冲 CP 作用下有节拍地同步工作。

图 4.2.6 是同步 RS 锁存器逻辑图,图中当 $CP = 0$ 时,**与非门**被封锁,此时不论输入信号 R、S 如何变化,Q、$\bar{Q}$ 都不变;只有当 $CP = 1$ 时,**与非门**开启,R、S 信号才能使锁存器翻转,改变其状态。

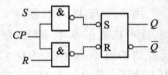

图 4.2.6　同步 RS 锁存器

如在 RS 锁存器的输入增加一个**非门**,令 $S = D$、$R = \bar{D}$,则约束条件 $R \cdot S = 0$ 可自动满足。这种锁存器称为同步 D 锁存器。D 锁存器的次态 Q^{n+1} 随输入 D 的状态而定,故常用来锁存数据,D 锁存器的名称由此而来。

在同步 RS 锁存器的输入增加两个**与门**和两条反馈线,令 $S = J\bar{Q}$、$R = \bar{K}Q$,约束条件也可自动满足,就构成同步 JK 锁存器。

将同步 JK 锁存器两个输入端连接到一起,作为一个输入端,标为 T,就构成同步 T 锁存器。由它的特性方程 $Q^{n+1} = T\bar{Q^n} + \bar{T}Q^n = T \oplus Q$,$T = 0$ 时,$Q^{n+1} = Q^n T$,触发器的状态不变。$T = 1$ 时,$Q^{n+1} = \bar{Q^n}$ 则构成翻转锁存器。为区别于 T 锁存器,将 T 恒为 1 的 T 锁存器称为 T' 锁存器。显然,每来一个 CP 脉冲,该锁存器的状态变换一次。T' 锁存器输出信号的频率是 CP 脉冲频率的一半,故它是一种二分频电路。

各种同步式锁存器的国标符号、特性方程和状态转换图见表 4.2.3。

表 4.2.3　同步锁存器功能一览表

类型	电路符号	特性方程	状态转换图
RS	1S C1 1R	$\begin{cases} Q^{n+1} = S + \overline{R}Q^n \\ SR = 0 \end{cases}$	
JK	1J C1 1K	$Q^{n+1} = J\overline{Q^n} + \overline{K}Q^n$	
D	1D C1	$Q^{n+1} = D$	
T	1T C1	$Q^{n+1} = T\overline{Q^n} + \overline{T}Q^n = T \otimes Q^n$	

4.2.4　触发器的电路结构

1. 主从触发器

同步锁存器在 $CP = 1$ 期间，输入信号都能影响锁存器的输出状态，这种触发方式称为电平触发方式。这种触发方式可能使锁存器在一个 CP 脉冲期间发生多次翻转，这种现象称为"空翻"。为防止空翻，一般要对 CP 持续时间作严格规定或对电路结构进行改进。

主从触发器从结构上防止了空翻，它由主锁存器和从锁存器两部分构成。图 4.2.7(a)是主从 JK 触发器逻辑图。

由图可知，当 $CP = 1$，$\overline{CP} = 0$ 时，FF_A 的状态由 J 和 K 输入端信号决定，在此期间 FF_B 被 $\overline{CP}$ 封锁保持不变(锁定)。当 $CP = 0$，$\overline{CP} = 1$ 时，J 和 K 端的信号变化不起作用，FF_A 保持不变，FF_B 的状态取决于 FF_A 的状态，即从锁存器 FF_B 与主锁存器 FF_A 状态一致。整个触发器的翻转分两步完成，最后的输出 $Q(Q_B)$ 是由 $CP = 0$ 到来时主锁存器的状态确定的，从而克服了空翻。图 4.2.7

(b) 的国标符号中，"┐"号表示延迟输出，即 $CP=0$ 以后触发器输出状态才改变。

主从触发器虽然防止了空翻现象，但在 $CP=1$ 整个期间主锁存器都可接受输入信号。由于 Q 和 $\overline{Q}$ 接回到输入门上，所以在 $Q^n=0$ 时，主锁存器只能接受置 **1** 输入信号，在 $Q^n=1$ 时，主锁存器只能接受清 **0** 输入信号。结果在 $CP=1$ 期间，主锁存器只能翻转一次，即所谓一次翻转问题。因此，在使用主从结构触发器时必须注意：只有在 $CP=1$ 的

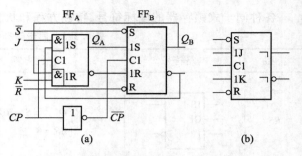

图 4.2.7   主从 **JK** 触发器

(a) 逻辑图   (b) 国标符号

全部时间内，输入信号始终未变的条件下，才能用 CP 下降沿到达时的输入信号决定触发器的次态。

2. 边沿触发器

边沿触发器次态仅取决于 CP 上升沿（或下降沿）到达时刻输入信号的状态，而在有效触发沿之前和之后输入信号变化对触发器状态均无影响，从而克服了空翻，增强了抗干扰能力并提高了触发器的可靠性，此种触发器称为边沿触发器。

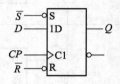

图 4.2.8   上升沿触发的 **D** 触发器符号

例如，维持阻塞型 D 触发器就是在同步 D 触发器的基础上增加维持线和阻塞线，当 CP 从 **0** 变为 **1** 上升时，触发器的状态由此时 D 的状态决定。此后，由于维持线和阻塞线的作用，D 再变化已无法使触发器翻转，因而这种触发器也称为上升沿触发的边沿触发器。上升沿触发器的逻辑符号图见 4.2.8，图中 CP 端的 ' > '符号表示边沿触发；$\overline{S}$ 和 $\overline{R}$ 表示异步置 **1** 和清 **0**。

图 4.2.9 给出了在时钟脉冲 CP 和输入信号 D 的作用下 Q 的变化波形。由图可见，在 t_1 时刻 CP 脉冲上升沿到来时，$D=1$，因此，Q 翻转为 **1** 状态；在下一个 CP 上升沿到来之前，无论 D 如何变化，Q 状态保持不变。第 2 个脉冲上升沿到来的 t_2 时刻，D 的状态为 **0**，触发器也翻转为 **0**。如此下去，在 CP 脉冲上升沿到来时，Q 随 D 的取值而翻转。

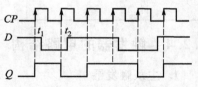

图 4.2.9   维持阻塞型 **D** 触发器工作波形图

4.2.5   触发器的触发方式和脉冲工作特性

按触发方式，触发器的触发方式可分为：电平触发（又分为高、低电平触发）和边沿触发（又分为上升沿、下降沿触发）。图 4.2.10 给出了不同的时钟脉冲 CP 触发方式的触发器电路符号图。

另外，为了正确地使用触发器，除了掌握其逻辑功能以外，还须了解触发器的脉冲工作特性。由于实际集成触发器器件中每个门都有一定的传输时间，为了得到稳定的输出，输入信号必须保

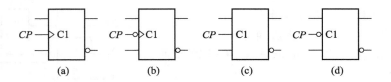

图 4.2.10 不同触发方式触发器的符号图

（a）上升沿触发 （b）下降沿触发 （c）高电平触发 （d）低电平触发

持一定的时间,因此,输入信号的频率是有限的。这点决定了器件的工作频率,也即器件的动态参数。

4.3 基本概念自检题与典型题举例

4.3.1 基本概念自检题

1. 选择填空题

（1）两个**与非门**构成的基本 RS 锁存器,当 $Q=1$、$\overline{Q}=0$ 时,两个输入信号 $\overline{R}=1$ 和 $\overline{S}=1$。锁存器的输出 Q 会_____。

（a）变为 **0**   （b）保持 **1** 不变   （c）保持 **0** 不变   （d）无法确定

（2）同步 RS 锁存器的两个输入信号 RS 为 **00**,要使它的输出从 **0** 变成 **1**,它的 RS 应为_____。

（a）**00**   （b）**01**   （c）**10**   （d）**11**

（3）基本 RS 锁存器的输入直接控制其输出状态,所以它不能被称为____锁存器。

（a）直接置 **1**、清 **0**   （b）直接置位、复位   （c）同步   （d）异步

（4）如果把 D 触发器的输出 $\overline{Q}$ 反馈连接到输入 D,它输出 Q 的脉冲波形的频率为 CP 脉冲频率 f 的_____。

（a）二倍频   （b）不变   （c）四分频   （d）二分频

（5）某锁存器的 2 个输入 X_1、X_2 和输出 Q 的波形如图 4.3.1 所示,试判断它是_____锁存器。

（a）基本 RS （b）JK （c）RS （d）D

（6）要使 JK 触发器的输出 Q 从 **1** 变成 **0**,它的输入信号 JK 应为_____。

（a）**00**   （b）**01**   （c）**10**   （d）无法确定

（7）如果把触发器的 JK 输入端接到一起,该触发器就转换成____触发器。

（a）D （b）T （c）RS （d）T'

（8）如果触发器的次态仅取决于 CP _____时输入信号的状态,就可以克服空翻。

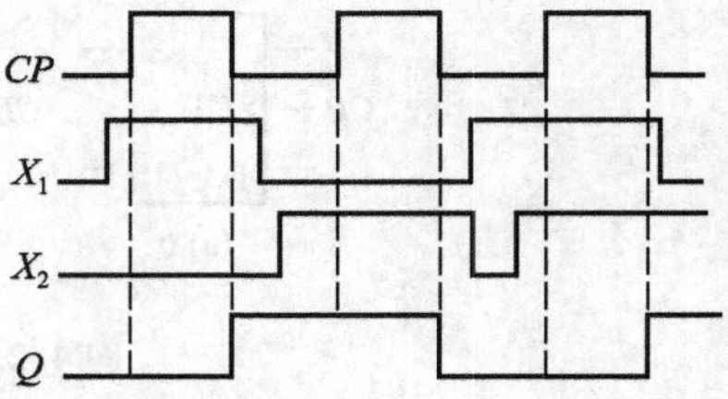

　　（a）上（下）沿　　　（b）高电平

　　（c）低电平　　　　（d）无法确定

　　（9）主从 JK 触发器 Q 的状态是在时钟脉冲 CP _____发生变化。

　　（a）上升沿　　　　（b）下降沿

　　（c）高电平　　　　（d）低电平

图 4.3.1　某锁存器波形图

　　（10）维持阻塞型 D 触发器的状态由 CP _____时 D 的状态决定。

　　（a）上升沿　　　　（b）下降沿　　　　（c）高电平　　　　（d）低电平

　　（11）某触发器的状态是在 CP 的下降沿发生变化,它的电路图形符号应为图 4.3.2 中的_____。

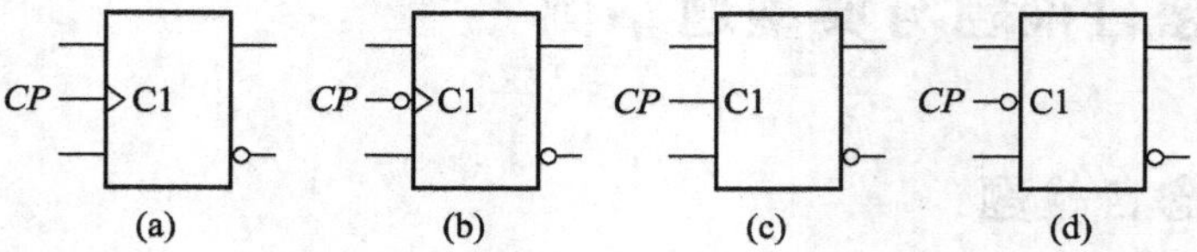

图 4.3.2

【答案】　（1）（b）;（2）（b）;（3）（c）;（4）（d）;（5）（b）;（6）（b）;（7）（b）;（8）（a）;（9）（b）;（10）（a）;（11）（b）。

2. 填空题（请在空格中填上合适的词语,将题中的论述补充完整）

　　（1）组合电路的基本单元是_____,时序电路的基本单元是_____。

　　（2）触发器（锁存器）有两种_____状态,在适当_____的作用下,触发器（锁存器）可从一种稳定状态转变为另一种稳定状态。

　　（3）同步 RS 锁存器的特征方程中约束条件 $R \cdot S = 0$,所以它的输入信号不能同时为_____。

　　（4）同步触发器（锁存器）一般可用_____、_____、_____、_____等方法描述。

　　（5）触发器按逻辑功能可分为_____、_____、_____3 种最常用的触发器。

　　（6）与时钟同步工作的锁存器称为_____锁存器。

　　（7）JK 触发器的特性方程为_____。

　　（8）同步触发器在一个 CP 脉冲高电平期间发生多次翻转,称为_____。

　　（9）在时钟脉冲 $CP=1$ 期间,主从 JK 触发器中主触发器状态只能变化一次的现象被称为_____。

　　（10）维持阻塞 D 触发器的状态由 CP 上升沿 D 的状态决定,所以它是_____。

　　（11）教材中介绍了两种可防止空翻的触发器是_____和_____。

【答案】　（1）逻辑门、触发器（锁存器）;（2）稳定、触发信号;（3）**1**;（4）状态转换表、状态方程、状态转换图和工作波形图;（5）D、JK、T;（6）同步;（7）$Q^{n+1}=J\overline{Q^n}+\overline{K}Q^n$;（8）空翻;（9）一

次翻转;(10) 边沿触发器;(11) 主从触发器、边沿触发器。

4.3.2 典型题举例

【例 4.1】 两个 TTL **或非**门组成图 4.3.3 所示电路,分析电路的功能,并在输入信号 RS 各种输入组合下,分析电路输出的状态。

【解】 本题的目的是练习分析基本 RS FF 的工作原理。

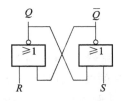

图 4.3.3 例 4.1 电路图

由图 4.3.3 和**或非**门的逻辑关系可知当 $S = 0, R = 1$ 时,电路被清 $\mathbf{0}$,即 $Q = \mathbf{0}, \overline{Q} = \mathbf{1}$;当 $S = \mathbf{1}, R = \mathbf{0}$ 时,电路被置 $\mathbf{1}$,即 $Q = \mathbf{1}, \overline{Q} = \mathbf{0}$;当 $S = \mathbf{0}, R = \mathbf{0}$ 时,电路保持状态不变,即锁存器具有保持功能。在正常工作时,不允许输入端 R 和 S 同时为 $\mathbf{1}$,即要求输入信号遵守 $RS = \mathbf{0}$ 的约束条件。根据以上分析,该电路实现了一个基本 RS 锁存器功能。

【例 4.2】 试填写表 4.3.1 所列锁存器、触发器的激励表(即触发器从表中最左列的现态 Q^n 转换到次态 Q^{n+1} 时,其输入必须分别满足的条件)。

【解】 本题的目的是熟悉锁存器和触发器的状态转换需要的条件。由四种锁存器、触发器的状态转换图上容易得到激励表如表 4.3.1 所示。

表 4.3.1 触发器的激励表

Q^n Q^{n+1}	S R	J K	D	T
0 0	**0** ×	**0** ×	**0**	**0**
0 1	**1 0**	**1** ×	**1**	**1**
1 0	**0 1**	× **1**	**0**	**1**
1 1	× **0**	× **0**	**1**	**0**

【例 4.3】 D 触发器如图 4.3.4(a)所示。在图 4.3.4(b) CP 和 D 的输入条件下,画出 Q 的波形,设 Q 的初始状态为 $\mathbf{0}$。

【解】 Q 的波形见图 4.3.4(b)。

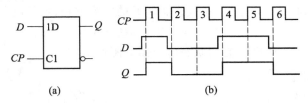

图 4.3.4 例 4.3 题、解电路图和波形图

【例 4.4】 JK FF 组成图 4.3.5(a)电路。试分析电路的逻辑功能,已知电路 CP 和 A 的输入波形如图 4.3.5(b)所示。设 Q 输出初态为 $\mathbf{0}$,画出 Q 的波形。

【解】 本题的目的是练习触发器间的功能转换。本题电路把 JK FF 的 K 接到了 Q 端,把 $J = A$、$K = Q$ 代入 JK FF 的特性方程,有

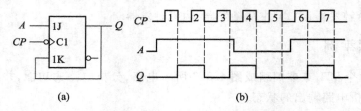

图 4.3.5　例 4.4 题电路图和题、解波形图

$$Q^{n+1} = J\,\overline{Q^n} + \overline{K}Q^n = A\,\overline{Q^n}$$

显然,当 $A = 1$ 时,电路为 T' 触发器;当 $A = 0$ 时,$Q^{n+1} = 0$,输入信号 A 相当同步清零信号。画出 Q 的波形如图 4.3.5(b)所示。

【例 4.5】　在不增加其他门电路的条件下,将 JK、D 和 T 触发器适当连接,构成二分频电路,并画出它们的电路图。

【解】　本题的目的是练习利用常用触发器构成二分频电路。把 $Q^{n+1} = \overline{Q^n}$ 与各触发器的特性方程比较,有

$JK\ \mathrm{FF}:Q^{n+1} = J\,\overline{Q^n} + \overline{K}Q^n$,令 $J = K = 1$,$Q^{n+1} = \overline{Q^n}$。

$D\ \mathrm{FF}:Q^{n+1} = D$,　　　　令 $D = \overline{Q}$,$Q^{n+1} = \overline{Q^n}$。

$T\ \mathrm{FF}:Q^{n+1} = T\,\overline{Q^n} + \overline{T}Q^n$,令 $T = 1$,$Q^{n+1} = \overline{Q^n}$。

画出它们的二分频电路图如图 4.3.6 所示。

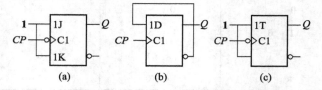

图 4.3.6　例 4.5 题解图

【例 4.6】　分析由 $JK\ \mathrm{FF}$ 组成图 4.3.7 电路的逻辑功能,写出电路的状态方程,并画出状态转换图。

【解】　根据电路,将 $J = X$ 和 $K = \overline{X}$ 代入 $JK\ \mathrm{FF}$ 的特征方程,可得电路的状态方程

$$Q^{n+1} = X\,\overline{Q^n} + XQ^n = X$$

显然,电路实现了一个 $D\ \mathrm{FF}$。它的状态转换图见图 4.3.8。

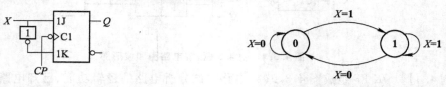

图 4.3.7　例 4.6 题图　　　　　　　图 4.3.8　例 4.6 解状态转换图

【例 4.7】　试分析如图 4.3.9 所示维持 – 阻塞边沿 D 触发器的工作原理。

【解】　本题目的是分析维持 – 阻塞边沿 D 触发器的工作原理,不属于基本要求内容。电路

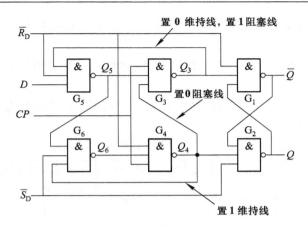

图 4.3.9 例 4.7 题电路图

中 $\overline{R}_D$ 和 $\overline{S}_D$ 接至基本 RS 触发器的输入端,它们分别是异步清 **0** 和置 **1** 信号。D 触发器正常工作时,它们均加入高电平,此时电路工作过程分析如下

（1）$CP = 0$ 时,**与非门** G_3 和 G_4 被封锁,其输出 $Q_3 = Q_4 = 1$,此时触发器的状态保持不变。同时,由于 Q_3 至 G_5 和 Q_4 至 G_6 的反馈信号 **1** 将这两个门打开,可接收输入信号 D,$Q_5 = \overline{D}$,$Q_6 = \overline{Q_5} = D$。

（2）当 CP 由 **0** 变 **1** 时,**与非门** G_3 和 G_4 打开,它们的输出 Q_3 和 Q_4 的状态由 G_5 和 G_6 当时的输出状态决定。$Q_3 = \overline{Q_5} = D$,$Q_4 = \overline{Q_6} = \overline{D}$。由基本 RS 触发器的逻辑功能可知,此时触发器翻转 $Q = D$。

（3）触发器翻转后,在 $CP = 1$ 期间,G_3 和 G_4 的输出 Q_3 和 Q_4 的状态是互补的,即必定有一个是 **0**。若 Q_3 为 **0**,则经 G_3 输出至输入的反馈线将 G_5 封锁,即封锁了 D 通往基本 RS 触发器的路径。该反馈线起到使触发器维持在 **0** 状态和阻止触发器变为 **1** 状态的作用,故该线称为置 **0** 维持线、置 **1** 阻塞线。同理可分析当 Q_4 为 **0** 时的情况。

综上所述,该触发器是在 CP 上跳沿前接受输入信号,上跳沿时触发翻转,上跳沿后输入信号 D 即被封锁,所以称为边沿触发器。

【例 4.8】 主从 JK 触发器和维持阻塞 D 触发器的输入波形见图 4.3.10（a）和（b）所示。设 Q 初始状态为 **0**,画出 Q 的波形。

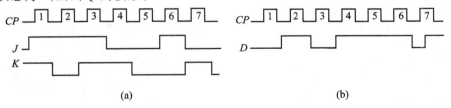

(a)　　　　　　　　　　　　　　　　(b)

图 4.3.10 例 4.8 题波形图

【解】　本题的目的是熟悉主从 JK 触发器和维持阻塞 D 触发器的触发特性,练习画出 Q 的波形图。

主从 JK 触发器的输出是从触发器的输出。当 CP 脉冲从高电平变为低电平时,从触发器随主触发器状态翻转。

维持阻塞型 D 触发器上升沿触发的边沿触发器。当 CP 从低电平变为高电平时,触发器的状态由此时 D 的状态决定。

两种触发器输出信号 Q 的波形见图 4.3.11(a)和(b)所示。

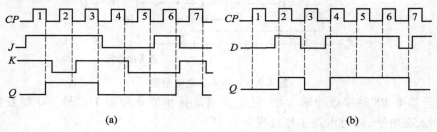

(a)　　　　　　　　　　　　　(b)

图 4.3.11　例 4.8 解波形图

【例 4.9】　移位寄存器的逻辑结构图如图 4.3.12(a)所示。CP 和 D_0 的输入波形见图 4.3.12(b)所示。设 Q 初始状态为 **0**,画出 $Q_3 \sim Q_0$ 的波形。

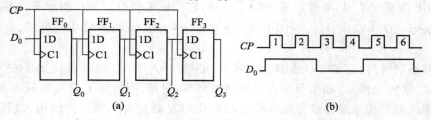

(a)　　　　　　　　　　　　　(b)

图 4.3.12　例 4.9 题电路图和波形图

【解】　本题的目的是熟悉移位寄存器的电路结构、练习画出它的工作波形图。在时钟脉冲 CP 上升沿作用下,移位寄存器的数据相继向右移动,即由 $D_0 \rightarrow Q_0 \rightarrow Q_1 \rightarrow Q_2 \rightarrow Q_3$。画出 $Q_3 \sim Q_0$ 的波形如图 4.3.13 所示。

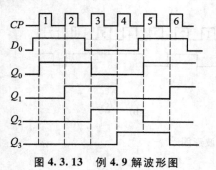

图 4.3.13　例 4.9 解波形图

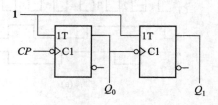

图 4.3.14　例 4.10 题逻辑图

【例4.10】 试分析图4.3.14电路逻辑功能,画出工作波形图

【解】 本题各触发器的时钟 $CP_0 = CP, CP_1 = Q_0$。CP 下跳沿到达时,触发器翻转。显然,电路实现了 2 位二进制(4 进制)异步加法计数器,图4.3.15是其工作波形图。

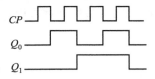

图 4.3.15 例4.10解工作波形图

4.4 思考题和习题解答

4.4.1 思考题

4.1 触发器与锁存器有何区别?

【答】 触发器是边沿触发,而锁存器是电平触发。

4.2 触发器如何分类?

【答】 根据电路结构的不同、控制方式不同和逻辑功能分类。

4.3 为避免由于干扰引起的误触发,应选用哪种类型的触发器?

【答】 应选边沿触发器。

4.4 什么是建立时间?

【答】 为了保证触发器输入的状态翻转,要求输入信号须比 CP 早些到来,这个提前时间称为输入建立时间。

4.5 什么是保持时间?

【答】 CP 到达后须经一定的时间才能将输入信号的变化传送到触发器输出端,在传输过程的一定时间内,输入信号应保持不变,这段时间称为保持时间。

4.6 触发时钟脉冲的最高频率与何因素有关?

【答】 与触发器的结构、类型有关。维持阻塞触发器和主从触发器结构不同,其内部门数、信号建立时间、门的延时不同决定了触发时钟脉冲的最高频率。

4.7 什么是锁存器的不定状态? 如何避免不定状态的出现?

【答】 基本 RS 锁存器中,当 $\bar{R} = 0, \bar{S} = 0$ 时,锁存器两个输出端都为 **1**,不再是互补关系,且在输入低电平信号同时消失后,锁存器的状态为 **0** 还是为 **1** 不确定。此称为锁存器的不定状态。在正常工作时,不允许输入端 $\bar{R}$ 和 $\bar{S}$ 同时为 **0**,即要求输入信号遵守 $\bar{R} + \bar{S} = 1$ 的约束条件。

可通过控制 R、S 输入信号或选用其他无约束条件的锁存器来避免不定状态的出现。

4.8 什么是锁存器的空翻现象? 如何避免空翻?

【答】　同步锁存在 $CP = 1$ 期间,输入信号都能影响锁存器的输出状态。这种触发方式(称电平触发方式)中,在一个 CP 脉冲期间锁存器发生两次或两次以上翻转的现象称为空翻。在数字电路中,为保证电路稳定可靠地工作,要求一个 CP 脉冲期间,锁存器只能动作一次。为防止空翻,须对 CP 持续时间有严格规定或对电路结构进行改进,如采用主从结构触发器或边沿 D 触发器等可克服空翻。

4.4.2　习题

4.1　根据图题 4.1 中输入信号 $\overline{S}$、$\overline{R}$ 的波形,画出图 4.2.1 中基本 RS 锁存器的状态变化波形。

【解】　见图解 4.1 中 Q、$\overline{Q}$ 的波形。

4.2　根据图题 4.2 所给的时钟脉冲波形及输入端 R、S 的波形,画出图 4.2.5 中时钟控制 RS 锁存器输出 Q 的波形。

【解】　见图解 4.2 中 Q、$\overline{Q}$ 的波形。

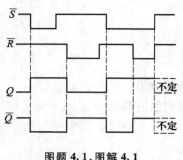

图题 4.1、图解 4.1

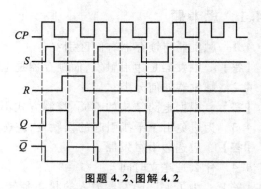

图题 4.2、图解 4.2

4.3　主从 JK 触发器电路结构如图题 4.3.1(a)所示,设初态为 0,已知 CP、J、K 和 $\overline{R}$ 的波形如图题 4.3 所示,试画出 Q_A、Q_B 的波形。

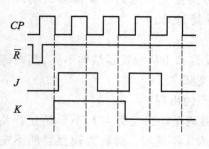

图题 4.3

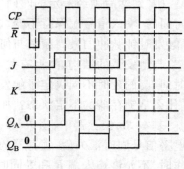

图解 4.3

【解】　见图解 4.3 中 Q_A、Q_B 的波形。

4.4 图题 4.4 中各触发器的初始状态 $Q = 0$，试画出在触发脉冲 CP 作用下各触发器 Q 的波形。

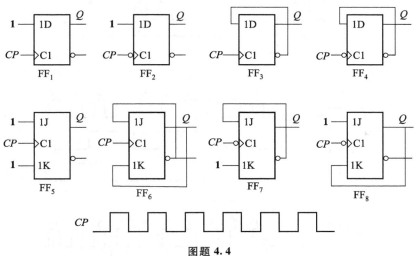

图题 4.4

【解】 见图解 4.4 中 $Q_1 \sim Q_8$ 的波形。

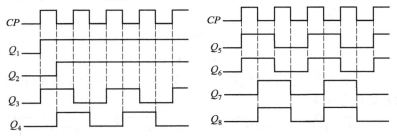

图解 4.4

4.5 D 触发器的逻辑电路和输入信号波形如图题 4.5（a）和（b）所示，设 Q 的初态为 0，画出 Q 的波形图。

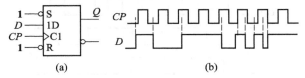

图题 4.5

【解】 见图解 4.5 中 Q 的波形。

4.6 分别画出图题 4.6（a）、（b）中 Q 的波形（设触发器的初始状态为 0）。

【解】 本题是练习画触发器波形图，重点要由触发器符号图清楚触发的脉冲的有效性，本题（a）是下降沿触发，（b）是上升沿触发，Q 只能可能在对应触发沿改变，波形图略。

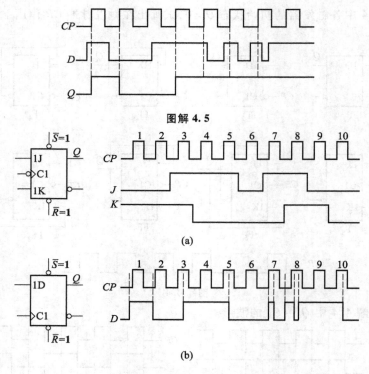

图解 4.5

图题 4.6

4.7 图题 4.7 所示为各种边沿触发器,已知 CP、A 和 B 的波形,试画出对应的 Q 的波形。(假定触发器的初始状态为 0)。

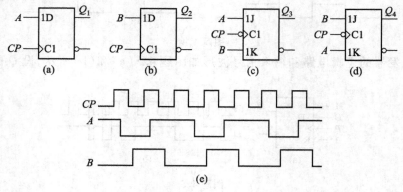

图题 4.7

【解】 方法与 4.6 题一样,Q 的波形图略。

4.8 图题 4.8 (a)所示为由 D 触发器构成的逻辑电路。图(b)为其输入信号波形,试画出图题输出 P 的波形(设触发器初态 Q 为 0)。

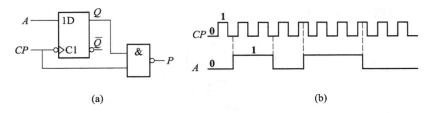

(a)　　　　　　　　　　　(b)

图题 4.8

【解】　P 的波形如图解 4.8 所示。

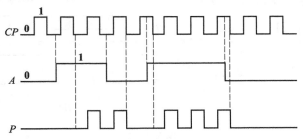

图解 4.8

4.9　试分析图题 4.9 所示电路的逻辑功能。

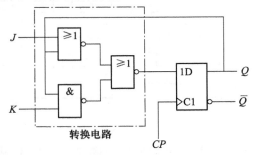

图题 4.9

【解】　由电路得到：$D = \overline{\overline{J + Q^n} + \overline{KQ^n}} = (J + Q^n)KQ^n = JKQ^n + KQ^n = KQ^n$

当 $K = 1$ 时，触发器状态保持不变；$K = 0$ 时，实现同步清零。

4.10　试用一个 T 触发器及逻辑门实现一个 D 触发器的功能。

【解】　逻辑电路如图解 4.10 所示。

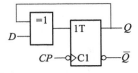

图解 4.10

4.11　试用一个 D 触发器及逻辑门实现一个 T 触发器的功能。

【解】 逻辑电路如图解 4.11 所示。

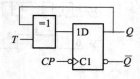

图解 4.11

4.12 图题 4.12（a）所示为由 D 触发器构成的逻辑电路。图（b）为其输入信号波形,试画出输出 Q 的波形。设触发器初态 Q 为 **0**。

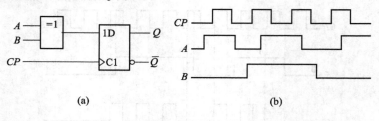

（a）   （b）

图题 4.12

【解】 Q 的波形如图解 4.12 所示。

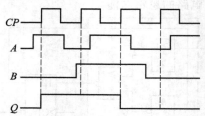

图解 4.12

4.13 图题 4.13（a）所示为主从型 JK 触发器构成的检 **1** 电路,试画出在图（b）输入信号作用下的输出 Q 的波形。设触发器初态 Q 为 **0**。

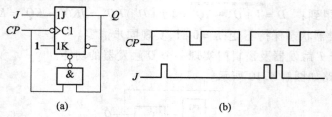

（a）   （b）

图题 4.13

【解】 方法与 4.6 题一样,但要注意该题目用到触发器的异步清零端,只要清零信号低电平有效,触发立刻使输出 $Q=0$,Q 的波形图略。

4.14 试画出图题 4.14（a）电路中 Q_2 的输出波形（已知 CP_1 和 CP_2 如图题 4.14（b）所示,

触发器的初态为 **0**）。

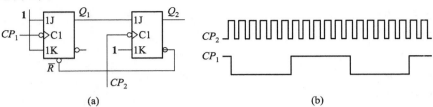

图题 4.14

【解】 Q_2 的波形如图解 4.14 所示。

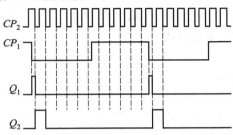

图解 4.14

4.15 阅读下面的 VHDL 程序,分析它描述的是哪一种触发器。

```
LIBRARY   ieee;
USE   ieee. std_logic_1164. all;
ENTITY   dff   IS
   PORT( pset,clr,clk,d: IN STD_LOGIC;
            q, qb: OUT STD_LOGIC);
END   dff;
ARCHITECTURE   rt2   OF   dff   IS
     SIGNAL qs, qbs: STD_LOGIC;
BEGIN
   PROCESS (pset, clr, clk)
BEGIN
     IF (pset = '0') THEN
       qs < = '1';
       qbs < ='0';
     ELSIF(clr = '0') THEN
       qs < = '0';
       qbs < = '1';
```

```
        ELSIF ( clk ' EVENT AND clk = '1') THEN
          qs < = d;
          qbs < = NOT d;
        END IF;
          q < = qs;
          qb < = qbs;
        END PROCESS;
END rt2;
```

【解】 此程序描述了一个带置位和清零端的上升沿触发 D 触发器的功能。

4.16 试编写上升沿触发 T 触发器的 VHDL 程序。

【解】 上升沿触发 T 触发器的 VHDL 程序:

```
library IEEE;
use IEEE. STD_LOGIC_1164. ALL;
entity tff is
    Port ( pset, clr, clk, t : in  STD_LOGIC;
           q, qb : out  STD_LOGIC) ;
end tff;
architecture Behavioral of tff is
    signal qs,qbs: std_logic;
begin
    process(pset,clr,clk,t)
     begin
         if( pset = '0') then
           qs < = '1';
           qbs < = '0';
        elsif( clr = '0') then
           qs < = '0';
           qbs < = '1';
        elsif( clk'event and clk = '1')then
           if( t = '0') then
                qs < = qs;
                qbs < = qbs;
        else
                qs < = not qs;
                qbs < = not qbs;
```

```
            end if;
        end if;
        q < = qs;
        qb < = qbs;
     end process;
end Behavioral;
```

5 时序逻辑电路

本章简要介绍了时序逻辑电路的定义、结构、功能描述和分类方法。较为详细地介绍了基于触发器的时序逻辑电路的分析和设计方法。重点介绍了计数器、寄存器等常用的中规模集成时序器件以及相应的功能电路。在此基础上,特别提出功能块时序逻辑电路的分析和设计方法。

5.1 教学要求

各知识点的教学要求如表 5.1.1 所示。

表 5.1.1 第 5 章教学要求

知 识 点		教学要求		
		熟练掌握	正确理解	一般了解
时序逻辑电路基础知识	时序电路的功能特点		√	
	时序电路的一般结构			√
	时序电路的功能描述			√
	时序电路的简要分类			√
触发器级时序电路的分析和设计	分析	√		
	设计	√		
常用中规模时序逻辑器件	集成计数器	√		
	集成寄存器	√		
基于 MSI 的时序逻辑电路的分析和设计	分析	√		
	设计	√		
用 HDL 描述时序电路			√	

5.2 基本概念总结回顾

5.2.1 基本概念

1. 时序逻辑电路的定义

任一时刻,电路的输出不仅取决于该时刻电路的输入,而且还与电路的原状态有关,这就是时序逻辑电路的功能特点。

2. 时序电路的结构和功能描述

时序逻辑电路一般由组合逻辑电路和存贮电路两部分组成。如用 $X(x_1,x_2,\cdots,x_i)$ 表示电路的外部输入信号,$Z(z_1,z_2,\cdots,z_j)$ 表示电路的输出信号,$W(w_1,w_2,\cdots,w_k)$ 表示存贮电路的输入信号,$Q(q_1,q_2,\cdots,q_l)$ 表示存贮电路的输出状态。时序逻辑电路的逻辑关系可以用三个向量方程来表示

输出方程: $Z(t_n) = F[X(t_n),Q(t_n)]$

状态方程: $Q(t_{n+1}) = G[W(t_n),Q(t_n)]$

驱动方程: $W(t_n) = H[X(t_n),Q(t_n)]$

式中 t_n 和 t_{n+1} 表示相邻的两个离散时间。

3. 时序逻辑电路的分类

(1)根据时钟加入方式可分为同步时序电路和异步时序电路。

同步时序电路中的所有触发器状态都在统一时钟脉冲到达时同时发生变化;而异步时序电路没有统一的时钟脉冲。

(2)根据时序逻辑电路的输出方式分为 Moore 型和 Mealy 型。

Moore 型电路的输出信号仅取决于存贮电路的状态;而 Mealy 型电路的输出信号不仅取决于存贮电路的状态,还取决于输入变量的状态。

5.2.2 基于触发器时序电路的分析

时序逻辑电路中的基本单元是触发器。基于触发器时序逻辑电路的分析是时序逻辑电路分析的基础。

1. 分析方法

分析一个基于触发器的时序电路,是根据给定的逻辑电路图,在输入及时钟作用下,找出电路的状态和输出的变化规律,从而获得其逻辑功能。图 5.2.1 为时序逻辑电路分析的流程图。

分析的一般步骤为

(1)写出三个向量方程

① 根据逻辑电路图,先写出各触发器输入的逻辑函数式,即驱动方程。异步时序电路需要

图 5.2.1　时序电路分析流程图

另外写时钟方程。② 根据电路写出输出方程。③ 求状态方程,将驱动方程代入触发器的特性方程中,得出每个触发器的状态方程。

(2) 列出状态转换表,画出状态转换图及波形图

① 首先应根据状态方程和输出方程画出各触发器的次态卡诺图及输出 Z 的卡诺图。由次态卡诺图可以很方便地列出状态转换真值表。② 由状态转换真值表可以画出以小圆圈表示电路各个状态的状态转换图。③ 由状态转换真值表或状态转换图可以画出时序图,即工作波形图。

(3) 说明逻辑功能

通过对状态转换真值表或状态转换图的分析,可获得电路的逻辑功能。

2. 同步时序电路的分析

按前面所述分析方法和步骤分析基于触发器的同步时序逻辑电路,即可得到电路的逻辑功能。具体分析过程参见教材例题或本书的典型题举例。

3. 异步时序电路的分析

异步时序电路的分析方法与同步时序电路分析方法基本相同,但需要特别注意的是状态方程中要将时钟信号也作为一个逻辑条件,写在状态方程末尾,用(CP_i)来表示在 CP_i 适当边沿状态方程成立,具体分析过程参见教材或本书典型题举例。

5.2.3　基于触发器时序电路的设计

1. 设计步骤

时序电路的设计是分析的逆过程。要根据给出的具体逻辑问题,求出完成这一功能的逻辑电路。图 5.2.2 是基于触发器时序电路设计的流程图。

图 5.2.2　时序电路设计流程图

(1) 画状态转换图

根据文字描述的设计要求画出状态转换图。

(2) 选择触发器,并进行状态分配

① n 个触发器能表示 2^n 个状态。如果用 N 表示时序电路的状态数,有 $2^{n-1} < N \leqslant 2^n$。② 进行状态分配,所谓状态分配是指对状态表中的每个状态 S_0、S_1、$\cdots$、S_{2^n-1} 的编码方式。所选代码的位数与 n 相同。状态分配不同,所得到的电路也不同。若状态数 $N < 2^n$,多余状态可作为任意项处理。③ 列状态转换表、画状态转换图。

（3）写出三个向量方程

① 由状态转换真值表,画出次态卡诺图,从次态卡诺图可求得状态方程和输出方程。② 将① 中得到状态方程与触发器的特性方程相比较,可求得驱动方程。对于异步时序逻辑电路还需写出时钟方程。

（4）画逻辑电路图

根据驱动方程和输出方程,可以画出基于触发器的逻辑电路图。

（5）检查自启动

检查电路处在任意状态时,能否经过若干个 CP 脉冲后能回到主循环状态中。如不能自启动,需要修改设计或采用强制启动电路。

2. 同步时序电路的设计

同步时序电路中,时钟脉冲同时加到各触发器的时钟端,只需求出各触发器控制输入的驱动方程和电路的输出方程。

（1）Moore 型电路的设计

Moore 型电路设计相对简单。最典型的 Moore 型电路是计数器,一般无多余的状态,可以省去状态化简这一步。具体设计过程参见教材或本书典型题举例。

（2）Mealy 型电路的设计

这种电路的输出与现态和输入信号都有关,状态迁移关系也较为复杂。设计时,应先确定电路应包含的状态个数,应确保完全描述该逻辑问题,宁多勿缺。可以通过状态化简将等价的状态合并,消去多余状态,从而得到简化的状态转换表(图)。

两个等价状态对于任意的输入序列产生的输出序列相同,因此,它们在状态转换表中是重复的,可以合并为一个状态。具体设计过程参见教材或本书典型题举例。

3. 异步时序电路的设计

异步时序电路的设计方法及步骤与同步时序电路类似,从状态转换图出发,确定驱动方程,画出逻辑图。但异步时序电路的设计,除了决定各触发器控制输入端的驱动方程外,还需求出它们的时钟方程。

行波计数器是典型的异步时序电路。采用 CP 下跳沿翻转的触发器时,这种计数器的前级触发器输出 Q 作为后级的时钟脉冲 CP,每一级都是二分频电路。

5.2.4　集成计数器

计数器的功能是累计输入脉冲个数。它是数字系统中使用最广泛的时序器件。计数器除了计数之外,还可以用作分频、定时等。

1. 计数器的分类

计数器的种类非常繁多。按计数器时钟脉冲输入方式,可以分为同步计数器(各触发器同时翻转)和异步计数器(各触发器翻转时刻不同)。按计数器输出数码规律,可以分为加法计数器(递增计数)、减法计数器(递减计数)和可逆计数器(可加可减计数器)。按计数容量 M(计数状态的个数),可以分为模 2^n 计数器($M = 2^n$)和模非 2^n 计数器($M \neq 2^n$)。表 5.2.1 列举了几种集成计数器。

表 5.2.1　几种中规模集成计数器

CP 脉冲引入方式	型号	计数模式	清零方式	预置数方式
异步	74293	二 – 八 – 十六进制加	异步(高电平)	无
	74290	二 – 五 – 十进制加	异步(高电平)	无
同步	74160	十进制加法	异步(低电平)	同步(低有效)
	74161	4 位二进制加法	异步(低电平)	同步(低有效)
	74162	十进制加法	同步(低电平)	同步(低有效)
	74163	4 位二进制加法	同步(低电平)	同步(低有效)
	74192	十进制可逆	异步(高电平)	异步(低有效)
	74193	4 位二进制可逆	异步(高电平)	异步(低有效)

集成计数器还有 CMOS 系列产品,它们与表中列出的 TTL 系列相应型号的功能完全一致。

2. 异步集成计数器

74293 是二 – 八 – 十六进制异步二进制加法计数器。内部逻辑 FF_0 为 1 位二进制计数器,FF_1、FF_2 和 FF_3 组成 3 位行波计数器。它们分别以 CP_0 和 CP_1 作为计数脉冲的输入,Q_0 和 $Q_1 Q_2 Q_3$ 分别为其输出。使用时,既可以将 FF_0 与 $FF_1 FF_2 FF_3$ 级联起来组成十六进制计数器,也可单独使用,组成二进制和八进制计数器。74293 的逻辑符号如图 5.2.3 所示,功能表见表 5.2.2。

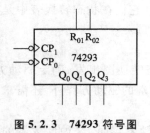

图 5.2.3　74293 符号图

表 5.2.2　74293 的功能表

CP_0	CP_1	R_{01}	R_{02}	工作状态
×	×	1	1	清零
↓	0	×	0	FF_0 计数
↓	0	0	×	FF_0 计数
0	↓	×	0	$FF_1 \sim FF_3$ 计数
0	↓	0	×	$FF_1 \sim FF_3$ 计数

可以看出,74293 是 CP 下降沿触发。两个复位信号 R_{01} 和 R_{02} 全为 1 时,计数器异步清零。复位无效时,74293 工作在计数状态。

3. 同步集成计数器

74161 是同步二进制可预置加法集成计数器,它的功能表如表 5.2.3 所示,符号图如图 5.2.4 所示。74161 计数翻转是在时钟信号的上升沿完成的,$\overline{CR}$ 是异步清零信号,CT_P、CT_T 是使能控制,$\overline{LD}$ 是置数信号,D_0 D_1 D_2 D_3 是四个数据输入,CO 是进位输出。74161 有清除、送数、保持及计数功能。它的进位输出方程为 $CO = CT_T Q_3 Q_2 Q_1 Q_0$。

与 74161 相似的还有同步十进制可预置加法计数器 74160,与 74161 不同的是它的进位输出方程为 $CO = Q_3 Q_0 CT_T$。

表 5.2.3 74161 的功能表

CP	$\overline{CR}$	$\overline{LD}$	CT_P、CT_T		工作状态
×	**0**	×	×	×	置零
↑	**1**	**0**	×	×	预置数
×	**1**	**1**	**0**	×	保持
×	**1**	**1**	×	**0**	保持

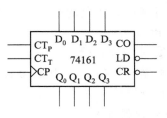

图 5.2.4 74161 的符号图

4. 多片集成计数器级联

前面介绍的各种集成计数器多是四位的,只能实现模 $M \leqslant 16$ 的计数,在实际应用中,经常会遇到多片集成计数器的级联使用的情况。

图 5.2.5 是用两片 74LS161 的同步级联的 16 * 16 进制计数器,图中各片计数器的 CP 相连一起,低位片(Ⅰ)的 CO 输出与高位片(Ⅱ)的 CT_T 和 CT_P 端相连。当片(Ⅰ)计到 **1111** 时,其 CO 输出 **1**,使片Ⅱ的 CT_T 和 CT_P 为 **1**,在下一个 CP 到来时片(Ⅰ)回到 **0000**,片(Ⅱ)"加 **1**"计数。

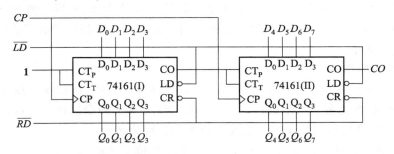

图 5.2.5 两片 74161 的级联的 256 进制计数器

5.2.5 任意进制计数器的构成

由于中规模集成计数器只做成应用较广的十进制、十六进制、7 位二进制、12 位二进制、14 位二进制等几种产品。在需要其他任意进制计数器时,只能在现有中规模集成计数器基础上,经过外电路的不同连接来实现。

现以 M 表示已有中规模集成计数器的进制(或模值),以 N 表示待实现计数器的进制,介绍实现 N 进制计数器的方法。若 $M > N$,只需一片集成计数器,如果 $M < N$,则需多片集成计数器实现。

1. 控制端异步操作

(1) 反馈清零法

几乎所有的集成计数器都设有清零输入端。在计数过程中,不管计数器处于何种状态,只要在异步清零输入端加入清零信号,计数器的输出立即变为 **0** 态,清零信号一般由计数器输出 $Q_3Q_2Q_1Q_0$ 译码得到。

用反馈清零法设计 N 进制的具体步骤如下:

① 写出 N 进制计数器 S_n 状态的编码

对满足 2^i 进制的集成计数器,S_n 状态应取二进制编码,对十进制集成计数器,S_n 状态应取 8421 BCD 码。

② 求反馈逻辑

控制端高有效时,由 S_n 状态编码中值为 **1** 的各 Q 相与构成控制信号;

控制端低有效时,由 S_n 状态编码中值为 **1** 的各 Q 相与非构成控制信号。

③ 画逻辑图

按反馈逻辑画出控制回路,将其他控制端按计数功能的要求接到规定电平。由于 S_n 状态为瞬态,故不将其作为计数的有效状态,在态序表、状态图和波形图中可以不出现。

（2）反馈置数法

反馈置数法仅适用于具有置数输入的集成计数器,对于具有异步置数输入的集成计数器而言,在计数过程中,只要加入置数信号,计数器立即将数据输入的信息置入计数器中,构成计数初态 S_0。置数控制信号消失后,计数器由 S_0 开始计数。

由于异步置数和异步清零同属于控制端异步操作类,不难看出,若置入的 $S_0 = 0$,则反馈置数法设计任意进制计数器的步骤均于反馈清零法相同。若 $S_0 \neq 0$,则将反馈清零法设计步骤① 修改为 $S_n = S_0 + [N]_B$ 即可。

2. 控制端同步操作

集成计数器也有同步清零或同步置数的产品。在计数过程中,在控制端加入有效的控制信号,有效 CP 到来时,使计数器清零或置数。称这种控制方式为**同步操作**。只需将异步操作的设计步骤①稍加修改,即可得到同步操作实现 N 进制的设计步骤。

（1）用同步清零实现 N 进制时用 $S_{n-1} = [N-1]_B$ 构成反馈逻辑。

（2）用同步置数实现 N 进制时用 $S_{n-1} = S_0 + [N-1]_B$ 构成反馈逻辑。

在同步操作条件下,无论是同步清零法还是同步置数法,均用 S_{n-1} 状态反馈,无瞬态,S_{n-1} 为有效计数状态。选用同步操作实现反馈控制构成的 N 进制计数器,可靠性较高。

3. 置最小数法

也可用进位输出信号 CO 实现反馈置数。即由 CO 信号构成反馈逻辑,M 进制计数器的最后一个状态一定要出现,但最后一个状态是暂态还是有效态,要看采用的控制端是同步操作还是异步操作。若是同步操作时,要实现的 N 进制的末态 $S_{n-1} = M-1$,异步操作时,要实现的 N 进制的末态 $S_{n-1} = M-2$,S_{n-1} 确定后,要求实现 N 进制的设计,可求得初态 $S_0 = S_{n-1} + 1 - N$,初态不为 **0** 时,反馈控制只能用预置端,预置数据输入端的值应该为 S_0。由于预置数 S_0 是计数循环中的最小数,这种设计方法也称为置最小数法。

5.2.6　寄存器

寄存器是用于存储二进制信息的器件。根据输入输出方式,可分为串行、并行及串并行寄存器,并行寄存器没有移位功能,通常简称为寄存器,串行寄存器可对二进制数码进行移位,因此称为移位寄存器。

1. 寄存器

（1）8 位寄存器 74273

74273 是中规模集成 8 位上升沿 D 寄存器,符号图如图 5.2.6 所示,其内部是 8 个 D 触发器。$D_7 \sim D_0$ 为输入端,$Q_7 \sim Q_0$ 为输出端;CP 是公共时钟脉冲端,控制 8 个触发器同步工作;CR 为公共清零端。该寄存器为 8 位并行输入并行输出寄存器,其功能表如表 5.2.4 所示。

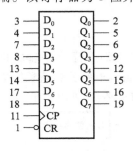

图 5.2.6 74273 符号图

表 5.2.4 74273 的功能表

$\overline{CR}$	CP	D_i	Q_i^{n+1}	工作状态
0	×	×	0	清 0
1	↑	0	0	存 0
1	↑	1	1	存 1

（2）三态寄存器 74LS173

74LS173 是 4 位三态并行输入并行输出寄存器,其内部是 4 个上升沿触发的 D 触发器和 4 个三态门,逻辑符号见图 5.2.7,功能表见表 5.2.5,$\overline{ST_A} + \overline{ST_B}$ 为低电平 D 触发器置数,$\overline{EN_A} + \overline{EN_B}$ 为低电平允许三态输出。

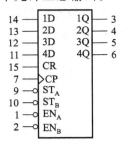

5.2.7 74LS173 符号图

表 5.2.5 74LS173 的功能表

CR	CP	$\overline{ST_A} + \overline{ST_B}$	$\overline{EN_A} + \overline{EN_B}$	工作状态
1	×	×	×	清 0
0	0	×	×	保持不变
0	↑	1	×	保持不变
0	↑	0	×	置数
×	×	×	1	高阻
×	×	×	0	允许输出

2. 移位寄存器

移位寄存器除了有寄存数码的功能,还具有将数码移位的功能。在移位操作时,每来一个 CP 脉冲,寄存器里存放的数码依次向左或向右移动一位。移位寄存器可以将串行数据转换成并行数据,或者将并行数据转换成串行数据。按移位方式,移位寄存器可分为单向移位寄存器和双向移位寄存器。移位寄存器的工作方式主要有:串行输入、并行输出;串行输入、串行输出;并行输入,并行输出;并行输入,串行输出。

3. 移位寄存器的应用

（1）环形寄存器

将移位寄存器 74194 的输出 Q_3 直接反馈到串行数据输入 D_{SR},使寄存器工作在右移状态,就可构成环形寄存器。这种寄存器能够把寄存的数码循环移位。n 位环形寄存器可以构成 n 进制计数器。

（2）扭环形计数器

将移位寄存器 74194 的输出 Q_3 取非后再反馈到串行数据输入 D_{SR}，就可构成 4 位扭环形寄存器。它有 8 个有效循环状态。显然，n 位扭环形寄存器可以构成 $2n$ 进制计数器。

5.2.7　基于 MSI 时序逻辑电路的分析与设计

1. 分析步骤

为了便于分析基于 MSI 器件的时序逻辑电路，可以在电路图上划分若干功能块，即把原电路划分为不同的功能块。对于功能块时序逻辑电路的分析与功能块组合电路分析流程图类似。分析流程如图 5.2.8 所示。最后对整个电路进行整体功能的分析时，如有必要，可以画出工作波形图。

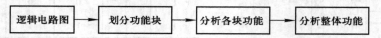

图 5.2.8　功能块时序逻辑电路分析流程图

2. 分析举例

功能块时序逻辑电路分析举例详见本书典型题举例。

5.2.8　基于 MSI 时序逻辑电路的设计

时序逻辑电路功能块设计流程的各步骤与第 3 章组合逻辑电路功能块设计流程基本相同，不过可以使用的功能块既有组合逻辑器件，也有时序逻辑器件。这里就不再重复。功能块时序逻辑电路设计举例参见本书典型题举例。

5.3　基本概念自检题与典型题举例

5.3.1　基本概念自检题

1. 选择填空题

（1）从电路结构上看，时序电路必须含有_____。

　　(a) 门电路　　　　　(b) 存储电路　　　　　(c) RC 电路　　　　　(d) 译码电路

（2）下面描述同一逻辑电路内、外输入输出逻辑关系的方程中，_____表明该电路为时序逻辑电路。

　　(a) $Z(t_n) = F[X(t_n), Q(t_n)]$　　　　　　　(b) $W(t_n) = H[X(t_n), Q(t_n)]$

　　(c) $Q(t_{n+1}) = G[W(t_n), Q(t_n)]$　　　　　　(d) $Y(t_n) = G[X(t_n), Q(t_n)]$

（3）每经十个 CP 脉冲状态循环一次的计数电路，知其有效状态中的最大数为 **1100**，则欠妥的描述是_____。

  （a）模 10 计数器   （b）计数容量为 10

  （c）10 进制计数器   （d）12 进制计数器

  （4）欲把 36kHz 的脉冲信号变为 1Hz 的脉冲信号,若采用 10 进制集成计数器,则各级的分频系数为_____。

  （a）(3,6,10,10,10)   （b）(4,9,10,10,10)

  （c）(3,12,10,10,10)   （d）(6,3,10,10,10)

  （5）用集成计数器设计 n 进制计数器时,不宜采用_____方法。

  （a）置最小数   （b）反馈复位   （c）反馈预置   （d）时钟禁止

  （6）欲把一脉冲信号延迟 8 个 CP 后输出,宜采用_____电路。

  （a）计数器   （b）分频器   （c）移位寄存器   （d）脉冲发生器

  （7）欲把并行数据转换成串行数据,可用_____。

  （a）计数器   （b）分频器   （c）移位寄存器   （d）脉冲发生器

  （8）程序控制中,常用_____电路作定时器。

  （a）计数器   （b）比较器   （c）译码器   （d）编码器

  （9）两模数分别为 M_1 和 M_2 的计数器串接而构成的计数器,其总模数为_____。

  （a）$M_1 + M_2$ （b）$M_1 \times M_2$ （c）$M_1 - M_2$ （d）$M_1 \div M_2$

  （10）n 位环形移位寄存器的有效状态数是_____。

  （a）n （b）$2n$ （c）$4n$ （d）2^n

【答案】(1)（b）;(2)（c）;(3)（d）;(4)（b）;(5)（d）;(6)（c）;(7)（c）;(8)（a）;(9)（b）;(10)（a）。

2. 填空题（请在空格中填上合适的词语,将题中的论述补充完整）

  （1）输出不仅取决于当前的输入,而且与_____有关的电路一定是时序电路。

  （2）所谓同步时序电路,是指所有 FF 公用_____。

  （3）输出仅与电路_____的时序电路称为 Moore 型电路。

  （4）触发器未公用同一 CP 的电路一定是_____电路。

  （5）计数器电路中,_____称为有效状态;若无效状态经若干个 CP 脉冲后能_____,称其为具有自启动能力。

  （6）计数器的基本功能是_____和_____。

  （7）4 个触发器构成的行波计数器,其计数的模为_____。

  （8）时序电路中,等价状态是指在相同的输入条件下,产生_____,且转向_____。

  （9）同步集成计数器是指构成计数器的所有触发器_____;而同步操作是指实现某功能要_____。

  （10）全同步集成计数器是指除构成计数器的所有 FF 公用同一 CP 源外,其他任何操作都必须借助于_____的计数器。

（11）用集成计数器实现任意进制时,采用_____控制计数循环的方法实现的电路工作较为可靠。

（12）用_____控制计数循环的方法实现任意进制计数电路时存在瞬态。

（13）X 进制计数电路中,若所有 Q 同时输出,则为_____功能;若仅由最高位输出,则为_____功能。

（14）_____的计数器称为可逆计数器。

（15）首尾相连的 n 位移位寄存器被称为_____寄存器,其工作循环的独立状态数为_____。

（16）n 位移位寄存器最高位 Q_{n-1} 取非后再反馈到串行数据输入 D_{SR},被称为_____寄存器,其工作循环的独立状态数为_____。

（17）顺序脉冲分配器分为_____型和_____型。

【答案】（1）原来的状态;（2）同一 CP 源;（3）Q 状态有关;（4）异步时序;（5）工作循环中的状态,自动进入有效循环;（6）计数、分频;（7）16;（8）相同的输出、相同的次态;（9）公用同一 CP 源,借助于 CP 脉冲;（10）CP 脉冲;（11）同步操作;（12）异步操作;（13）X 进制计数器,X 分频;（14）既可加计数又可减计数;（15）环形,n;（16）扭环,$2n$;（17）移位,计数。

5.3.2　典型题举例

【例 5.1】　逻辑电路如图 5.3.1 所示。要求

① 列出电路的全状态转换表;

② 画出该电路的状态图;

③ 说明电路的逻辑功能。

【解】　本题的目的是练习基于触发器的时序电路分析方法和步骤。

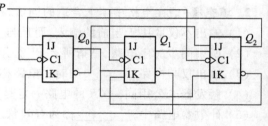

图 5.3.1　例 5.1 题图

（1）写方程式

① 驱动方程

$$J_0 = Q_2^n \qquad K_0 = \overline{Q_1^n}$$

$$J_1 = \overline{Q_0^n} \qquad K_1 = \overline{Q_2^n} Q_0^n$$

$$J_2 = Q_1^n \overline{Q_0^n} \qquad K_2 = Q_0^n$$

② 状态方程

$$Q_0^{n+1} = J_0 \overline{Q_0^n} + \overline{K_0} Q_0^n = Q_2^n \overline{Q_0^n} + Q_1^n Q_0^n,$$

$$Q_1^{n+1} = \overline{Q_1^n} \, \overline{Q_0^n} + Q_2^n Q_1^n + Q_1^n \overline{Q_0^n},$$

$$Q_2^{n+1} = \overline{Q_2^n} Q_1^n \overline{Q_0^n} + Q_2^n \overline{Q_0^n}$$

（2）求全状态转换表和状态转换图

先画出次态卡诺图如图 5.3.2 所示,由图可得到全状态转换表如表 5.3.1 所示。

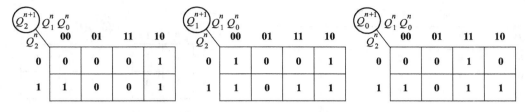

図 5.3.2　例 5.1 解图（1）

（3）作该电路的状态转换图

由状态转换表逐态追踪，可求状态转换图如图 5.3.3 所示。

表 5.3.1　例 5.1 解表

Q_2^n	Q_1^n	Q_0^n	Q_2^{n+1}	Q_1^{n+1}	Q_0^{n+1}
0	0	0	0	1	1
0	0	1	0	0	0
0	1	0	1	1	1
0	1	1	0	0	1
1	0	0	1	1	1
1	0	1	0	0	0
1	1	0	1	1	1
1	1	1	0	1	1

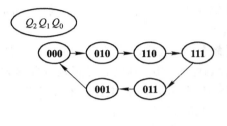

図 5.3.3　例 5.1 解图（2）

（4）说明电路逻辑功能

该电路的有效循环中有 6 个独立状态，故其功能为同步 6 进制计数器。

【难点和容易出错处】　本题难点在于由全状态转换表画状态转换图。由于状态转移非顺次进行，因而，必须采用追踪法。即由初态 **000** 始，次态为 **010**；再以 **010** 为初态，找到次态 **110**；依此类推，直到回到初态。

【例 5.2】　试用触发器和最少的逻辑门设计一个能产生如图 5.3.4 所示波形的电路。

【解】　本题的目的是练习基于触发器的时序逻辑电路的设计方法，且设计要求以波形图给出时的处理方法。由图 5.3.4 可见，输出 L_1、L_2 四个节拍一个循环。因此，可先设计 4 进制计数器，再将其输出 Q 状态经适当组合而得到 L_1、L_2 波形图。

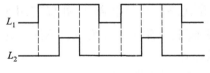

図 5.3.4　例 5.2 题图

（1）列态序表如表 5.3.2，求输出逻辑函数
$$L_1 = Q_1^n + Q_0^n \quad L_2 = Q_1^n \overline{Q_0^n}$$

（2）作次态卡诺图如图 5.3.5 所示，求状态方程
$$Q_1^{n+1} = \overline{Q_1^n} Q_0^n + Q_1^n \overline{Q_0^n}$$
$$Q_0^{n+1} = \overline{Q_0^n}$$

（3）求驱动方程
$$J_1 = Q_0^n \quad K_1 = Q_0^n$$
$$J_0 = K_0 = 1$$

表 5.3.2　　例 5.2 解表

Q_1^n	Q_0^n	L_2	L_1
0	0	0	0
0	1	0	1
1	0	1	1
1	1	0	1

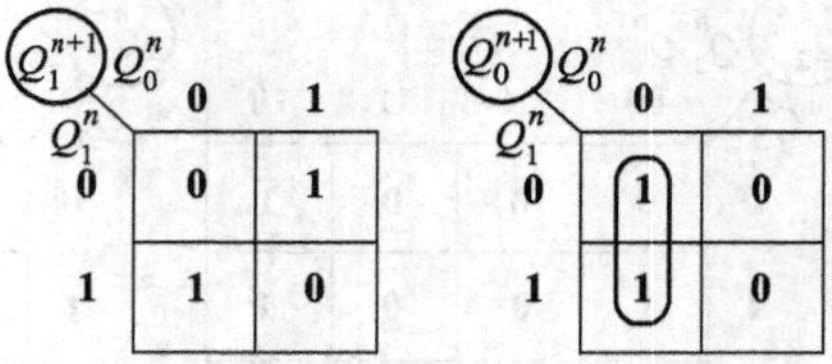

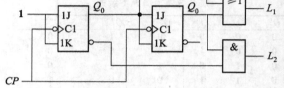

图 5.3.5　　例 5.2 解图(1)

（4）画逻辑图，如图 5.3.6 所示。

【难点和容易出错处】　本题难点是要由波形图判断电路输出为四进制计数器 $Q_1 Q_0$ 状态的组合输出。

【例 5.3】　设计一个五进制加 1 和加 2 计数电路。

【解】　此题的目的是练习用同一电路实现两种功能的方法，其核心思想是设置模式控制信号 M，当 $M=0$ 时，电路执行加 1 功能；$M=1$ 时，电路执行加 2 功能。

图 5.3.6　　例 5.2 解图(2)

（1）做原始状态图如图 5.3.7。由于要求五状态，故用 $S_0 \sim S_4$ 表示。当 $M=0$ 时，做加 1 运算，状态循环为 $S_0 \to S_1 \to S_2 \to S_3 \to S_4 \to S_0$，如图 5.3.7 中内圈循环；$M=1$ 时，状态循环为 $S_0 \to S_2 \to S_4 \to S_1 \to S_3 \to S_0$，如图 5.3.7 中外圈循环。

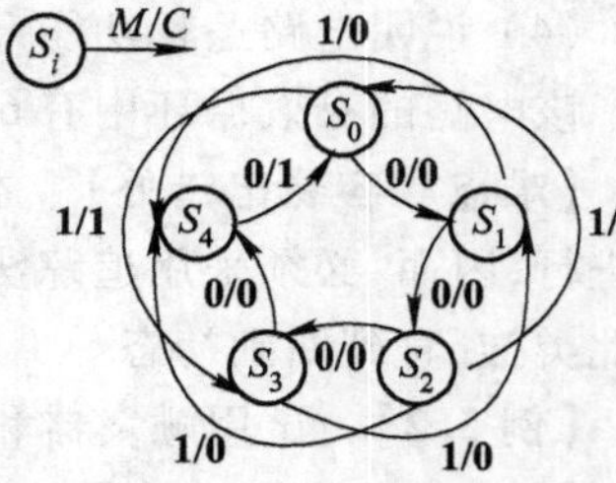

（2）状态编码及触发器选型

① 确定代码位数

根据 $2^{n-1} < N \leq 2^n$，因 $N=5$，所以选 $n=3$，确定用 3 位代码。3 位代码有 8 种组合，此处仅需用 5 种，因而编码方案很多。选择不同，电路繁简程度也将不同。这里选 $S_0 \to S_4$ 分别用 **000 ~ 100** 表示，其余组合 **101 ~ 111** 为无效组合。

图 5.3.7　　例 5.3 解图(1)

② 触发器选型

选用 3 个 JK FF。选用 FF 的数目应与代码位数一致，每个 Q 输出端作为一位代码输出。

（3）求状态方程和输出方程

先画出次态卡诺图如图 5.3.8 所示。注意要将模式控制信号 M 作为输入变量。由图可得状态方程和输出方程。

$$Q_2^{n+1} = \overline{M} Q_2^n Q_1^n Q_0^n + M \overline{Q_2^n} Q_1^n \overline{Q_0^n}$$

$$Q_1^{n+1} = \overline{Q_1^n} Q_0^n + \overline{M} Q_1^n \overline{Q_0^n} + M \overline{Q_2^n} \overline{Q_1^n} = (Q_0^n + M \overline{Q_2^n}) \overline{Q_1^n} + \overline{M} \overline{Q_0^n} Q_1^n$$

$$Q_0^{n+1} = \overline{M} \overline{Q_2^n} \overline{Q_0^n} + M Q_2^n \overline{Q_0^n} + M \overline{Q_1^n} Q_0^n$$

$$C = \overline{M} Q_2^n + M Q_1^n Q_0^n = \overline{\overline{M Q_2^n} \cdot \overline{M Q_1^n Q_0^n}}$$

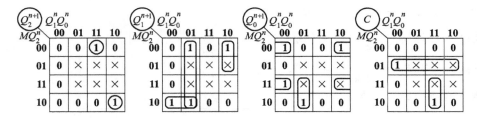

图 5.3.8　例 5.3 解图（2）

（4）求驱动方程

将状态方程与 JK FF 的特性方程比较，可得驱动方程

$$J_2 = \overline{M}Q_1^n Q_0^n + MQ_1^n \overline{Q_0^n} = \overline{\overline{MQ_1^n Q_0^n}\cdot\overline{MQ_1^n \overline{Q_0^n}}} \qquad K_2 = 1$$

$$J_1 = Q_0^n + M\overline{Q_2^n} = \overline{\overline{MQ_0^n}\cdot\overline{M\overline{Q_2^n}}} \qquad K_1 = \overline{\overline{M}Q_0^n}$$

$$J_0 = \overline{M}\ \overline{Q_2^n} + MQ_2^n = \overline{M}\ \overline{Q_2^n}\cdot\overline{MQ_2^n} \qquad K_0 = \overline{M}\ \overline{Q_1^n}$$

（5）画逻辑电路如图 5.3.9 所示。

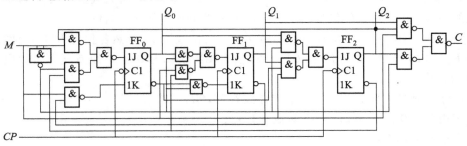

图 5.3.9　例 5.3 解图（3）

（6）经检查，电路可以自启动。

【难点与易出错处】　本题难点在于确定状态图及其 $M=1$ 时加 2 循环的状态转移线画法。加 1 循环中，每来一个 CP，状态顺次转移；而加 2 循环中，每来一个 CP 跳跃一个状态，依次进行直到返回初态，完成计数循环。

【例 5.4】　使用异步 16 进制加法集成计数器 74293：

（1）设计输出为 8421 BCD 码的 60 进制计数器；

（2）若用其作为秒计时电路，分信号应由何端输出？

【解】　本题的目的有三：① 进一步练习异步操作实现 N 进制的方法；② 多块异步集成计数器增模实现 N 进制时，级间进位信号的选择方法；③ 巩固计数和分频的概念。

（1）74293 的 $R_{01}R_{02}$ 为异步清零输入，根据控制端异步操作类的设计方法，可做如下设计

① 写出 N 进制 S_n 状态的 8421 BCD 码

$N = 60 = 6 \times 10 = N_2 \times N_1$，即 $N_2 = 6$，$N_1 = 10$。

$S_{n1} = 1010\mathrm{B}$，$S_{n2} = 0110\mathrm{B}$。

② 求反馈复位逻辑(个位片、十位片分别求)

个位：$F_1 = R_{01}R_{02} = \prod_{0\sim3} Q^1 = Q_3Q_1$，

十位：$F_2 = R_{01}R_{02} = \prod_{4\sim6} Q^1 = Q_6Q_5$。

③ 画出逻辑电路如图 5.3.10 所示。

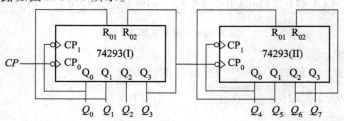

图 5.3.10　例 5.4 解图

(2) 若用其作秒计时电路,分信号应由 Q_6 输出。

【难点与易出错处】　本题难点:① 由于采用 8421BCD 码,需将大模数 N 分解为能用若干集成块实现的形式;② 级间进位信号原则上选计数过程中有变化的最高位。

易出错处:① 个位片和十位片位置容易摆反。若位置摆反,虽然各片仍为 BCD 计数,但两片串接后却不为 BCD 计数;② 分信号(60 分频)输出端易误标为 Q_7。一般 N 进制计数电路的最高位为 N 分频输出。

【例 5.5】　现有异步十进制加法集成计数器 74290,要求

(1) 试用 74290 设计 5421 码 10 进制计数器;

(2) 列出计数器态序表;

(3) 画出各 Q 的波形图。

【解】　本题的目的是让学习者了解 74290 构成十进制计数器的另一种方法,了解 5421BCD 码,认识其计数态序表和工作波形图。

(1) 只要将外 CP 送入 74290 的 CP_1,而将 Q_3 接至 CP_0,即可构成 5421 BCD 计数器,电路逻辑图如图 5.3.11 (a)所示,注意输出的高低顺序。

(2) 计数态序表如表 5.3.3 所示。

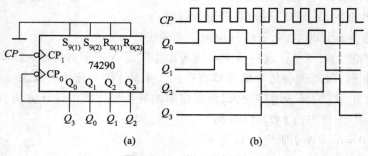

(a)　　　　　　　　　　　(b)

图 5.3.11　例 5.5 解图

表 5.3.3 计数态序表

CP	Q_3	Q_2	Q_1	Q_0
0	0	0	0	0
1	0	0	0	1
2	0	0	1	0
3	0	0	1	1
4	0	1	0	0
5	1	0	0	0
6	1	0	0	1
7	1	0	1	0
8	1	0	1	1
9	1	1	0	0

（3）5421 BCD 计数器的波形如图 5.3.11（b）所示。

【例 5.6】 要求用不同的方法使用同步 16 进制加法集成计数器 74161 设计十进制计数器：

（1）用反馈复位（异步操作）法实现；

（2）用反馈预置（同步操作）法实现，且采用余 3 码；

（3）用置最小数（同步操作）法实现；

（4）用反馈预置（同步操作）法实现，采用 8421BCD 码。

【解】 本题目的是练习用集成计数器实现 N 进制常用的三种方法，即反馈复位法、反馈预置法和置最小数法。

（1）利用异步复位端 $\overline{CR}$ 实现反馈复位。具体设计步骤如下

① $N = 10, S_n = 1010\text{B}$；

② $\overline{CR} = \overline{\prod_{0 \sim 3} Q^1} = \overline{Q_3 Q_1}$；

③ 画逻辑电路如图 5.3.12（a）所示。

（2）余 3 码为 0011B ~ 1100B 之间的 10 种状态，因此用反馈预置法实现余 3 码 BCD 计数时，只需将 0011B 作为预置态 S_0，设计步骤如下

① $N = 10, S_{n-1} = S_0 + [N - 1]_\text{B} = 0011 + [10 - 1]_\text{B} = 1100\text{B}$；

② $\overline{LD} = \overline{\prod_{0 \sim 3} Q^1} = \overline{Q_3 Q_2}$，而 $D_3 D_2 D_1 D_0 = S_0 = 0011\text{B}$；

③ 画出逻辑图如图 5.3.12（b）所示。

（3）置最小数法是用进位输出 CO 反馈到预置控制端 $\overline{LD}$ 实现要求进制的一种方法，由于 74161 是同步置数，因此，$S_{n-1} = 1111$，求出需置入的最小数即可实现所需计数循环，具体设计步骤如下

① $N = 10, S_0 = [S_{n-1} - N + 1]_\text{B} = 0110\text{B}$；

② $\overline{LD} = \overline{CO}, D_3 D_2 D_1 D_0 = S_0 = 0110\text{B}$；

③ 画出逻辑图如图 5.3.12（C）所示。

（4）由于 8421 BCD 有效码组为 0000 ~ 1001B 十种，故将 2 中的 S_0 改为 0000 即可，即图 5.3.12（b）中的 4 个置数输入改为 0000。

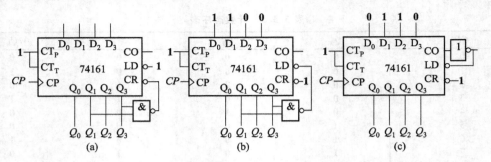

图 5.3.12　例 5.6 解图

【难点与易出错处】　本题难点在于对各种设计方法的熟练掌握程度。特别是余 3 码的 S_{n-1} 态及置最小数法的 S_0 态的求法是初学者不易掌握的。易出错处是除设计中已关注到的控制输入外,其余控制输入应按 74161 功能表中计数功能的要求连接,不要遗忘。

【例 5.7】　试用同步十进制集成计数器 74160 设计同步 60 进制计数器。

【解】　此题目是为了进一步练习用 M 进制集成计数器增模设计 $N > M$ 的任意进制计数器时,级间连接(控制)方式。

（1）$N = 60 = 6 \times 10 = N_2 \times N_1$；

（2）$\overline{LD_2} = \overline{Q_6 Q_4 CO_1}$,$D_6 D_5 D_4 = S_0 = \mathbf{000}$,（$N_1 = \mathbf{10}$,自然完成十进制,无需控制）。

（3）画逻辑图如图 5.3.13 所示。

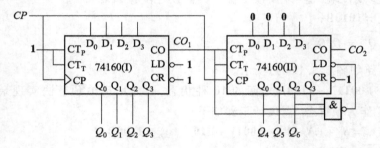

图 5.3.13　例 5.7 图

【难点与易出错处】　本题难点是 74160 同步级连时,需用 CO_1 控制高位片的 CT_P 和 CT_T,只有在低位片 CO_1 为高电平时,高位片才能计数。

易出错处:一是直接将 N 化为二进制,采用全局反馈实现。须知这里必须采用 8421 BCD 码。二是采用 8421 BCD 码仍会出现两种错误:①个位片仍用 $S_{n1} = \mathbf{1010}$（74160 无此态）或 $S_{1(n-1)} = \mathbf{1001}$（多余）反馈;②高低位片位置颠倒,使整体编码不为 8421 BCD 码。

【例 5.8】　全同步 16 进制加法集成计数器 74163 构成的电路如图 5.3.14 所示。回答以下问题:

（1）若由 $Q_7 \sim Q_0$ 一起输出时,该电路为何种功能?

（2）若由 F 输出时,该电路又为何种功能?

表 5.3.3　计数态序表

CP	Q_3	Q_2	Q_1	Q_0
0	0	0	0	0
1	0	0	0	1
2	0	0	1	0
3	0	0	1	1
4	0	1	0	0
5	1	0	0	0
6	1	0	0	1
7	1	0	1	0
8	1	0	1	1
9	1	1	0	0

（3）5421 BCD 计数器的波形如图 5.3.11（b）所示。

【**例 5.6**】　要求用不同的方法使用同步 16 进制加法集成计数器 74161 设计十进制计数器：

（1）用反馈复位（异步操作）法实现；

（2）用反馈预置（同步操作）法实现，且采用余 3 码；

（3）用置最小数（同步操作）法实现；

（4）用反馈预置（同步操作）法实现，采用 8421BCD 码。

【**解**】　本题目的是练习用集成计数器实现 N 进制常用的三种方法，即反馈复位法、反馈预置法和置最小数法。

（1）利用异步复位端 $\overline{CR}$ 实现反馈复位。具体设计步骤如下

① $N = \mathbf{10}, S_n = \mathbf{1010}B$；

② $\overline{CR} = \overline{\displaystyle\prod_{0\sim3} Q^1} = \overline{Q_3 Q_1}$；

③ 画逻辑电路如图 5.3.12（a）所示。

（2）余 3 码为 $\mathbf{0011}B \sim \mathbf{1100}B$ 之间的 10 种状态，因此用反馈预置法实现余 3 码 BCD 计数时，只需将 $\mathbf{0011}B$ 作为预置态 S_0，设计步骤如下

① $N = \mathbf{10}, S_{n-1} = S_0 + [N-1]_B = \mathbf{0011} + [\mathbf{10} - \mathbf{1}]_B = \mathbf{1100}B$；

② $\overline{LD} = \overline{\displaystyle\prod_{0\sim3} Q^1} = \overline{Q_3 Q_2}$，而 $D_3 D_2 D_1 D_0 = S_0 = \mathbf{0011}B$；

③ 画出逻辑图如图 5.3.12（b）所示。

（3）置最小数法是用进位输出 CO 反馈到预置控制端 $\overline{LD}$ 实现要求进制的一种方法，由于 74161 是同步置数，因此，$S_{n-1} = \mathbf{1111}$，求出需置入的最小数即可实现所需计数循环，具体设计步骤如下

① $N = \mathbf{10}, S_0 = [S_{n-1} - N + 1]_B = \mathbf{0110}B$；

② $\overline{LD} = \overline{CO}, D_3 D_2 D_1 D_0 = S_0 = \mathbf{0110}B$；

③ 画出逻辑图如图 5.3.12（C）所示。

（4）由于 8421 BCD 有效码组为 $\mathbf{0000} \sim \mathbf{1001}B$ 十种，故将 2 中的 S_0 改为 $\mathbf{0000}$ 即可，即图 5.3.12（b）中的 4 个置数输入改为 $\mathbf{0000}$。

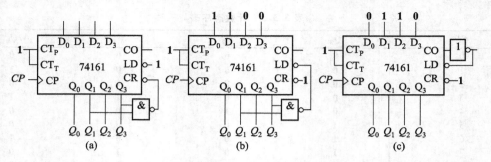

图 5.3.12 例 5.6 解图

【难点与易出错处】 本题难点在于对各种设计方法的熟练掌握程度。特别是余 3 码的 S_{n-1} 态及置最小数法的 S_0 态的求法是初学者不易掌握的。易出错处是除设计中已关注到的控制输入外,其余控制输入应按 74161 功能表中计数功能的要求连接,不要遗忘。

【例 5.7】 试用同步十进制集成计数器 74160 设计同步 60 进制计数器。

【解】 此题目是为了进一步练习用 M 进制集成计数器增模设计 $N > M$ 的任意进制计数器时,级间连接(控制)方式。

(1) $N = 60 = 6 \times 10 = N_2 \times N_1$;

(2) $\overline{LD_2} = \overline{Q_6 Q_4 CO_1}$,$D_6 D_5 D_4 = S_0 = \mathbf{000}$,($N_1 = \mathbf{10}$,自然完成十进制,无需控制)。

(3) 画逻辑图如图 5.3.13 所示。

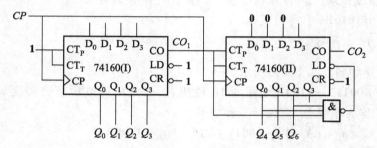

图 5.3.13 例 5.7 图

【难点与易出错处】 本题难点是 74160 同步级连时,需用 CO_1 控制高位片的 CT_P 和 CT_T,只有在低位片 CO_1 为高电平时,高位片才能计数。

易出错处:一是直接将 N 化为二进制,采用全局反馈实现。须知这里必须采用 8421 BCD 码。二是采用 8421 BCD 码仍会出现两种错误:① 个位片仍用 $S_{n1} = \mathbf{1010}$(74160 无此态)或 $S_{1(n-1)} = \mathbf{1001}$(多余)反馈;② 高低位片位置颠倒,使整体编码不为 8421 BCD 码。

【例 5.8】 全同步 16 进制加法集成计数器 74163 构成的电路如图 5.3.14 所示。回答以下问题:

(1) 若由 $Q_7 \sim Q_0$ 一起输出时,该电路为何种功能?

(2) 若由 F 输出时,该电路又为何种功能?

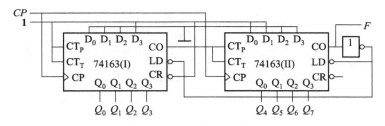

图 5.3.14 例 5.8 解图

（3）若 $f_{CP} = 1\text{MHz}, F$ 输出脉宽 $t_{WF} = ?$

【解】 此题的目的是练习 MSI 计数器构成功能电路的分析方法。分析时，首先要清楚所用集成计数器的模（题设或查资料）、级间连接方式及其控制端的功能和有效电平，然后再对照电路，搞清楚与控制逻辑有关的所有要素。

（1）由题设可知 74163 为全同步 16 进制加法集成计数器，由图 5.3.14 可见，高低位片 CP 共源，为同步计数链，且高位计数使能信号 CT_P、CT_T 受低位片进位输出 CO_1 控制，电路由高位片进位输出 CO_2，经非门后控制两个 74163 的预置命令 $\overline{LD}$，有关"要素"——数据输入为 $D_7 \sim D_0 =$ **00111000**。所以，电路工作一个循环所经历的状态数为：

$$N = \left[(S_{n-1} + 1) - S_0 \right]_D = (256)_D - (D_7 \sim D_0)_D = 256 - 56 = 200。$$

故电路由 $Q_7 \sim Q_0$ 一起输出时，执行同步 200 进制计数功能，有效计数循环为 **00111000 ~ 11111111**（即 56 ~ 255）。

（2）若仅由 F 端输出，电路为 200 分频功能，即 $f_F = 1/200 f_{CP}$。

（3）F 端的输出脉宽 t_{WF}，即为 F 或 CO_2 输出高电平的持续时间。由 74163 进位输出方程 $CO = CT_T Q_3 Q_2 Q_1 Q_0$，可知，只有当（2）号片 Q 输出全 1 且 CT_{T2} 为 1 时，CO_2 才能跃变为 1，又因 $CT_{T2} = CO_1$，因此，也需（1）号片的 CT_{T1} 及其 Q 全为 1 时，CO_1 才会输出 1 状态，进而使 CO_2（即 F）输出为 1。此时，电路状态 $Q_7 \sim Q_0$ 全为 1，$\overline{LD_1} = \overline{LD_2} = \overline{CO_2} = 0$，再来一个 CP 脉冲，电路将置入初态 $D_7 \sim D_0 =$ **00111000**，而使 CO_2（即 F）输出为零，开始下一工作循环。由此可知 $t_{WF} = T_{CP} = 1/f_{CP} = 1\mu s$。

【难点和容易出错处】 难点在于全局反馈时，S_{n-1} 状态的读取仅根据电路连接。本题中由于 $\overline{LD_1} = \overline{LD_2} = \overline{CO_2}$，当 CO_2 为 1 也即 $Q_7 \sim Q_0$ 全为 1（即 255）时，反馈逻辑满足，此（$Q_7 \sim Q_0 =$ **11111111**）即为 S_{n-1} 状态。易出错处为①只看反馈逻辑而不记其余，凡反馈到 $\overline{LD}$，必须要看装入数据的状态，此即为 S_0 状态。②看懂了全局反馈，但未读整体 S_{n-1} 态，而按局部 S_{n-1} 态算（如 $S_{1(n-1)} = M_1 - S_{10} = 16 - 8 = 8，N_1 = 8；S_{2n} = M_1 - S_{20} = 16 - 3 = 13，N_2 = 13；N = N_1 \times N_2 = 8 \times 13 = 104$）而导致错误！

【例 5.9】 同步十进制加法器 74162 构成的电路如图 5.3.15 所示，要求

（1）分析电路逻辑功能；

（2）计算输出脉冲宽度 t_{WY}；

（3）CO_2 有无脉冲输出？为什么？

【解】 本题的目的是进一步练习同步集成计数器构成同步计数链，但采用局部反馈时的分

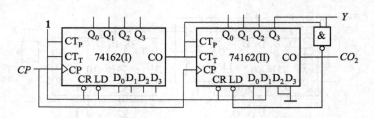

图 5.3.15　例 5.9 图

析方法,同时澄清 CO 端何时有进位输出的概念。

(1)由电路结构看,电路为同步计数链,但仅由 Y(即高位片 Q_3)输出,故为分频功能。又低位片无反馈控制,高位片仅自身实现反馈控制,应分别分析。

①对低位片,无反馈控制,故其实现十进制计数,即 $N_1 = 10$

②对高位片,因 $\overline{LD_2} = \overline{Q_3 CO_1}$,读连线得 $S_{2(n-1)} = \mathbf{1000}$,又 $S_{20} = D_3 D_2 D_1 D_0 = \mathbf{0011}$,根据 $S_{n-1} = S_0 + [N-1]_B$ 得 $N_2 = [(S_{2(n-1)}+1) - S_{20}]_B = [(\mathbf{1000}+1) - \mathbf{0011}]_B = 6$,所以,$N = N_1 \times N_2 = 10 \times 6 = 60$,即电路完成 60 分频功能。

(2)输出脉宽 t_{WY} 即输出 Y 的高电平持续时间。由图 5.3.15 中可见,当 Y 为 **1** 后,再来 10 个 CP 脉冲,$CO_1 = \mathbf{1}$,$\overline{LD_2} = \mathbf{0}$,预置信号有效,再来一个 CP 脉冲,高位片置入状态 $S_{20} = \mathbf{0011}$,此时,Y 才变为 **0**。由此可知,Y 为 **1** 持续时间 $t_{WY} = 10T_{CP}$。

(3)CO_2 无脉冲输出。因其进位输出方程为 $CO = CT_T Q_3 Q_0$,当其计到 **1001** 且 $CT_T = \mathbf{1}$ 时,CO 才会有脉冲输出。但由于电路计到 **1000** 时,$\overline{LD_2} = \mathbf{0}$,下一脉冲到来时,高位片装入 S_{20} 态,跳过 **1001** 态,因此 CO_2 无脉冲输出。

【难点和容易出错处】　本题难点是掌握局部反馈分析方法,先算出各级的模数,然后将串接模数相乘决定总进制模数。易出错处是有些人以为 CO_2 会有脉冲输出,即以为 CO_2 为分频输出信号。

【例 5.10】　试用同步十六进制可逆集成计数器 74193 设计十进制减法计数器,要求

(1)画出逻辑图;

(2)写出十进制减法计数器 **0000** 状态的次态。

【解】　本题的目的是掌握同步可逆集成计数器构成减法计数器的设计要领。

(1)分析:十进制减法计数器每来一个 CP 脉冲,数值递减一个,直至减到零时,再借位减。因此应用反馈预置法。由于异步操作,故 $S_n' = \mathbf{1111}$,$\overline{LD} = \overline{Q_3 Q_2 Q_1 Q_0}$,$D_3 D_2 D_1 D_0 = \mathbf{1001}$,所画逻辑图如图 5.3.16 所示。

(2)十进制减计数器 $Q_3 Q_2 Q_1 Q_0 = [\mathbf{0000}-1] = \mathbf{1001}$,计数器次态为 **1001**。

【难点和容易出错处】　本题难点是①反馈逻辑不同于以前,现在是减计数,减到零时借位,装入该减计数序列中的

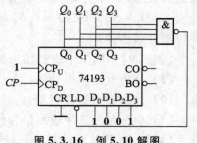

图 5.3.16　例 5.10 解图

最大数;②由 0 态来一个 CP 脉冲时,计数器变为进制序列中的最大数 **1111B** 不易理解。

【**例 5.11**】　图 5.3.17 是某数控仪器中的分频电路,若 f_n 的频率为 1.536MHz。

(1) 试计算 X_1、X_2、X_3、X_4、X_5、X_6 各点的频率分别为多少?

(2) 若 74161(3) $DCBA$ 数码改为 **0110**,上述各点的频率又为多少?

【**解**】　本题的目的是进一步练习同步集成计数器构成同步计数链时,逻辑功能的分析方法。巩固有关分频的概念,同时掌握置入数据改变时对分频系数即进制数的影响。此外,熟悉计数器用字母表示高低位的规律。

(1) 由图 5.3.17 可见,电路由 3 级同步十六进制加法集成计数器 74161 构成,3 级共用 CP 脉冲源,前级 CO 控制后级 CT_T,属同步链。且 Q 标注中 Q_A 为最低位,余类推。

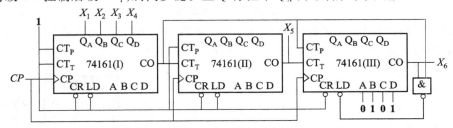

图 5.3.17　例 5.11 题图

74161(1) 和 (2) 除使能 CT_P、CT_T 作必要连接外,其余控制端为无效电平,因而它们是自然二进制计数,$N_1 = N_2 = 16$;74161(3) 中 $\overline{LD_3} = \overline{CO_3 \cdot CO_1}$,可知 CO_3 和 CO_1 同时为 **1** 时,$\overline{LD_3} = \mathbf{0}$,预置逻辑满足,但 $CO_3 = CT_T Q_D Q_C Q_B Q_A = CO_2 Q_D Q_C Q_B Q_A$,即必须 CO_2 也为 **1** 时,CO_3 才会为 **1**,也即所有 3 级的 Q 端均为 **1** 时,预置逻辑满足。再来 CP 时,将 $S_{30} = DCBA = \mathbf{1010}$ 置入(3)号计数器中,所以 $N_3 = M_3 - S_{30} = 16 - 10 = 6$。可得

$$f_{X1} = f_{CP}/2 = 768\text{kHz}; \qquad f_{X2} = f_{CP}/4 = 384\text{kHz};$$

$$f_{X3} = f_{CP}/8 = 192\text{kHz}; \qquad f_{X4} = f_{CP}/16 = 96\text{kHz};$$

$$f_{X5} = f_{CP}/N_1 \times N_2 = 6\text{kHz}; \qquad f_{X6} = f_{CP}/N_1 \times N_2 \times N_3 = 1\text{kHz}。$$

(2) 若 74161(3) 中 $DCBA$ 数据改为 **0110**,则 $N_3' = M_3 - S_{03} = 16 - 6 = \mathbf{10}$,仅 N_3' 模数改变,而前级各点均未受影响,N_1,N_2 不变。所以,$X_1 \sim X_5$ 点频率同(1)中。此时,$f_{X6} = f_{X5}/N_3' = 600\text{Hz}$。

【**难点和容易出错处**】　难点是各点分频系数的确定,即在数值上为各点的进制数;易出错处在于仅考虑预置逻辑与 CO_3 和 CO_1 有关,而将 X_6 点的进制计算为

$$N = (M_3 - S_{30})N_2 N_1 - N_2 N_1 + N_1 = 1\ 296$$

漏掉(2)号计满状态所代表的 $N_2 \times N_1 = 256$ 个 CP 脉冲,而导致错误。

【**例 5.12**】　某数控机床需用如图 5.3.18 所示的控制脉冲序列,试设计能满足该控制要求的电路。

【**解**】　本题的目的是进一步练习功能块

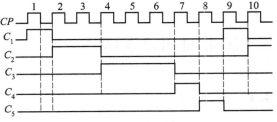

图 5.3.18　例 5.12 题图

级时序电路的设计方法,并熟悉当逻辑要求以时序图的形式展现时,设计电路的思想方法。

(1)由图 5.3.18 可见,C_i 每 8 个 CP 波形呈一个周期,另外,还具有序列输出的基本特性,即 $C_i = nT_{CP}$。

可以实现设计要求的 2 种方案框图如图 5.3.19 所示。

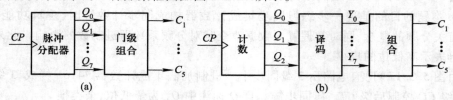

图 5.3.19　例 5.12 解图(1)

(2)方案比较:图(a)中用 8 位脉冲分配器和门级组合电路实现,为两级电路;图(b)中需要计数、译码和组合电路实现,为三级电路。显然方案(a)要好些。

(3)各块电路设计。

① 脉冲分配器采用 2 块 4 位双向移位寄存器构成,将其首尾相连,构成环状,控制信号设置使其先置入唯一的 **1**,然后执行右移功能,各 Q 端顺次实现一个 CP 周期的高电平脉冲。

② 按图 5.3.18 中波形图设计组合电路,由顺序脉冲中产生所需控制脉冲。由图可见

$C_1 = Q_0$

$C_2 = Q_1 + Q_2$

$C_3 = Q_3 + Q_4 + Q_5$

$C_4 = Q_6$

$C_5 = Q_7$

画逻辑图如图 5.3.20 所示。

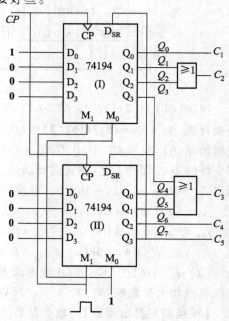

图 5.3.20　例 5.12 解图(2)

【难点和容易出错处】　本题难点是方案的选择,设计者应本着可靠性高,逻辑种类少,成本低,技术先进等诸方面综合考虑,择其优。

5.4　思考题和习题解答

5.4.1　思考题

5.1　同步时序电路和异步时序电路有何区别?

【答】　同步时序电路中各触发器时钟接在一起,同步动作;异步时序电路中至少有一个触发器时钟与其他触发器不同。

5.2　Moore 型和 Mealy 型时序电路有何区别?

【答】　Moore 型电路时序逻辑电路的输出信号仅取决于存贮电路的状态,Mealy 型电路输出不仅取决于存贮电路的状态,还取决于输入变量的状态。

5.3　基于触发器时序电路设计中,如何选择触发器的个数?

【答】　每个触发器有两个状态 **0** 和 **1**,n 个触发器能表示 2^n 个状态。如果用 N 表示该时序电路的状态数,则有:$2^{n-1} < N \leqslant 2^n$

5.4　同步计数器 74161 可以异步级联吗?

【答】　可以,参见教材 P153 的图 5.4.7(b)。

5.5　设计计数器时应该尽量采用同步操作还是异步操作?

【答】　因为同步操作没有瞬态,可靠性好一些。

5.6　对于不能自启动的计数器,应该采取什么办法使其可以自启动?

【答】　如果电路有全 **0** 状态,可以采用上电清零方法自启动。否则,需要修改电路设计,或者重新从状态分配这一步做起,或者修改次态卡诺图。其实,在画出次态卡诺图后就可以进行自启动检查,以避免到设计完成后再修改电路设计。

5.4.2　习题

5.1　一同步时序电路如图题 5.1 所示,设各触发器的起始状态均为 **0** 态。

(1) 做出电路的状态转换表;

(2) 画出电路的状态图;

(3) 画出 CP 作用下各 Q 端的波形图;

(4) 说明电路的逻辑功能。

【解】　(1) 状态转换表见表解 5.1。

(2) 状态转换图如图解 5.1(a)。

表解 5.1

CP	Q_2^n	Q_1^n	Q_0^n	Q_2^{n+1}	Q_1^{n+1}	Q_0^{n+1}
0	**0**	**0**	**0**	**0**	**0**	**1**
1	**0**	**0**	**1**	**0**	**1**	**0**
2	**0**	**1**	**0**	**0**	**1**	**1**
3	**0**	**1**	**1**	**1**	**0**	**0**
4	**1**	**0**	**0**	**1**	**0**	**1**
5	**1**	**0**	**1**	**1**	**1**	**0**
6	**1**	**1**	**0**	**1**	**1**	**1**
7	**1**	**1**	**1**	**0**	**0**	**0**

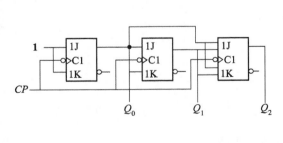

图题 5.1

（3）波形图见图解 5.1（b）。

（4）由状态转换图可看出该电路为同步 8 进制加法计数器。

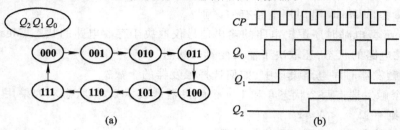

图解 5.1

5.2　主从 JK 触发器构成一电路如图题 5.2 所示。

（1）若 $Q_2Q_1Q_0$ 作为码组输出，该电路实现何种功能？

（2）若仅由 Q_2 端输出，它又为何种功能？

【解】　（1）由图可见，电路由三个主从 JK 触发器构成。各触发器的 J、K 均固定接 **1**，且为异步连接，故均实现 T' 触发器功能，即二进制计数，故三个触发器一起构成 8 进制计数。当 $Q_2Q_1Q_0$ 作为码组输出时，该电路实现异步 8 进制加法计数功能。

（2）若仅由 Q_2 端输出，则它实现 8 分频功能。

5.3　试分析图题 5.3 所示电路的逻辑功能。

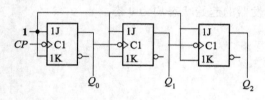

图题 5.2

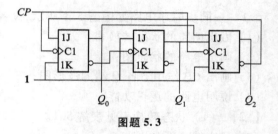

图题 5.3

【解】　（1）驱动程式和时钟方程

$J_0 = \overline{Q_2^n}, K_0 = 1$；　　　　　　$CP_0 = CP$

$J_1 = K_1 = 1$；　　　　　　　　$CP_1 = \overline{Q_0^n}$

$J_2 = Q_1^n Q_0^n, K_2 = 1$；　　　　$CP_2 = CP$

（2）将驱动方程代入特性方程得状态方程

$Q_0^{n+1} = J_0 \overline{Q_0^n} + \overline{K_0}Q_0^n = \overline{Q_2^n}\,\overline{Q_0^n}$　（CP）

$Q_1^{n+1} = \overline{Q_1^n}$　　　　　　　　　（CP_1）

$Q_2^{n+1} = \overline{Q_2^n}Q_1^n Q_0^n$　　　　　（CP）

（3）根据状态方程列出状态转换真值表如表解 5.3 所示。

（4）作状态转换图如图解 5.3 所示。

表解 5.3

Q_2^n	Q_1^n	Q_0^n	Q_2^{n+1}	Q_1^{n+1}	Q_0^{n+1}	CP_2	CP_1	CP_0
0	0	0	0	1	1	↓	↓	↓
0	0	1	0	0	0	↓		↓
0	1	0	0	0	1	↓	↓	↓
0	1	1	1	1	0	↓		↓
1	0	0	0	0	0	↓		↓

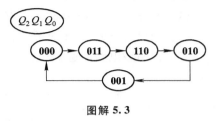

图解 5.3

（5）逻辑功能：由状态转换图可见该电路为异步 5 进制计数器。

5.4 试求图题 5.4 时序电路的状态转换真值表和状态转换图，并分别说明 $X=0$ 及 $X=1$ 时电路的逻辑功能。

【解】 （1）写驱动方程和输出方程

$$J_0 = X, \qquad K_0 = \overline{X\ \overline{Q_1^n}}$$

$$J_1 = XQ_0^n, \qquad K_1 = Q_0^n$$

$$Y = Q_1^n$$

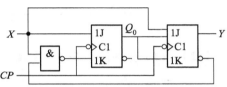

图题 5.4

（2）求状态方程

$$Q_0^{n+1} = J_0 \overline{Q_0^n} + \overline{K_0} Q_0^n = X \overline{Q_0^n} + X \overline{Q_1^n} Q_0^n$$

$$Q_1^{n+1} = J_0 \overline{Q_0^n} + \overline{K_0} Q_0^n = X \overline{Q_0^n} + X \overline{Q_1^n} Q_0^n$$

（3）画次态卡诺图求状态转换真值表

Q_1^{n+1} / X \ $Q_1^n Q_0^n$	00	01	11	10
0	0	0	0	1
1	0	1	0	1

Q_0^{n+1} / X \ $Q_1^n Q_0^n$	00	01	11	10
0	0	0	0	0
1	1	1	0	1

Y / X \ $Q_1^n Q_0^n$	00	01	11	10
0	0	0	1	1
1	0	0	1	1

图解 5.4(1)

（4）作状态转换图如图解 5.4(2)所示。

表解 5.4

$Q_1^n Q_0^n$ \ X	0	1
00	00/0	01/0
01	00/0	11/0
10	10/1	11/1
11	00/1	00/1

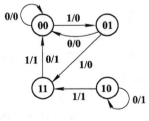

图解 5.4(2)

（5）功能：**10** 为冗余态，当 $X=0$ 时，实现返回初态；当 $X=1$ 时，实现三进制计数功能，Y 为进位输出。

5.5　试分析图题 5.5 所示的异步时序电路。要求：

（1）画出 $M=1$，$N=0$ 时的状态图；

（2）画出 $M=0$，$N=1$ 时的状态图；

（3）说明该电路的逻辑功能。

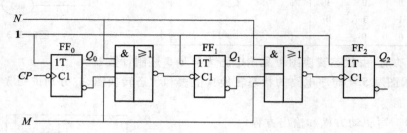

图题 5.5

【解】　（1）见图解 5.5（1），实现八进制加 1 计数。

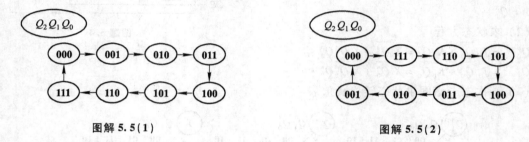

图解 5.5（1）　　　　　　　　　　　　　图解 5.5（2）

（2）见图解 5.5（2），实现八进制减 1 计数。

（3）电路的逻辑功能：可逆的八进制计数器，M、N 分别为加、减法运算控制端。

5.6　已知图题 5.6 是一个串行奇校验器。开始时，首先由 $\overline{R_{\mathrm{D}}}$ 信号使触发器置 **0**。此后，由 X 串行地输入要校验的 n 位二进制数。当输入完毕后，便可根据触发器的状态确定该 n 位二进制数中 **1** 的个数是否为奇数。试举例说明其工作原理，并画出波形图。

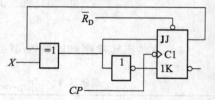

图题 5.6

【解】　写出电路的状态方程为，$Q^{n+1}=X\oplus Q^{n}$。由于电路的初始状态为 **0**，由状态方程可知，当输入 X 中有奇数个 **1** 时，输出 Q 为 **1**。波形图略。

5.7　已知图题 5.7 是一个二进制序列检测器，它能根据输出 Z 的值判别输入 X 是否为所需的二进制序列。该二进制序列在 CP 脉冲同步下输入触发器 D_{1} D_{2} D_{3} D_{4}。设其初态为 **1001**，并假定 $Z=0$ 为识别标志，试确定该检测器所能检测的二进制序列。

【解】　如果 $Z=1$ 为识别标志，可检测的序列：0010；0101；1011；0110；1100；1000；0001；0010。

如果 $Z = 0$ 为识别标志，D 触发器输出次态为 $Q_i = D_i$，满足 $Z = Q_1 \oplus Q_3 \oplus Q_4 = 0$ 的序列都是可检测二进制序列。$D_1 D_2 D_3 D_4$ 初始为 **1001** 时，下面为时钟作用下输入 X 保证 $Z = 0$ 的序列

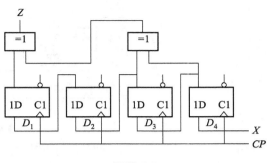

图题 5.7

$$CP0 \quad CP1 \quad CP2 \quad CP3$$

$$CP4 \quad CP5 \quad CP6 \quad CP7$$

$Q_1 Q_2 Q_3 Q_4$：**1001 – 0011 – 0111 – 1110 – 1101 – 1010 – 0100 – 1001 – 0011 – 0111**

保证 $Z = 0$ 的 X：**1001 1   1   0   1**

0   0   1   1   1

根据上述分析，可以检测的序列为：**1110100**，也可以是 $7 + 7$ 位构成的循环序列，如果其中某一位 X 变化使得输出不为 **0**（即初始状态不是 **1001** 了），其后使 $Z = 0$ 可能会构成另一检测序列，本题目多种答案。

5.8　用 JK 触发器设计一串行序列检测器，当检测到 **110** 序列时，电路输出为 **1**。

【解】　读者用教材介绍的步骤可以设计该序列检测电路。在此给出简化方法，设计电路见图解 5.8 所示。使用前先置所有位为要识别序列第一位的反码（一般读序列第一个数位即为第一位），本例即 **0**。

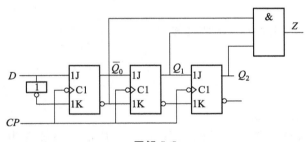

图解 5.8

用集成移位寄存器加少量门电路同样可以实现，而且电路可靠性更高。用 4 位集成移位寄存器 74LS194，实现任意不超过四位序列的检测器。

5.9　分析图题 5.9 所示电路，说明当开关 A、B、C 均断开时，电路的逻辑功能；当 A、B、C 分别闭合时，电路为何种功能？

【解】　（1）当开关 A、B、C 均断开时，由于非门输入端对地所接电阻 $R < R_{OFF}$，相当于接逻辑 **0**，则非门输出为逻辑 **1**。也即各触发器的 $\overline{R_D} = 1$，不起作用，电路执行 16 进制加法计数功能。

（2）当 A 闭合时，由于 $\overline{R_D} = \overline{Q_3}$，因而当 $Q_3 = 1$，即计数器状态为 **1000** 时，复位到 **0**，重新开始计数。故执行 8 进制加法计数器功能；同理，B、C 分别闭合时电路为 4 进制和 2 进制加法计数器。

5.10　用 JK 触发器设计图题 5.10 所示功能的逻辑电路。

【解】　（1）由图题 5.10 可知电路可按五状态时序电路设计。设状态分别为：

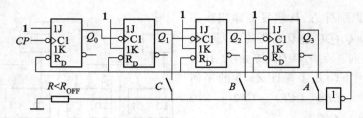

图题 5.9

$$S_0 = 000, S_1 = 001, S_2 = 010, S_3 = 011, S_4 = 100。$$

（2）根据状态分配的结果可以列出状态转换真值表如表解 5.10。

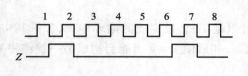

图题 5.10

表解 5.10

Q_2^n	Q_1^n	Q_0^n	Q_2^{n+1}	Q_1^{n+1}	Q_0^{n+1}	Z
0	0	0	0	0	1	0
0	0	1	0	1	0	0
0	1	0	0	1	1	0
0	1	1	1	0	0	0
1	0	0	0	0	0	1

（3）画次态卡诺图求状态方程和输出方程

$$Q_2^{n+1} = \overline{Q_2^n} Q_1^n Q,\ Q_1^{n+1} = \overline{Q_1^n} Q_0^n + Q_1^n \overline{Q_0^n},\ Q_0^{n+1} = \overline{Q_2^n}\ \overline{Q_0^n}, Z = Q_2^n$$

（4）求驱动方程

将状态方程与 JK 触发器的特性方程比较得

$$J_2 = Q_1^n Q_0^n, K_2 = 1$$
$$J_1 = Q_0^n, K_1 = Q_0^n$$
$$J_0 = \overline{Q_2^n}, K_0 = 1$$

（5）检查电路的自启动能力

由次态卡诺图可见，当电路进入无效状态时，其相应的状态转移为：$101 \to 010, 110 \to 010$，$111 \to 000$，因此，该电路能够自启动。

（6）画电路图

根据驱动方程和输出方程画逻辑电路图如图解 5.10 所示。

5.11 用 JK 触发器设计图题 5.11 所示两相脉冲发生电路。

【解】 由图可见，电路的循环状态为 $00 \to 10 \to 11 \to 01 \to 00$，因此可按同步计数器设计，用两个 JK FF 实现。

（1）作次态卡诺图求状态方程和输出方程，次态卡诺图见图解 5.11(1)

$$Q_1^{n+1} = \overline{Q_1^n}\ \overline{Q_0^n} + Q_1^n \overline{Q_0^n},\ Q_0^{n+1} = Q_1^n \overline{Q_0^n} + Q_1^n Q_0^n$$
$$Z_2 = Q_1^n, Z_1 = Q_0^n$$

（2）求驱动方程

将状态方程与 JK 触发器的特性方程对比，可得

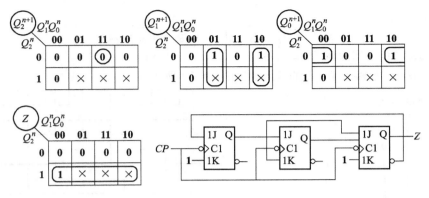

图解 5.10

$$J_1 = \overline{Q_0^n}, K_1 = Q_0^n$$

$$J_0 = Q_1^n, K_0 = \overline{Q_1^n}$$

（3）画逻辑电路图，如图解 5.11（2）所示

5.12 一个同步时序电路如图题 5.12 所示。设触发器的初态 $Q_1 = Q_0 = 0$。

（1）画出 Q_0、Q_1 和 F 相对于 CP 的波形；

（2）从 F 与 CP 的关系看，该电路实现何种功能？

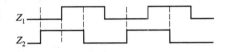

图题 5.11

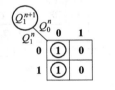

图解 5.11（1）

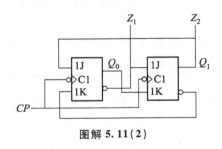

图解 5.11（2）

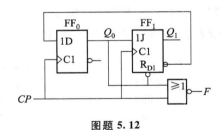

图题 5.12

【解】 （1）

1）写方程式

① 驱动方程：$D_0 = \overline{Q_1^n}$ $D_1 = Q_0^n$

② 复位方程：$\overline{R_{D1}} = Q_0$

③ 输出方程：$F = \overline{CP + Q_0^n}$

2）求状态方程

$$Q_0^{n+1} = D_0 = \overline{Q_1^n} \quad Q_1^{n+1} = Q_0^n \quad (\overline{R_{D1}} = Q_0)$$

3）求状态转换表，如表解 5.12 所示。

4）画 Q_0、Q_1 和 F 相对于 CP 的波形，如图解 5.12 所示。

表解 **5.12**

Q_1^n	Q_0^n	Q_1^{n+1}	Q_0^{n+1}
0	**0**	**0**	**1**
0	**1**	**1**	**1**
1	**0**	**0**	**0**
1	**1**	**0**	**0**

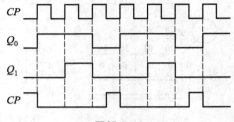

图解 **5.12**

（2）从 F 与 CP 的关系可以看出该电路实现三分频功能。

5.13　用双向移位寄存器 74194 构成 6 位扭环计数器。

【解】　要构成 6 位扭环计数器，需两块 74194 级联，如图解 5.13 所示。

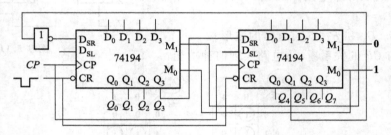

图解 **5.13**

5.14　利用移位寄存器 74194 及必要的电路设计产生表题 5.14 所示脉冲序列的电路。

【解】　（1）作次态译码真值表

即按表题 5.14 给出的态序表，决定前一状态变化到后一状态时，移入的数据是 0 还是 1 以

表题 **5.14**

```
→0000
  1000
  1100
  0110
  1101
  1011
  0111
  0011
 └0001
```

表解 **5.14**

CP	Q_0^n	Q_1^n	Q_2^n	Q_3^n	D_{SR}	D_{SL}	M_1	M_0
0	**0**	**0**	**0**	**0**	**1**	×	**0**	**1**
1	**1**	**0**	**0**	**0**	**1**	×	**0**	**1**
2	**1**	**1**	**0**	**0**	**0**	×	**0**	**1**
3	**0**	**1**	**1**	**0**	×	**1**	**1**	**0**
4	**1**	**1**	**0**	**1**	×	**1**	**1**	**0**
5	**1**	**0**	**1**	**1**	×	**1**	**1**	**0**
6	**0**	**1**	**1**	**1**	**0**	×	**0**	**1**
7	**0**	**0**	**1**	**1**	**0**	×	**0**	**1**
8	**0**	**0**	**0**	**1**	**0**	×	**0**	**1**

及是左移还是右移，按此设置 D_{SR} 及 D_{SL} 的状态和功能控制信号 M_1、M_0 的状态。如表解 5.14 所示。

（2）化简 D_{SR}、D_{SL}、M_1、M_0

$$D_{SR} = \overline{\overline{Q^n} Q_3^n} = \overline{Q_1^n + Q_3^n};\ D_{SL} = \mathbf{1}$$

$$M_1 = \overline{\overline{Q_0^n Q_3^n} + Q_2^n \overline{Q_3^n}} = \overline{\overline{Q_0^n Q_3^n}\ \overline{Q_2^n \overline{Q_3^n}}}$$

$$M_0 = \overline{M_1}$$

（3）画卡诺图和逻辑电路图，见图解 5.14

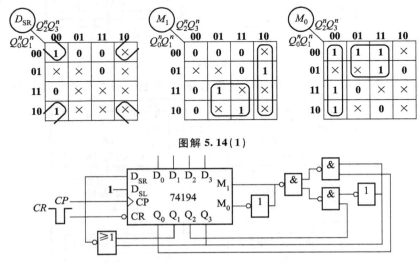

图解 **5.14(1)**

图解 **5.14(2)**

5.15　用 74LS293 及其他必要的电路组成六十进制计数器，画出电路连接图。

【解】　74LS293 为异步 $2-8-16$ 进制集成计数器，需要两片级联实现 60 进制计数器。

方法一：全局反馈清零

（1）$N = 60$，$S_n = [60]_D = [\mathbf{00111100}]_B$

（2）$F = R_{01} R_{02} = \prod Q^1 = Q_5 Q_4 Q_3 Q_2$

（3）画电路连接图，如图解 5.15(1)所示

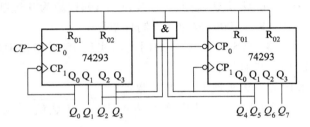

图解 **5.15(1)**

方法二：局部反馈清零

（1）$N = 60 = 6 \times 10 = N_2 \times N_1$。$S_{n2} = \mathbf{0110}$，$S_{n1} = \mathbf{1010}$

（2）$F_2 = R_{01}R_{02} = \prod Q^1 = Q_2 Q_1$。$F_1 = R_{01}R_{02} = \prod{}^1 Q = Q$

（3）画电路连接图，如图解 5.15（2）所示

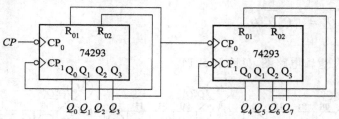

图解 5.15(2)

5.16　图题 5.16 为由 74LS290 构成的计数电路，分析它们各为几进制计数器。

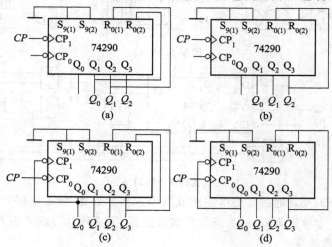

图题 5.16

【解】　（1）$CP \rightarrow CP_1$，仅 $Q_3 Q_2 Q_1$ 作输出，反馈连线 $S_n = \mathbf{011}$，故为 3 进制计数器。

（2）$CP \rightarrow CP_1$，$S_n = \mathbf{100}$，故为 4 进制计数器。

（3）$CP \rightarrow CP_0$，$Q_0 \rightarrow CP_1$，$Q_3 Q_2 Q_1 Q_0$ 输出均有效，$S_n = \mathbf{1001}$，故为 9 进制计数器。

（4）$CP \rightarrow CP_0$，$Q_0 \rightarrow CP_1$，$S_n = \mathbf{1000}$，故为 8 进制计数器。

5.16A　（1）试用计数器 74LS161 及必要的门电路实现 13 进制及 100 进制计数器；（2）试用计数器 74LS160 实现（1）中的计数器。

【解】　（1）① 用反馈清零法实现 13 进制计数器

$$N = 13, \quad S_n = \mathbf{1101}, \quad F = \overline{CR} = \overline{\prod Q^1} = \overline{Q_3 Q_2 Q_0}$$

逻辑图见图解 5.16A（1）。

② 用全局反馈清零法实现 100 进制计数器

$N = 100, S_n = [N]_B = \textbf{01100100}, F = \overline{CR} = \overline{\prod Q^1} = \overline{Q_6 Q_5 Q_2}$。

逻辑图见图解 5.16A(2)。

(2) ① 13 进制计数器

$N = 13, S_n = \textbf{00010011}, F = \overline{CR} = \overline{\prod Q^1} = \overline{Q_4 Q_1 Q_0}$。逻辑图见

图解 5.16A(3)。

② 100 进制计数器

因为 74160 是 10 进制计数器,所以无需反馈而自然实现

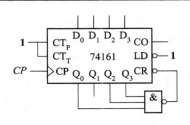

图解 5.16A(1)

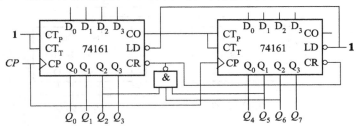

图解 5.16A(2)

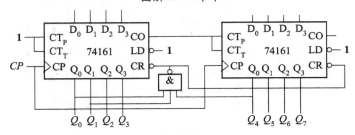

图解 5.16A(3)

100 进制计数器。逻辑图见图解 5.16A(4)。

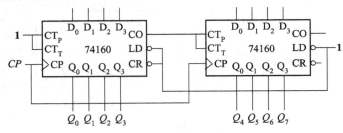

图解 5.16A(4)

5.17 用计数器 74193 构成 8 分频电路,在连线图中标出输出端。

【解】 74193 为同步可逆 16 进制集成计数器。要得到 8 分频,只需从 Q_2 输出即可。

5.18 计数器 74LS293 构成电路如图题 5.18 所示,试分析其逻辑功能。

【解】 电路为全局反馈,且复位信号为异步操作。故可直接读反馈连线的反馈态:$S_n = Q_7 Q_6 Q_5 Q_4 Q_3 Q_2 Q_1 Q_0 = \textbf{10001000}$。所以,电路为 136 进制计数器。

5.19 计数器 74LS290 构成电路如图题 5.19 所示，试分析该电路的逻辑功能。

【解】 由图可知，电路为全局反馈，根据反馈连接可得反馈态

$$S_n = Q_6 Q_5 Q_4 Q_3 Q_2 Q_1 Q_0 = \mathbf{1000010}$$

由于 74290 为十进制计数器，S_n 应按 8421 BCD 码考虑。所以，该电路为异步 42 进制 BCD 码加法计数器。

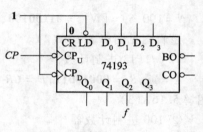

图解 5.17

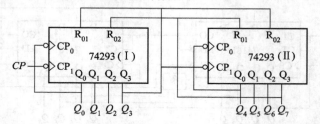

图题 5.18

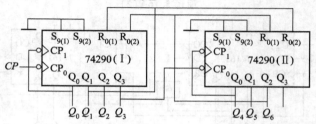

图题 5.19

5.20 计数器 74161 构成电路如图题 5.20 所示，试说明其逻辑功能。

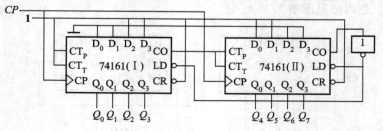

图题 5.20

【解】 由图可知，74161(1) 的 CO 输出控制着 74161(2) 的 CT_P 和 CT_T，而 74161(2) 的输出 CO 又作为反馈控制预置信号，又 $CO = Q_3 Q_2 Q_1 Q_0 CT_T$，因此，两片计数器的满状态和预置状态即为计数器的结束和初始状态。故

$$N = (S_{n-1} + 1) - S_0 = (\mathbf{11111111})_B + 1 - (\mathbf{00111100})_B = 196$$

所以，该电路为同步 196 进制计数器。

5.21 试分析图题 5.21 所示用计数器 74163 构成电路的逻辑功能。

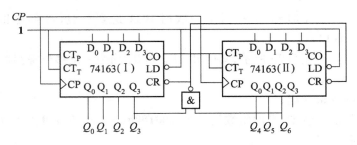

图题 5.21

【解】 74163 为同步式 16 进制集成加法计数器。电路为同步级联,通过 $\overline{CR}$ 执行全局反馈清零,因 74163 的 $\overline{CR}$ 为同步操作方式,直接读连线可得电路的 S_{n-1} 状态,故 $N = S_{n-1} + 1 = [01001000]_B + 1 = 73$

所以,该电路为同步 73 进制加法计数器。

5.22 计数器 74193 构成电路如图题 5.22 所示,试分析该电路的逻辑功能。

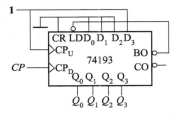

图题 5.22

【解】 74193 为异步可逆 16 进制计数器。图中 CP 送入 CP_D,$CP_U = 1$ 配合,又 $\overline{LD} = \overline{BO}$,$S_0 = D_3 D_2 D_1 D_0 = 1000$,可知电路在 CP 脉冲作用下执行减法计数。经过 8 次脉冲,计数器中的预置数 1000 减到 0000,$\overline{BO}$ 输出低电平,使 $\overline{LD} = 0$,又立即置入 1000 态。因此,8 个 CP 脉冲一个计数循环。该电路为同步 8 进制减法计数器。

5.23 指出图题 5.23 电路中 W、X、Y 和 Z 的频率。

图题 5.23

【解】 (1) 10 位环形计数器为 10 分频,所以 $f_W = 16 \text{kHz}$;

(2) 4 位二进制计数器为 16 分频,所以 $f_X = 1 \text{kHz}$;

(3) 模 25 行波计数器为 25 分频,所以 $f_Y = 40 \text{Hz}$;

(4) 4 位扭环计数器为 8 分频,所以 $f_Z = 5 \text{Hz}$。

5.24 设图 5.5.4 中各寄存器起始数据为 [Ⅰ] $= 1011$,[Ⅱ] $= 1000$,[Ⅲ] $= 0111$,将图题 5.24 中的信号加在寄存器 Ⅰ、Ⅱ、Ⅲ 的使能输入端。试决定在 t_1、t_2、t_3 和 t_4 时刻,各寄存器的内容。

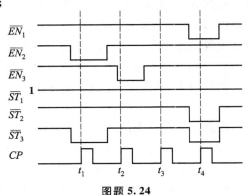

图题 5.24

【解】 t_1 时刻,寄存器 Ⅱ 的数据 1000 送到总线,寄存器 Ⅲ 接收,[Ⅰ] $= 1011$,[Ⅱ] $= 1000$,[Ⅲ] $= 1000$;t_2 时刻,寄存器 Ⅲ 的数据 1000 送到总线,无数据接收,各寄存器数据不变;t_3 时刻,无数据传送,各寄存器数据不变;t_4 时刻,寄存器 I 的数据 **1011** 送到总线,寄存器 II、III 接收,[I] = 1011,[II] = [III] = **1011**。

5.25　时序电路如图题 5.25 所示,其中 R_A、R_B 和 R_S 均为 8 位移位寄存器,其余电路分别为全加器和 D 触发器,要求:

(1) 说明电路的逻辑功能;

(2) 若电路工作前先清零,且两组数码 $A =$ **10001000**,$B =$ **00001110**,8 个 CP 脉冲后,R_A、R_B 和 R_S 中的内容为何?

(3) 再来 8 个 CP 脉冲,R_S 中的内容如何?

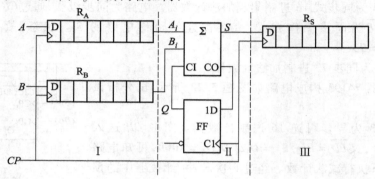

图题 5.25

【**解**】　(1) ① 可将电路划分为三个功能块

I、III 中都是 8 位移位寄存器;II 中全加器和 D 触发器。

② 分析各功能块电路的逻辑功能

功能块 I:在移位脉冲 CP 作用下逐位将 A、B 两组数据分别移入 R_A、R_B,8 个 CP 脉冲过后,可将 A、B 两组 8 位二进制数据存入移位寄存器。

功能块 II:由移位寄存器 R_A 和 R_B 提供的加数和被加数的最低位先输入全加器的 A_i 和 B_i,经过全加器相加后产生和输出 S_0 和进位输出 C_0。来一个 CP 脉冲后,一方面将 R_A 和 R_B 中的次低位数送入 A_i 和 B_i 输入,并将最低位相加之和移入 R_S 中,另一方面又将最低位相加产生的进位通过 D FF 输入全加器的 CI 端,和次低位加数、被加数一起决定相加之和及进位输出,再来 CP 时又重复前述过程。这样,经过 8 个 CP 后,A、B 两组数通过移位寄存器 R_A、R_B 逐位送入全加器相加。全加器和 D 触发器实现两数串行加法运算。

功能块 III:移位寄存器 R_S 保存 8 位全加和。

③ 分析总体逻辑功能

电路总体实现两组 8 位二进制数串行加法功能。

(2) 8 个 CP 脉冲过后,[R_A] $= A =$ **10001000**,[R_B] $= B =$ **00001110**,[R_S] = **00000000**。

(3) [R_S] $= A + B =$ **10010110**

5.26　图题 5.26 中,74154 是 4 - 16 线译码器。试画出 CP 及 S_0、S_1、S_2、S_3、S_4、S_5、S_6 和 S_7

各输出端的波形图。

【解】 由图可见,74194 构成扭环形计数器,CP 到来前先清零。因此,74194 从 **0000** 开始,在 $M_1M_0 = $ **01** 方式控制信号及 CP 脉冲作用下,执行右移操作,由于 $D_{SR} = \overline{Q_3}$,可得计数态序表如表解 5.26 所示;74194 输出作为 4 – 16 线译码器的输出,译码器输出低有效,经非门后 $S_0 \sim S_7$ 高有效,波形图见图解 5.26 所示。

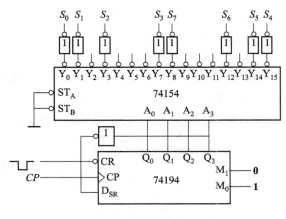

图题 5.26

5.27 试用计数器 74290 设计一个 5421 编码的六进制计数器。

【解】 当 74290 的 CP_1 接 CP 脉冲,而将 CP_0 接 Q_2 时,电路执行 5421 BCD 码。5421 编码如表解 5.27 所示。

表解 5.26

CP	Q_0	Q_1	Q_2	Q_3
0	**0**	**0**	**0**	**0**
1	**1**	**0**	**0**	**0**
2	**1**	**1**	**0**	**0**
3	**1**	**1**	**1**	**0**
4	**1**	**1**	**1**	**1**
5	**0**	**1**	**1**	**1**
6	**0**	**0**	**1**	**1**
7	**0**	**0**	**0**	**1**
8	**0**	**0**	**0**	**0**

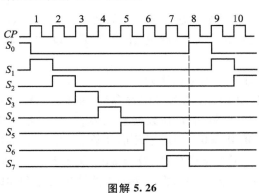

图解 5.26

具体设计如下

(1) $N = 6$,$S_n = $ **1001**

(2) $F = R_{01}R_{02} = Q_3Q_0$

(3) 画逻辑图如图解 5.27 所示。

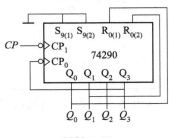

图解 5.27

表解 5.27

CP	Q_3	Q_2	Q_1	Q_0
0	**0**	**0**	**0**	**0**
1	**0**	**0**	**0**	**1**
2	**0**	**0**	**1**	**0**
3	**0**	**0**	**1**	**1**
4	**0**	**1**	**0**	**0**
5	**1**	**0**	**0**	**0**
6	**0**	**0**	**0**	**0**

5.28   电路如图题 5.28 所示

（1）画出电路的状态图；

（2）说明电路的逻辑功能。

【解】 （1）由图可见,当计数器状态为 **0101** 时,$R_{01}R_{02}=Q_2Q_1=\mathbf{1}$,复位条件满足,计数器复位到 **0000**,完成一次计数循环。状态转换图见图解 5.28。

（2）由状态图可见,该电路为异步五进制加法计数器。

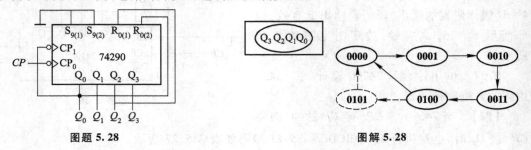

图题 5.28   图解 5.28

5.29   电路如图题 5.29 所示,要求

（1）列出电路的状态迁移关系（设初始状态为 **0110**）；

（2）写出 F 的输出序列。

【解】 （1）电路由移位寄存器 74194 和多选 1MUX 构成。由于 74194 中右移数据输入 $D_{SR}=Q_3$,且工作方式控制信号 $M_1M_0=01$,构成了环形计数器;而 8 选 1MUX 的地址输入 $A_2A_1A_0=Q_2Q_1Q_0$,$D_7=D_5=D_2=\mathbf{1}$,$D_4=D_3=D_0=\mathbf{0}$,$D_6=D_1=Q_3$,因此,根据 74194 的输出态序和 MUX 的选择功能就能得出 F 的输出序列。电路的状态迁移关系见表解 5.29 所示。

（2）由表可见,F 的输出序列为 **0010**。

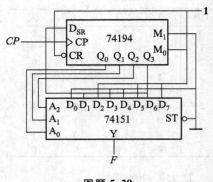

图题 5.29

表解 5.29

CP	Q_0	Q_1	Q_2	Q_3	A_2	A_1	A_0	D_i	F
0	**0**	**1**	**1**	**0**	**1**	**1**	**0**	D_6	**0**
1	**0**	**0**	**1**	**1**	**1**	**0**	**0**	D_4	**0**
2	**1**	**0**	**0**	**1**	**0**	**0**	**1**	D_1	**1**
3	**1**	**1**	**0**	**0**	**0**	**1**	**1**	D_3	**0**
4	**0**	**1**	**1**	**0**	**1**	**1**	**0**	D_6	**0**

5.30   图题 5.30 所示为某非接触式转速表的逻辑框图,其由 A～H 八部分构成。转动体每转动一周,传感器发出一信号如图题 5.30 中所示。

（1）根据输入输出波形图,说明 B 框中应为何种电路?

（2）试用集成定时器（可附加 *JK* FF）设计 C 框中电路；

（3）若已知测速范围为 0 ~ 9999，E、G 框中各需集成器件几块？

（4）E 框中的计数器应为何种进制的计数器？试设计之？

（5）若 G 框中采用 74LS47，H 框中应为共阴还是共阳显示器？当译码器输入代码为 **0110** 和 **1001** 时，显示的字形为何？

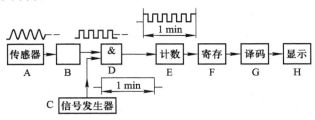

图题 5.30

【解】 （1）图中输入为缓变信号，输出为矩形波，所以，B 框中应为施密特触发器。

（2）略

（3）E，G 框中各需集成器件 4 块；

（4）因后续电路 H 中的显示部分为人们能直接读取的 10 进制 0 ~ 9，译码部分必为 BCD 七段显示译码器，要求 E 框中的计数器应为 10 进制计数器。

具体设计可采用任一种集成计数器，直接选用 10 进制集成计数器实现时，电路最简单。此处采用 74160 实现（其 $CO = Q_3 \overline{Q_2} \overline{Q_1} Q_0 CT_T$）。逻辑图如图解 5.30 所示。

（5）因 7447 为输出低有效的译码器，所以，H 框中应为共阳显示器，当译码器输入代码为 **0110** 和 **1001** 时，显示字形分别为 ⌐ 和 ⌐ 。

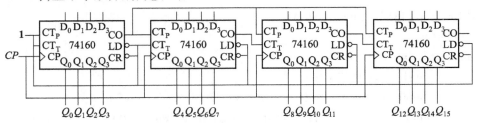

图解 5.30

5.31 分析下面的 VHDL 程序，说明它的逻辑功能。

```
library IEEE;
use IEEE. STD_LOGIC_1164. ALL;
entity exp is
    Port (cp,reset : in  STD_LOGIC;
          data:in  STD_LOGIC_VECTOR (3 downto 0);
          q:out  STD_LOGIC_VECTOR (3 downto 0));
```

```
end exp;
architecture Behavioral of exp is
begin
    PROCESS( cp)
    BEGIN
        IF( cp'EVENT AND cp = '1') THEN
            IF( reset = '1') THEN
                q < = "0000";
            ELSE
                q < = data;
            END IF;
        END IF;
    END PROCESS;
end Behavioral;
```

【解】 此程序的功能如下:在 *CP* 脉冲上升沿的作用下,如果清零信号为 **1**,则输出为 **0**,否则将数据 data 传递给 q,即 *DFF* 功能。

5.32 用 VHDL 设计一个 60 进制计数器。

【解】 VHDL 设计的 60 进制计数器程序如下:

```
library IEEE;
use IEEE. STD_LOGIC_1164. ALL;
use IEEE. STD_LOGIC_arith. ALL;
use IEEE. STD_LOGIC_unsigned. ALL;
entity cnt60 is
    Port ( clk:in   STD_LOGIC;
           clr:in   STD_LOGIC;
           cnt60_h : inout   STD_LOGIC_VECTOR (3 downto 0);
           cnt60_l : inout   STD_LOGIC_VECTOR (3 downto 0);
           qc : out   STD_LOGIC);
end cnt60;
architecture Behavioral of cnt60 is
begin
    process( clr,clk)
    begin
        if( clr = '1') then
            cnt60_h < = "0000";
```

```
                cnt60_l < = "0000";
        elsif( clk'event and clk = '1') then
            qc < = '0';
            if( cnt60_l = "1001") then
                cnt60_l < = "0000";
                cnt60_h < = cnt60_h + 1;
            else
                cnt60_l < = cnt60_l + 1;
            end if;
            if( cnt60_l = "1001" and cnt60_h = "0101") then
                cnt60_l < = "0000";
                cnt60_h < = "0000";
                qc < = '1';
            end if;
        end if;
    end process;
end Behavioral;
```

6 脉冲的产生与整形电路

本章主要介绍了多谐振荡器、单稳态电路及施密特电路的组成、工作原理及应用,介绍了555集成定时器的组成、工作原理及其应用。

6.1 教学要求

各知识点的教学要求如表 6.1.1 所示。

表 6.1.1 第 6 章教学要求

知 识 点		教 学 要 求		
		熟练掌握	正确理解	一般了解
矩形脉冲的参数				√
施密特触发器	门电路施密特触发器电路结构与工作原理		√	
	集成施密特触发器、特性、符号及参数		√	
	施密特触发器的应用	√		
单稳态触发器	门电路单稳态电路结构与工作原理		√	
	集成单稳态触发器		√	
	单稳态触发器的应用	√		
多谐振荡器	门电路环形振荡器		√	
	石英晶体多谐振荡器			√
555 定时器及其应用	555 定时器电路及功能	√		
	555 构成施密特触发器		√	
	555 构成单稳态触发器		√	
	555 构成多谐振荡器		√	

6.2　基本概念总结回顾

6.2.1　基本概念

为了定量地描述矩形脉冲的特性,经常使用脉冲周期 T、脉冲幅度 U_m、脉冲宽度 T_w、上升时间 t_r 和下降时间 t_f 来表述矩形脉冲的性能指标。

获得矩形脉冲的方法有两种:一种是利用多谐振荡器直接产生;另一种是通过整形电路得到。

6.2.2　施密特触发器

施密特触发器应用广泛,信号整形是其一个主要应用,它能够把变化缓慢的输入波形变换成为数字电路适用的矩形脉冲,整形前后信号周期 T(或者频率 f)保持不变。

1. 施密特触发器的性能指标

(1) 上限阈值电压 U_{T+} :输入电压上升时,施密特触发器的翻转电压;

(2) 下限阈值电压 U_{T-} :输入电压下降时,施密特触发器的翻转电压;

(3) 回差电压 ΔU_T : $\Delta U_T = U_{T+} - U_{T-}$ 。

2. 用门电路构成施密特触发器

用两个 CMOS 非门和两只电阻可以构成施密特触发器。

3. 集成施密特触发器

集成施密特触发器性能一致性好,触发阈值稳定,因此获得广泛应用。

集成施密特触发器的逻辑符号是在原来门电路符号中加上表示回差特性的图形。TTL 集成施密特触发器的回差电压 ΔU_T 一般为 0.8V。

4. 施密特触发器应用举例

(1) 脉冲整形电路

施密特电路可以对边沿较差或畸变脉冲进行整形。

(2) 脉冲变换电路

施密特电路可以把变化比较缓慢的正弦波、三角波等变换成矩形脉冲信号。输出波形的周期或频率则与输入信号相同。

(3) 鉴幅电路

在施密特触发器的输入端送入一串幅度不等的脉冲时,只有幅度超过上限阈值电压 U_{T+} 的脉冲才能使施密特触发器输出端得到一个矩形脉冲。

6.2.3　单稳态触发器

单稳态触发器只有一个稳态。在触发脉冲作用下,单稳态触发器从稳态翻转到暂稳态,经过时间 t_w 后,又自动地翻回稳态,并在其输出端产生一个宽度为 t_w 的矩形脉冲。

1.　门电路构成的单稳态触发器

将基本 RS 触发器的一个反馈回路接入 R、C 定时元件,就构成了微分型单稳态触发器。对 TTL 门电路,要求 $R < R_{off}(0.7\text{k}\Omega)$。

2.　集成单稳态触发器

单稳态触发器在数字系统中应用十分普遍,目前已有各种单片集成电路。无论 TTL 还是 CMOS 系列单稳,只要外接很少的电阻和电容,就可构成单稳态触发电路。暂稳态时间 t_w 与外接电阻和电容成正比,不同集成单稳态触发器正比的系数不同,外接电阻和电容有一个要求的范围。

单稳态触发器可分为可重复触发和非重复触发。可重复触发是指输出在暂稳态期间,触发端仍然能够接受新的触发信号并使输出再持续一个暂稳态时间 t_w。非重复触发只能在稳态接受触发输入信号。

（1）TTL 集成单稳态触发器

TTL 系列的有 74121、74122、74123 等。由于集成单稳态内部的输入控制电路,触发信号一旦作用后立即被封锁,因此,一般是边沿触发。

74122 和 74123 为可重触发的双单稳态触发器。74121 为非重复触发,触发后输出脉冲宽度 $t_w = 0.7R_{ext}C_{ext}$,外接 R_{ext} 值取在 $2 \sim 30\text{k}\Omega$,C_{ext} 值取在 $10\text{pF} \sim 10\mu\text{F}$ 之间,得到的 t_w 范围可达 $20\text{ns} \sim 200\text{ms}$。

（2）CMOS 集成单稳态触发器

4538 是 CMOS 精密单稳态触发器。由于采用了线性 CMOS 技术,可得到高精度的输出脉冲宽度。输出脉宽 $t_w = R_{ext}C_{ext}$；R_{ext} 和 C_{ext} 可在较大范围内选择,t_w 的范围可达 $10\mu\text{s} \sim \infty$。

3.　单稳态触发器的应用

（1）脉冲的整形

整形电路可以把宽度和幅度不等的脉冲信号变换成具有一定幅度和宽度的矩形波形。

（2）定时控制

由于单稳态电路能产生一定宽度 t_w 的矩形脉冲,利用这一脉冲去控制某个系统,就能使其在 t_w 时间内动作(或不动作),起到定时控制的作用。

（3）脉冲的延迟

将脉冲信号延迟 t_w 时间后输出,完成时序配合。

6.2.4　多谐振荡器

多谐振荡器是一种无稳态电路,只要接通电源,就会自动地在两个暂稳态之间自动地来回翻转,产生矩形脉冲。

1. 门电路构成的多谐振荡器

（1）利用门电路的反相和时延作用,将 n 个奇数非门输入和输出相连,组成一个环形回路,即可构成的一个多谐振荡器。

（2）振荡周期：$T = 2nt_{pd}$（n 为奇数,t_{pd} 为门的延迟时间）

2. 石英晶体多谐振荡器

在对频率稳定性要求比较高的场合,普遍采用石英晶体振荡器。

（1）石英晶体的基本特性

石英晶体是将切成薄片的石英晶体置于两平板之间构成的。用石英晶体代替一般的调谐电路,可将振荡器的频率稳定性提高到 $10^{-5} \sim 10^{-8}$。高质量石英晶体振荡器,其晶片置于恒温盒内,频率稳定性可达 10^{-11}。

（2）石英晶体多谐振荡器

在 CMOS 反相器的输入输出端接上偏置电阻 R,使它工作在线性放大区,这时 CMOS 门成为一个高电压放大倍数的放大器。若在门的输入、输出端再接入石英晶体,对地接入 2 个小电容,电路就形成一个电容三点式振荡器。振荡器的频率取决于石英晶体谐振频率。

6.2.5 555 定时器及其应用

555 定时器是专为定时设计的一种中规模集成电路,555 组件接上适当 R、C 元件和连线,可构成施密特触发器、单稳态触发器、多谐振荡器等电路,实现定时、延时、脉冲发生和整形等功能。TTL 555 定时器的电源电压范围为 $5 \sim 16V$,输出电流可达 100mA。CMOS 555 的电源电压范围为 $3 \sim 18V$,当 $V_{DD} = 15V$ 时,灌电流可达 16mA。

6.3 基本概念自检题与典型题举例

6.3.1 基本概念自检题

1. 选择填空题

（1）数字系统中,常用_____电路,将输入缓变信号变为矩形脉冲信号。

  （a）施密特触发器　　（b）单稳态触发器　　（c）多谐振荡器　　（d）集成定时器

（2）数字系统中,常用_____电路,将输入脉冲信号变为等幅等宽的脉冲信号。

  （a）施密特触发器　　（b）单稳态触发器　　（c）多谐振荡器　　（d）集成定时器

（3）数字系统中,能自行产生矩形波的电路是_____。

  （a）施密特触发器　　（b）单稳态触发器　　（c）多谐振荡器　　（d）集成定时器

（4）数字系统中,能实现精确定时的电路是_____。

    （a）施密特触发器   （b）单稳态触发器

    （c）多谐振荡器   （d）石英晶体振荡器配合集成计数器

（5）若将输入脉冲信号延迟一段时间后输出,应用_____电路。

    （a）施密特触发器   （b）单稳态触发器   （c）多谐振荡器   （d）集成定时器

（6）集成施密特触发器的逻辑符号,是在原来门符号中加上_____符号。

    （a）&   （b）＝1   （c）≥1   （d）⎍

（7）欲在一串幅度不等的脉冲信号中,剔除幅度不够大的脉冲,可用_____电路。

    （a）施密特触发器   （b）单稳态触发器   （c）多谐振荡器   （d）集成定时器

（8）TTL与非门构成的单稳态电路中,其定时元件 R 应满足_____条件。

    （a）≤2kΩ   （b）≥2kΩ   （c）≤700Ω   （d）≥700Ω

（9）欲增加集成单稳电路的延迟时间 t_w,可以_____。

    （a）提高 V_{cc} （b）降低 V_{cc} （c）增大 C_x （d）减小 R_x

（10）为了检测周期性复现的脉冲序列中是否丢失脉冲或停止输出脉冲,可用_____电路。

    （a）可重触发单稳   （b）单触发单稳   （c）施密特触发器   （d）555 定时器

（11）顺序加工控制系统的控制时序可用_____电路实现。

    （a）施密特触发器   （b）单稳态触发器   （c）多谐振荡器   （d）集成定时器

（12）在环形振荡器中,为了降低振荡频率,通常在环形通道中串入_____。

    （a）更多非门   （b）电感 L （c）RC 环节   （d）大容量电容

（13）门电路与 RC 元件构成的多谐振荡器电路中,随着电容 C 充电、放电,受控门的输入电压 u_1 随之上升、下降,当 u_1 达到_____时,电路状态迅速跃变。

    （a）U_{off} （b）U_T （c）U_{on} （d）U_{OH}

（14）在对频率稳定性要求高的场合,普遍采用_____振荡器。

    （a）双门 RC （b）三门 RC 环形   （c）555 构成   （d）石英晶体

（15）555 集成定时器构成的施密特触发器,当电源电压为 15V 时,其回差电压 ΔU_T 值为_____。

    （a）15 V   （b）10 V   （c）5 V   （d）2.5 V

（16）555 集成定时器构成的单稳态触发器,其暂态时间 t_w =_____。

    （a）0.7RC （b）RC （c）1.1RC （d）1.4RC

（17）改变_____之值不会影响 555 构成单稳态触发器的定时时间 t_w。

    （a）电阻 R （b）电容 C （c）$C-U$ 端电位   （d）电源 V_{CC}

（18）改变_____值,不会改变 555 构成的多谐振荡器电路的振荡频率。

    （a）电源 V_{CC} （b）电阻 R_1 （c）电阻 R_2 （d）电容 C

（19）555 构成的多谐振荡器中,还可通过改变_____端电压值使振荡周期改变。

　　　　(a) V_{CC}　　　　　　　(b) R_D　　　　　　　(c) $C-U$　　　　　　　(d) GND

(20) 在_____端加可变电压,可使 555 多谐振荡器输出调频波。

　　　　(a) R_D　　　　　　　(b) OUT　　　　　　　(c) $C-U$　　　　　　　(d) GND

(21) 555 构成的多谐振荡器电路中,当 $R_1=R_2$ 时,欲使输出占空比约为 50%,最简单的办法是_____。

　　　　(a) 电容 C 减半　　　　　　　　　　　　(b) R_2 两端并接二极管

　　　　(c) $C-U$ 端接地　　　　　　　　　　　　(d) V_{CC} 减半

【答案】(1) (a);(2) (b);(3) (c);(4) (d);(5) (b);(6) (d);(7) (a);(8) (c);(9) (c);(10) (a);(11) (b);(12) (c);(13) (b);(14) (d);(15) (c);(16) (c);(17) (d);(18) (a);(19) (c);(20) (c);(21) (b)。

2. 填空题(请在空格中填上合适的词语,将题中的论述补充完整)

(1) 表征脉冲特性的性能指标是_____、_____、_____、_____、_____。

(2) 脉冲频率 f 是指_____。

(3) 脉冲幅度 U_m 是指_____。

(4) 脉冲宽度 t_w 是指_____。

(5) 施密特触发器的固有性能指标是_____、_____、_____。

(6) 根据制作工艺的不同,集成施密特触发器可分为_____和_____两大类。

(7) 要消除脉冲顶部和底部的干扰信号,可用_____电路。

(8) _____电路能把幅度满足要求的不规则波形变换成前后沿陡峭的矩形波。

(9) TTL 与非门构成的微分单稳电路中,若出现 $t_{w1}>t_w$ 时,可采用_____电路解决。

(10) TTL 集成单稳态 74123 构成电路时,定时元件 R_x 取值范围为_____,C_x 取值范围为_____,暂稳时间 t_w 的范围为_____。

(11) CMOS 精密单稳中,定时元件 R_x、C_x 可在_____范围选择,定时时间 t_w 的范围为_____。

(12) 门电路和定时元件 RC 构成的振荡电路中,随着电容 C 的充电、放电,电路不停地在两个_____态之间转换,产生_____波。

(13) RC 振荡器的频率稳定性仅为_____,而石英晶体振荡器的频率稳定性可达_____。

(14) 555 集成定时器由_____、_____、_____、_____和_____几个基本单元组成。

(15) 555 集成定时器中 A_1 和 A_2 是_____,A_1 同相端的参考电压为_____,A_2 反相端的参考电压为_____。

(16) 555 集成定时器构成的施密特触发器中,通过在 $C-U$ 端施加直流电压,则可调节_____。

(17) TTL 型 555 集成定时器的电源适用范围为_____。

（18）当用 555 集成定时器构成的施密特触发器驱动高压负载时,可将负载接于＿＿＿＿端,且需外加另一直流电源,其电压值应＿＿＿＿。

（19）555 构成的单稳电路对输入触发脉冲的要求是＿＿＿＿。

（20）555 构成的基本多谐振荡器电路,其振荡周期为＿＿＿＿,输出脉宽为＿＿＿＿。

（21）555 构成的基本多谐振荡器电路,其输出脉冲的占空比 Q 为＿＿＿＿。

（22）555 定时器构成的应用电路中,当 $C-U$ 端不用时,通常对地接＿＿＿＿,其作用是防止＿＿＿＿。

【答案】（1）周期 T、幅度 U_m、脉宽 t_w、上升时间 t_r、下降时间 t_f;（2）单位时间内脉冲的个数;（3）脉冲电压最大变化量;（4）脉冲前沿 $0.5U_m$ 到后沿 $0.5U_m$ 之间的时间;（5）U_{T+}、U_{T-}、ΔU_T;（6）TTL、CMOS;（7）施密特;（8）施密特;（9）微分电路;（10）$2\sim30k\Omega$、$10pF\sim10\mu F$、$20ns\sim200ms$;（11）较大、$10\mu s\sim\infty$;（12）暂稳、矩形;（13）10^{-3}、$10^{-6}\sim10^{-8}$;（14）分压器、比较器、基本 $RSFF$、放电管、输出缓冲级;（15）电压比较器、$2V_{CC}/3$、$V_{CC}/3$;（16）回差电压 ΔU_T;（17）$5\sim15V$;（18）放电（DIS）、$\leq30V$;（19）$t_{w1}\leq t_w$;（20）$(R_1+2R_2)C\ln2$、$(R_1+R_2)C\ln2$;（21）$T_1/T=(R_1+R_2)/(R_1+2R_2)$;（22）$0.01\mu F$ 电容器、干扰。

6.3.2　典型题举例

【例 6.1】　集成 CMOS 施密特触发器组成如图 6.3.1(a)所示电路,图 6.3.1(b)为该施密特触发器的电压传输特性曲线。试分析电路工作原理,定性画出电路 u_C 和 u_O 工作波形。

【解】　本题目的是分析由施密特触发器组成的多谐振荡器的工作原理。

设电容上的初始电压 $u_C=0V$,CMOS 施密特的输出电压 u_O 为高电平。u_O 通过电阻 R 给电容充电,u_C 到达 U_{T+} 时,CMOS 施密特翻转,u_O 为低电平,电容上的电压 u_C 通过电阻 R 放电,u_C 降到 U_{T-} 时,CMOS 施密特翻转,u_O 为高电平。如此周而复始,电路显然构成了一个多谐振荡器。u_C 和 u_O 的工作波形如图 6.3.2 所示。

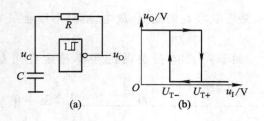

图 6.3.1　例 6.1 题图

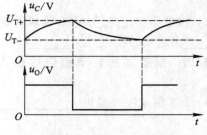

图 6.3.2　例 6.1 解图

【例 6.2】　集成定时器 555 构成的单稳态电路中,若在 555 的 $C-U$ 端加入图 6.3.3 所示的电压 u_x,其中 AB 段电压幅度为 $V_{DD}/3$,CD 段电压幅度为 $2V_{DD}/3$。设其定时元件 $R=1k\Omega$,$C=0.1\mu F$。

（1）分别求出电路在 AB 段和 CD 段 555 的输出脉冲的宽度;

（2）当输入电压由 B 线过渡到 C 中,输出脉宽如何变化;

（3）说明该种接法电路具有什么功能。

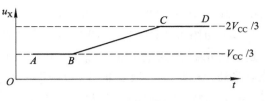

图 6.3.3 例 6.2 题图

【解】 本题目的是了解 555 脉宽调制电路的工作原理。工作原理分析如下:

（1）由 555 电路组成可知,当 CU 端外加电压 u_x 时,比较器的参考电压随之而变。因此,电容充电到 u_x 时,电路发生跃变。

由三要素公式

$$u_C(t) = u_C(\infty) + [u_C(0+) - u_C(\infty)]e^{-\frac{t}{\tau}}$$

$$t = \tau\ln\frac{u_C(\infty) - u_C(0+)}{u_C(\infty) - u_C(t)}$$

在 AB 段,电容充电到 $V_{DD}/3$ 暂稳态结束,由 $u_C(t) = V_{DD}(1 - e^{-t/\tau})$ 得

$$u_C(t_{w1}) = u_x = V_{DD}/3$$

$$t_{w1} = RC\ln(1.5) = 0.4RC = 0.4 \times 1 \times 10^3 \times 0.1 \times 10^{-6}\text{s} = 40\,\mu\text{s}$$

在 CD 段,当 $t = t_{w2}$ 时,$u_C(t_{w2}) = u_x = 2V_{DD}/3$

$$t_{w2} = RC\ln3 = 1.1RC = 1.1 \times 1 \times 10^3 \times 0.1 \times 10^{-6}\text{s} = 110\,\mu\text{s}$$

（2）在 BC 段,555 CU 端电压 u_x 线性增加,输出脉宽随电压上升而增加;

（3）该接法（CU 端加变化电压）的电路具有脉宽调制功能。

【例 6.3】 由 JK FF 和 555 定时器构成的电路如图 6.3.4 所示。已知 CP 为 10 Hz 方波,$R_1 = 10\,\text{k}\Omega$,$R_2 = 56\,\text{k}\Omega$,$C_1 = 1000\,\text{pF}$,$C_2 = 4.7\,\mu\text{F}$。触发器输出 Q 的初态为 **0**。

（1）试求 u_O 输出高电平的宽度 t_w;

（2）画出 Q、u_1 和 u_O 相对于 CP 脉冲的波形图;

（3）试求 Q 输出波形的周期。

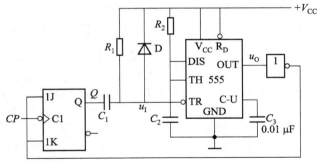

图 6.3.4 例 6.3 题图

【解】 本题目的是分析输入含有微分环节 555 单稳电路的工作原理。分析如下:

（1）$t_w \approx 1.1R_2C_2 = 1.1 \times 56 \times 10^3 \times 4.7 \times 10^{-6}\text{s} = 289.52\,\text{ms}$,由于微分电路时间常数 $\tau_1 =$

$R_1C_1 = 10 \times 10^3 \times 1000 \times 10^3 \times 10^{-12}$s $= 10\mu$s$,\tau_1 \ll t_w$,单稳态电路能正常工作。

（2）由图可知，① 当 $Q = 0$ 时，V_{DD} 通过 R_1 向 C_1 充电（左负右正）结束，555 构成的单稳态低触发端（$\overline{TR}$端）输入电压 $u_I = V_{DD}$；而由 $u_O = 0$ 知，电容 C_2 由于放电管导通而使 $U_{TH} = u_{C2} = 0$V，单稳电路处于稳态。u_O 通过非门使 $JKFF$ 的 $J = K = 1$，处于待触发状态；② 当 CP 脉冲下降沿到来时，$JKFF$ 翻转，Q 状态翻转为 $\mathbf{1}$（$U_Q = V_{DD}$）；由于 C_1 上电压不能突变，使 555 低触发端电压瞬间达 $u_I = u_{C1} + U_Q = 2V_{DD}$，$C_1$ 通过二极管 D 迅速放电，使 u_I 重新回到 V_{DD}。此时，$u_{C1} = u_I - U_Q = 0$V，在此期间，555 单稳态因无低触发脉冲而状态不变；③ 当第二个 CP 脉冲下降沿到来时，JK FF 翻转，Q 状态翻转为 $\mathbf{0}$（$U_Q = 0$V）；由于此时 u_{C1} 为 0V，而使 u_1（$\overline{TR}$）瞬间为 0，触发单稳态进入暂稳，输出 $u_O = V_{DD}$，通过非门使 JK FF 的 $J = K = 0$，JK FF 处于"禁止"状态直到单稳暂稳态结束回到稳态，使输出 $u_O = 0$V 为止。其间，u_1 又被迅速充电至 V_{DD}。电路恢复到起始的初态，又可重复②、③的过程。

通过计算及上述分析，可画有关波形如图 6.3.5 所示。

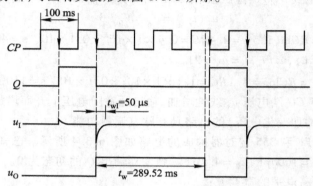

图 6.3.5　例 6.3 解图

（3）由图 6.3.5 所示可见，Q 的输出波形的周期

$$T_Q = 4T_{CP} = 4/f_{CP} = 400\text{ms}$$

【例 6.4】　一脉冲信号经长线传输后，顶部叠加干扰如图 6.3.6 所示，试用集成定时器 555 设计一个能去除此干扰信号的电路。

【解】　用 555 集成定时器构成施密特触发器，只要选取合适的 U_{T+} 和 U_{T-}，就可去除此干扰脉冲。有两种实现方法。

【方法 1】　如图 6.3.7 中实线电路所示，可得

$$\Delta U_T = U_{T+} - U_{T-} = V_{CC}/3$$

只要选择合适的 V_{CC} 值，即可满足要求。由图

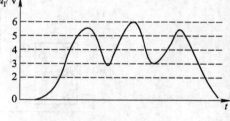

图 6.3.6　例 6.4 图

6.3.6 可见，只要 $U_{T-} < 3$V 即可去除干扰信号，为可靠起见，留一定余量，取 $U_{T-} = 2$V，又 $U_{T-} = V_{CC}/3$，$V_{CC} = 3U_{T-} = 6$V，选择 V_{CC} 为 6V，电路可以正常工作。

【方法 2】　在 555 构成施密特触发器电路的 CU 端增加 1 个电位器,如图 6.3.7 中虚线部分所示。调节电位器,即可调节 U_{T+} 和 U_{T-} 和 ΔU_{T}。此时,电源电压只要满足 $V_{CC} \geqslant U_{T+}$ 即可,使 CU 端电压 $U_{C} < 6V$(即 $U_{T+} < 6V$)而 $U_{T-} = U_{C}/2 < 3V$,即可满足要求。

【例 6.5】　用相同的信号输入到各电路,再用示波器观测出各输出波形如图 6.3.8 所示,试根据输入输出波形判断三种电路是何种电路。(设直流电源电压为 +5V)

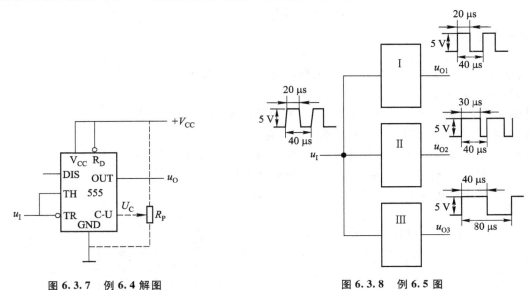

图 6.3.7　例 6.4 解图　　　　　　　　　　　图 6.3.8　例 6.5 图

【解】　框 Ⅰ 中为施密特电路。因施密特电路输出周期与输入信号周期相同,而输出脉宽取决于输入信号到达施密特电路上限阈值电压和下限阈值电压的时间。

框 Ⅱ 中为单稳触发器。因单稳电路输出脉宽取决于其暂稳态时间,而输出周期取决于触发信号周期。

框 Ⅲ 中为二分频电路。因它输出周期为触发脉冲周期的 2 倍,且为方波输出。

【例 6.6】　试设计一种速度检测报警电路,系统正常工作波形如图 6.3.9 所示,当波形的频率降低到正常值的 1/2 时,发出低电平报警信号。

【解】　由图 6.3.9 可见,系统输出波形边沿较差,且夹杂干扰信号。因而宜用施密特电路先整形,再用可重触发单稳电路检测系统工作频率是否超限。考虑到现场电磁干扰较强,宜采用 CMOS 电路。

（1）整形部分

直接选用 CMOS 集成施密特触发器 4584。查表可知,当选电源电压 $V_{DD} = 5V$ 时,其 $U_{T+} = 2.2 \sim 3.6V$,$U_{T-} = 0.9 \sim 2.8V$,对于任何施密特触

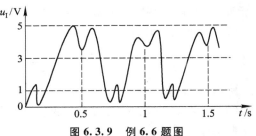

图 6.3.9　例 6.6 题图

发器,只要干扰信号上冲不超过 U_{T+},下冲不超过 U_{T-},就能有效消除干扰信号。对照图 6.3.9 中波形图,可知参数满足要求。

（2）单稳态电路

选用 CMOS 集成单稳 4538,外加定时元件 R_X、C_X 即可构成可重触发单稳电路。由题目要求及波形图中标示可见,单稳定时时间需满足

$$t_w = R_X C_X > 2T_1 = 2 \times 0.5\text{s} = 1\text{s}$$

若取 $C_X = 10\mu\text{F}$,则

$$R_X = 1/C_X = 100\text{k}\Omega$$

当选用单稳的 $\overline{B}$ 作为触发信号时,未用触发输入 A 应接地。

（3）画出完整的逻辑电路如图 6.3.10 所示。

【例 6.7】　集成定时器 555 构成的压控振荡器电路如图 6.3.11 所示。

（1）当 U_C 降低时,振荡频率是降低还是升高?

（2）当 $U_C = 2V_{DD}/3$ 时,欲使占空比为 50%,对电路参数有何要求?

（3）电源电压 V_{DD} 变化对振荡频率有无影响? 为什么?

（4）欲使电路正常工作,对 U_C 变化范围有何限制?

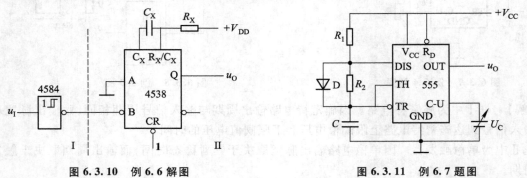

图 6.3.10　例 6.6 解图　　　　　　图 6.3.11　例 6.7 题图

【解】　本题的目的是分析 555 CU 端外接电压 U_C 和 V_{CC} 变化对振荡频率的影响。

（1）当 555 电路 CU 端外接电压 U_C 时,内部比较器的参考电压随之而变,分别为 U_C 和 $U_C/2$,电路工作过程的翻转电压分别为 U_C 和 $U_C/2$,如图 6.3.12 所示。

当 V_{DD} 不变,而 U_C 降低时,由图 6.3.12 可直观看出,电容 C 充放电的历程缩短,因而 T_1 和 T_2 皆变短,所以振荡频率升高。

（2）脉冲占空比 50%

$$Q = \frac{T_1}{T_1 + T_2} \times 100\% = 50\%,\text{得 } T_1 = T_2$$

所以,$R_2 = R_1$。

（3）该电路的 U_C 不变时,V_{DD} 变化对振荡频率有影响。因为较大的 V_{DD} 使充电过程加快,从而使振荡频率升高。

（4）使电路正常工作,应满足 $U_C < V_{DD}$。因为 $U_C = V_{DD}$ 会使充电过程无法结束,555 的上比较器不能可靠翻转。

【例 6.8】 试分析图 6.3.13 所示的双 555 集成定时器构成的救护车警报声电路(扬声器可以发出高、低两种警报声音)。已知 555 内部分压电阻为 5kΩ,说明电路工作原理及 R_{P1}、R_{P2} 的作用。

【解】 本题的目的是分析实用的电子电路,一般的方法是把电路划分成自己熟悉的功能块电路,先分析各功能块电路的逻辑功能,再分析总体功能。

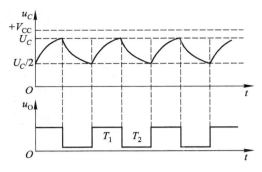

图 6.3.12 例 6.7 解图

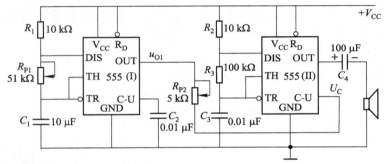

图 6.3.13 例 6.8 题图

先将电路图按 555 划分成 2 块,它们都是振荡器电路。555(Ⅰ)是普通的多谐振荡器,而 555(Ⅱ)的振荡频率与 CU 端电压 U_C 的大小有关,是一种压控振荡器。555(Ⅰ)的输出通过电位器 R_{P2} 接于 555(Ⅱ)的 CU 端,U_C 由振荡器 Ⅰ 的输出高低电平与 555(Ⅱ)内部分压电阻决定。当 u_{O1} 输出高电平($u_{O1H} \approx V_{CC}$)时,如 $R_{P2} = 5k\Omega$,$U_C \approx 4V_{CC}/5$;当 u_{O1} 输出低电平($u_{O1L} \approx 0$)时,$U_C \approx 2V_{CC}/5$。显然,555(Ⅰ)输出的高、低电平控制 555(Ⅱ)的振荡频率。通过改变 R_{P1},可以改变 555(Ⅰ)的振荡频率和占空比改变扬声器发出高、低音的间隔时间。改变 R_{P2},可以改变 555(Ⅱ)的 CU 端电压 U_C 的大小,从而改变扬声器发出高、低音的频率。

【例 6.9】 由双集成单稳 4538 构成的电路如图 6.3.14 所示,要求

（1）说明电路的工作原理;

（2）求出电路的主要指标;

（3）画出电路的输出波形。

【解】 本题的目的是分析一种由双单稳态构成的多谐振荡电路。

（1）触发脉冲到来前,单稳态电路处于稳态。负触发脉冲到来时,由于 $A_1 = 0$,单稳(Ⅰ)被触发而进入暂稳态,Q_1 由 **0** 跃变为 **1**,而 Q_2 保持不变。到单稳(Ⅰ)暂态结束时,Q_1 由 **1** 回到 **0**,单稳(Ⅱ)被触发进入暂态,Q_2 由 **0** 跃变为 **1**,同时 $\overline{Q_2}$ 由 **1** 跃变为 **0**。此时段,单稳(Ⅰ)保持稳态,

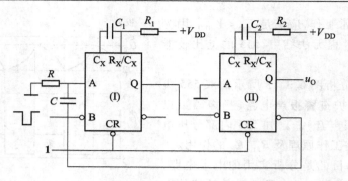

图 6.3.14　例 6.9 题图

直到单稳(Ⅱ)暂态结束时,$\overline{Q_2}$由 0 跃变为 1,经微分电路使单稳(Ⅰ)获得有效触发脉冲,单稳(Ⅰ)被触发进入暂稳态。单稳(Ⅰ)暂稳态结束时,Q_1 的负跃变又触发单稳(Ⅱ);单稳(Ⅱ)暂稳态结束时,又触发单稳(Ⅰ)。如此周而复始,该电路通过互触发,维持输出状态不断变化,在 Q_1 与 Q_2 产生矩形脉冲输出。因此,该电路构成了多谐振荡电路。

(2) 多谐振荡电路的周期、电路脉宽及占空比

① 周期 T(两个单稳暂稳时间之和为振荡周期)

$$T = t_{w1} + t_{w2} = R_1 C_1 + R_2 C_2$$

② 脉冲宽度(若由 Q_2 输出,则 t_{w2} 为脉宽)

$$t_w = t_{w2} = R_2 C_2$$

③ 占空比

$$Q = \frac{t_w}{T} = \frac{t_{w2}}{T} = \frac{R_2 C_2}{R_1 C_1 + R_2 C_2}$$

(若取 $R_1 = R_2$,$C_1 = C_2$,则 $Q = 50\%$)

(3) 波形图

画电路波形如图 6.3.15 所示。

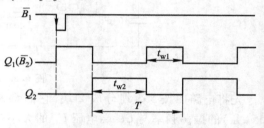

图 6.3.15　例 6.9 解图

6.4　思考题和习题解答

6.4.1　思考题

6.1　施密特触发器的主要特点是什么? 它主要应用于哪些场合?

【答】　施密特触发器的特点是有两个阈值电压。信号整形是其一个主要应用,它能够把变化缓慢的输入波形变换成为数字电路适用的矩形脉冲,整形前后信号周期 T 保持不变。

6.2　在数控系统和计算机系统中,常采用施密特触发器作为输入缓冲器,为什么?

【答】 为了使输入数字系统的信号变为边沿陡峭信号。

6.3 简述单稳态触发器的主要用途。

【答】 脉冲的整形、定时控制和脉冲延迟等。

6.4 用哪些方法可以产生矩形波？

【答】 多谐振荡器和整形电路。

6.5 简述555组件的主要用途。

【答】 555组件接上适当 R、C 元件和连线,可构成施密特触发器、单稳态触发器、多谐振荡器等电路,实现定时、延时、脉冲发生和整形等功能。

6.4.2 习题

6.1 集成施密特触发器及输入波形如图题 6.1 所示,试画出输出 u_O 的波形图。施密特触发器的阈值电平 U_{T+} 和 U_{T-} 如图中标示。

【解】 集成施密特触发器输出 u_O 的波形如图解 6.1 所示。

6.2 图题 6.2 所示为数字系统中常用的上电复位电路。试说明其工作原理,并定性画出 u_I 与 u_O 波形图。若系统为高电平复位,如何改接电路?

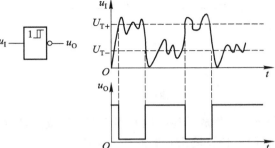

图题 6.1   图解 6.1

【解】 工作原理分析如下

(1) 当 V_{CC} 刚加上时,由于电容 C 上的电压不能突变,u_I 为低电平,输出 u_O 为低电平;随着电容充电,u_I 按指数规律上升,当 $u_I \geq U_T$ 时,输出 u_O 变为高电平,完成了低电平复位功能。波形如图解 6.2 所示。

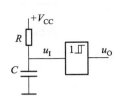

图题 6.2

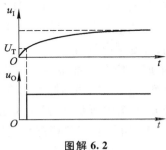

图解 6.2

(2) 若系统为高电平复位,仅将图中 R,C 互换位置即可。

6.3 图题 6.3 是用 TTL 与非门、反相器和 RC 积分电路组成的积分型单稳态触发器。该电路用图题 6.3 所示正脉冲触发,$R < R_{off}$。试分析电路工作原理,画出 u_{O1}、u_{I2} 和 u_O 的波形图。

【解】 工作原理分析如下

触发信号未到来时，u_1 为低电平，输出 u_0 为高电平；正触发脉冲到来时，u_{01} 翻为低电平，此时由于 u_{12} 仍为高电平，输出 u_0 为高电平不变，电容通过 R 放电，当 u_{12} 下降到 U_T 时（u_1 仍为高电平），输出 u_0 翻为高电平，暂稳态过程结束。u_{01}、u_{12} 和 u_0 的波形见图解 6.3。

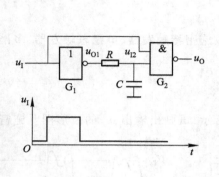

图题 6.3

图解 6.3

6.4   集成单稳态触发器 74121 组成的延时电路如图题 6.4 所示，要求

（1）计算输出脉宽的调节范围；

（2）电位器旁所串电阻 R 有何作用？

【解】（1）输出脉宽：$t_w = 0.7 R_{ext} C_{ext} = 0.7(R + R_P)$，分别代入 $R_P = 0$ 和 $22k\Omega$ 计算，可得 t_w 的调节范围为：$3.6ms \leqslant t_w \leqslant 19ms$。

（2）若无 R，当电位器调到零且 74121 内部门 G6 输出由 1 到 0，V_{CC} 将直接加于内部 G6 门电路输出端，而导致 G6 门损坏或者电源电流过大。

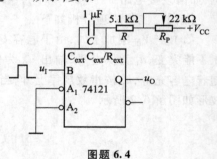

图题 6.4

6.5   集成单稳态触发器 74121 组成电路如图题 6.5 所示，要求

（1）计算 u_{01}、u_{02} 的输出脉冲宽度；

（2）若 u_1 如图中所示，试画出输出 u_{01}、u_{02} 的波形图。

【解】（1）直接套用单稳态触发器 74121 计算脉冲宽度 t_w 的公式，有 $t_{w1} = 0.7 R_1 C_1 = 0.7 \times 0.1 \times 10^{-6} \times 30 \times 10^3 s = 2.1ms$

$$t_{w2} = 0.7 R_2 C_2 = 0.7 \times 0.1 \times 10^{-6} \times 15 \times 10^3 s = 1.1ms$$

（2）输出 u_{01}、u_{02} 的波形见图解 6.5。

6.6   若集成单稳态触发器的输入信号 A_1、A_2、B 的波形如图题 6.6 所示，试对应画出 Q 的波形。

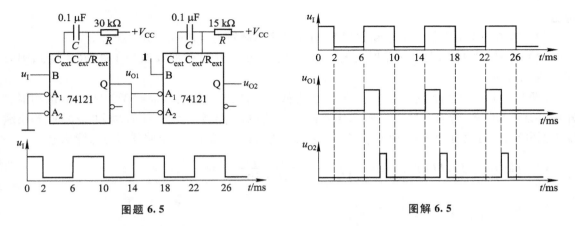

图题 6.5　　　　　　　　　　　　　　　　图解 6.5

【解】　该题要求熟悉 74121 的功能,对照 74121 功能表画图即可。

6.7　控制系统为了实现时序配合,要求输入、输出波形如图题 6.7 所示,t_1 可在 $1 \sim 99\,\mathrm{s}$ 之间变化,试用 CMOS 精密单稳态触发器 4538 和电阻 R、电位器 R_p 和电容器 C 构成电路,并计算 R、R_p 和 C 的值。

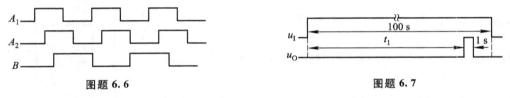

图题 6.6　　　　　　　　　　　　　　　　图题 6.7

【解】　本题要求实现的是脉冲延时电路,可用 4538 双单稳态触发器实现。第一级 $t_{\mathrm{w}1} = t_1 = 1 \sim 99\,\mathrm{s}$ 可调,其输出作为第二级的触发脉冲;第二级 $t_{\mathrm{w}2} = 1\,\mathrm{s}$,电路如图解 6.7 所示。

又因为 $t_{\mathrm{W1min}} = R_1 C_1 = 1\,\mathrm{s}$,$t_{\mathrm{W1max}} = (R_1 + R_\mathrm{W}) C_1 = 99\,\mathrm{s}$,$t_{\mathrm{w}2} = R_2 C_2 = 1\,\mathrm{s}$,所以,取 $C_1 = 10\,\mu\mathrm{F}$,则 $R_1 = 100\,\mathrm{k}\Omega$,$R_\mathrm{p} = 9.9\,\mathrm{M}\Omega$;$C_2 = 10\,\mu\mathrm{F}$,则 $R_2 = 100\,\mathrm{k}\Omega$。

6.8　电路如图题 6.8 所示。

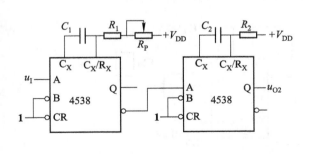

图解 6.7

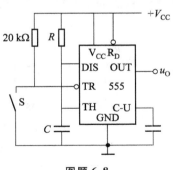

图题 6.8

（1）分析 S 未按下时电路的工作状态。u_O 处于高电平还是低电平?电路状态是否可以保持稳定?

(2) 若 $C = 10\mu F$,按一下启动按钮 S,当要求输出脉宽 $t_w = 10s$ 时,计算 R 值。

(3) 若 $C = 0.1\mu F$,要求暂稳时间 $t_w = 5ms$ 时求 R 值。此时若将 C 改为 $1\mu F$(R 不变),则时间 t_w 又为多少?

【解】 (1) S 未闭合时,$u_{TR} = V_{CC}$,若输出为低电平,放电管导通,$u_{TH} = 0V$,根据 555 的功能表知输出保持低电平;若输出为高电平,放电管截至,C 充电,$u_{TH} = U_C$ 上升,当 $u_{TH} \geq 2V_{CC}/3$ 时,输出跃变为低电平,同时放电管导通,使 $u_{TH} = 0V$。综上所述,u_O 处于低电平,电路状态可保持稳定。

(2) 因为 $t_w = 1.1RC$,所以 $R = \dfrac{t_w}{1.1C} = \dfrac{10}{1.1 \times 10 \times 10^{-6}}\Omega = 910k\Omega$

(3) $R = \dfrac{t_w}{1.1C} = \dfrac{5 \times 10^{-3}}{1.1 \times 0.1 \times 10^{-6}}\Omega = 45.5k\Omega$

$$t_w = 1.1RC = 1.1 \times 45.5 \times 10^3 \times 1 \times 10^{-6}s \approx 50ms$$

6.9　电路如图题 6.9 图所示。若 $C = 20\mu F$,$R = 100k\Omega$,$V_{CC} = 12V$,试计算常闭开关 S 断开以后经过多长的延迟时间,u_O 才能跳变为高电平。

【解】 u_O 跳变为高电平的延迟时间等于从 S 断开瞬间到电阻上的电压降至 $V_{T-} = \dfrac{1}{3}V_{CC}$ 的时间,即

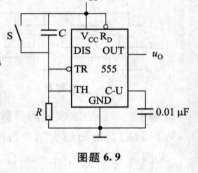

图题 6.9

$$T_D = RC\ln\dfrac{0 - V_{CC}}{0 - \dfrac{1}{3}V_{CC}} = RC\ln3 = 1.1 \times 100 \times 10^3 \times 20 \times 10^{-6}s = 2.2s$$

6.10　用 555 定时器和逻辑门设计一个控制电路,要求接收触发信号后,延迟 22ms 后继电器才吸合,吸合时间为 11ms。

【解】 参考电路见图解 6.10 所示。

6.11　试用集成定时器 555 设计一个 100Hz,占空比为 60% 的方波发生器。

【解】 555 构成的多谐振荡器电路参见教材中图 6.5.7。参数计算如下

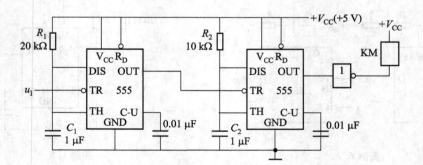

图解 6.10

$$T_0 = T_1 + T_2 = 0.7\tau_{充} + 0.7\tau_{放} = 0.7(R_1 + 2R_2)C = \frac{1}{f_0} = 0.01\text{s} \qquad ①$$

占空比：
$$D = \frac{T_1}{T_0} = \frac{0.7(R_1 + R_2)C}{0.7(R_1 + 2R_2)C} = \frac{R_1 + R_2}{R_1 + 2R_2} = 0.6 \qquad ②$$

由①得
$$70(R_1 + 2R_2)C = 1\text{s} \qquad ③$$

由②得
$$R_2 = 2R_1 \qquad ④$$

取 $C = 1\mu\text{F}$，再将④代入③得 $R_1 = 2.86\text{k}\Omega$，$R_2 = 5.72\text{k}\Omega$。

6.12 试用 555 集成定时器和适当的电阻、电容元件设计一个频率为 $10 \sim 50\text{kHz}$、频率可调的矩形波发生器。

【解】 由 6.11 题可见，555 构成矩形波发生器的信号频率与 RC 有关，只要将电路中的充放电支路串接一个电位器，即可调节信号频率。

6.13 试设计一个每隔 2s 振荡 3s 的多谐振荡器，其振荡频率为 200Hz。

【解】 本题电路与图题 6.14 类似，只需选取合适的 RC，使左边 555 构成的多谐振荡器的输出信号周期为 5s，其中低电平为 2s，高电平时间为 3s，使图题 6.14 中右边 555 多谐振荡器的频率为 200Hz。

采用图题 6.16 的接法也可以满足题目要求。

6.14 用双定时器组成的脉冲发生电路如图题 6.14 所示，设 555 输出高电平为 5V，输出低电平为 0V，二极管 D 为理想二极管。

(1) 每一个 555 组成什么电路？

(2) 若开关 S 置于 1，分别计算 u_{O1} 和 u_{O2} 的频率；若开关置于 2 时，画出 u_{O1} 和 u_{O2} 波形图。

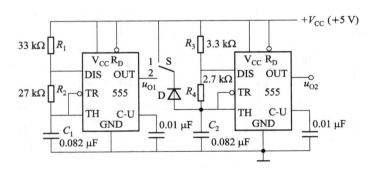

图题 6.14

【解】 (1) 每个 555 各自组成多谐振荡器电路。

(2) 开关 S 置于 1 时，二极管始终反偏截止，振荡器正常工作。

$$f_1 = \frac{1}{0.7(R_1 + 2R_2)C_1} = \frac{1}{0.7 \times (33 + 2 \times 27) \times 10^3 \times 0.082 \times 10^{-6}}\text{Hz} \approx 200\text{Hz},$$

$$f_2 = \frac{1}{0.7(R_3 + 2R_4)C_2} = 10f_1 \approx 2000\text{Hz}。$$

开关 S 置于 2 时,若 u_{O1} 为高电平,则二极管截止,第二级 555 振荡;若 u_{O1} 为低电平,则二极管导通,u_{C2} 被钳制在 $0.7V \leqslant 1/3V_{CC}$,u_{O2} 为高电平。波形图如图解 6.14。

其中,$T_1 = 0.7(R_1 + R_2)C_1 \approx 3.4\text{ms}$,$T_2 = 0.7(R_3 + 2R_4)C_2 \approx 0.5\text{ms}$,$T_1 \approx 7T_2$,所以,$u_{O1}$ 高电平对应于 u_{O2} 的 7 个周期。

6.15 由两个集成单稳态触发器 74121 构成多谐振荡器如图题 6.15 所示。试分析电路的工作原理,并求出电路的振荡频率。

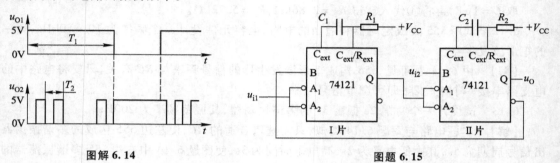

图解 6.14　　　　　　　　　　　　　　　　　图题 6.15

【解】 当 $u_{i2} = 1$ 时,在 u_{i1} 触发脉冲(负脉冲)的作用下,Ⅰ片进入暂稳态,脉冲宽度 $T_{w1} = 0.7R_1C_1$。Ⅰ片暂稳态结束之后,Ⅱ片进入暂稳态,脉冲宽度 $T_{w2} = 0.7R_2C_2$。Ⅱ片暂稳态结束之后,又触发Ⅰ片进入暂稳态,周而复始,整个电路组成了一个多谐振荡器。电路振荡的周期为

$$T = T_{w1} + T_{w2} = 0.7R_1C_1 + 0.7R_2C_2。$$

6.16 图题 6.16 图所示电路为两个多谐振荡器构成的模拟声响发生器,试分析电路的工作原理,并定性地画出 u_{O1}、u_{O2} 的工作波形。

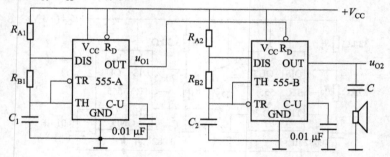

图题 6.16

【解】 图示是用两个多谐振荡器组成的模拟声响电路。适当选择定时元件,若振荡器 A 的振荡频率为 f_A,振荡器 B 的振荡频率为 f_B,假定 $(f_A < f_B)$。由于低频振荡器 A 的输出接至高频振荡器 B 的复位端(4 脚),当 u_{O1} 输出高电平时,B 振荡器才能振荡,u_{O1} 输出低电平时,B 振荡器被复位,停止振荡,因此使扬声器发出频率为 f_B 的间歇声响。其工作波形如图解 6.16 所示。

6.17 图题 6.17 图所示电路为两个 555 定时器构成的频率可调而脉宽不变的方波发生器,试说明工作原理,确定频率变化范围和输出脉宽,解释二极管 D 在电路中的作用。

【解】　图题 6.17 中左边 555 构成频率和脉宽可调的多谐振荡器,右边 555 和 C_3、R_4、D 构成单稳态电路,多谐振荡器输出的脉冲下沿触发单稳态输出确定脉宽($\approx 1.1R_5C_4$)的高电平暂稳态,整个电路可以输出频率可调而脉宽不变的方波信号。其中 D 为钳位二极管,使稳态和多谐振荡器输出上沿经过微分电路时,555 单稳态电路输入端

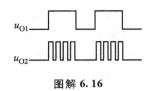

图解 6.16

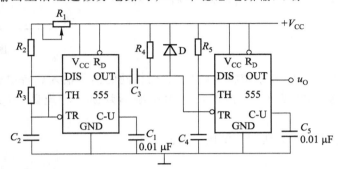

图题 6.17

处于电源电平,内部放电三极管 T 导通,输出低电平。

6.18　图题 6.18 电路图中石英晶体的谐振频率为 10MHz,试分析电路的逻辑功能。指出该电路的时钟频率是多少? 画出 CP、Q_1、Q_2 和 Q_3 的波形。

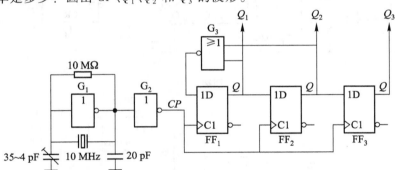

图题 6.18

【解】　电路的逻辑功能为 3 位环形寄存器,电路的时钟频率为 10MHz。工作波形如图解 6.18 所示。

6.19　由 555 定时器、计数器 74LS193 和单稳态触发器 4538 组成的电路如图题 6.19 所示。已知 $R_x = 4k\Omega$,$C_x = 0.02\mu F$。

(1)说明电路各部分的功能;

(2)若 $R_1 = 10k\Omega$,$R_2 = 20k\Omega$,$C = 0.01\mu F$,求 u_{01} 的周期 T;

(3)74LS193 芯片 $\overline{CO}$ 和 CP 脉冲的分频比为多少;

(4)4538 芯片的输出脉宽 t_w 为多少;

（5）画出 u_{O1}、$\overline{CO}$ 和 u_O 的波形。

【解】　（1）555 组成了多谐振荡器,74193 是异步置数,置数始终有效,电路状态一直为 1110B;4538 组成了单稳态电路。

（2）图中 u_{O1} 的周期为:$T = 0.7 \times (R_1 + 2R_2) \times C = 0.35\,\text{ms}$;

（3）74193 的进位信号 $\overline{CO} = \overline{Q_0 Q_1 Q_2 Q_3 \cdot \overline{CP_U}}$,$\overline{CO}$ 端无信号输出;

（4）无信号输出;

（5）波形图略。

图解 6.18

6.20　为区分单稳、双稳和施密特电路单元,用相同的信号输入到各电路,再用示波器观测出各输出波形如图题 6.20 所示,试根据输入输出波形判断三种电路。（设直流电源电压为 +5 V）

【解】　答案见本章 6.3.2 典型题举例中的例 6.5。

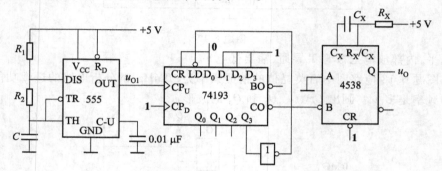

图题 6.19

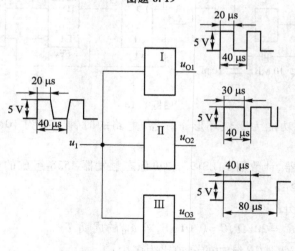

图题 6.20

7 数模和模数转换

本章的重点是学习数模和模数转换的基本原理和常见的转换电路。介绍倒 T 形电阻网络和权电流网络两种类型的数模转换电路;讲解并行比较型、逐次渐近型、双积分型的模数转换电路。

7.1 教学要求

各知识点的教学要求如表 7.1.1 所示。

表 7.1.1 第 7 章教学要求

知 识 点		教 学 要 求		
		熟练掌握	正确理解	一般了解
基本概念	D/A 转换的基本原理	√		
	A/D 转换的基本原理	√		
D/A 转换器	倒 T 形电阻网络 D/A 转换器		√	
	权电流网络 D/A 转换器		√	
	集成 D/A 转换器		√	
	D/A 转换器的主要参数		√	
	D/A 转换器的应用		√	
A/D 转换器	并行比较型 A/D 转换器		√	
	逐次渐近型 A/D 转换器	√		
	双积分型 A/D 转换器		√	
	$\Sigma - \Delta$ 型 A/D 转换器			√
	集成 A/D 转换器			√
	A/D 转换器的应用		√	
	A/D 转换器的主要参数		√	
	采样保持电路			√

7.2　基本概念总结回顾

7.2.1　转换的基本概念

1. 概述

通常把模拟量转换成为相应数字量的过程称模数转换,相应的转换器件称为模数转换器(A/D转换器或 ADC)。把数字量转换成为相应模拟量的过程称为数模转换,相应的转换器件称为数模转换器(D/A转换器或 DAC)。

DAC 和 ADC 按照其用途和工作原理的不同,可分为不同的类型。集成 DAC 常采用倒 T 型电阻网络和权电流网络两种类型的电路。集成 ADC 的类型很多,这里只介绍比较常用的并行比较型、逐次渐近型、双积分型以及近年来出现的 $\Sigma - \Delta$ 型模数转换器的工作原理。

DAC 和 ADC 的主要性能指标有:转换精度、转换速度和抗干扰能力等。在选用 D/A 和 A/D 转换器时,一般应根据上述几个性能指标综合进行考虑。

2. D/A 转换的基本原理

电压输出型 DAC 的功能框图如图 7.2.1 所示。若一个 n 位的二进制数用 $D_n = d_{n-1} d_{n-2} \cdots d_1 d_0$ 表示,则 D/A 转换器的输出电压 u_O 为

$$u_O = (d_{n-1}2^{n-1} + d_{n-2}2^{n-2} + \cdots + d_1 2^1 + d_0 2^0)U_\Delta = D_n U_\Delta$$

其中 U_Δ 称为 DAC 的单位量化电压,它的大小等于 D_n 且为 1 时,DAC 输出模拟电压值。显然,DAC 最大的输出电压 $u_{Omax} = (2^n - 1)U_\Delta$。电流输出型的 D/A 转换器的后面一般要接一个电流电压转换电路。

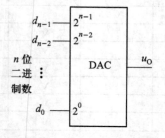

图 7.2.1　电压型 DAC 框图

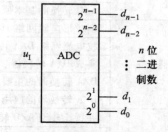

图 7.2.2　A/D 转换器功能框图

3. A/D 转换的基本原理

A/D 转换器就是用来把模拟电压量 u_1 转换成为与它成比例的二进制数字量 D_n 的电路。

A/D 转换器的功能框图如图 7.2.2 所示。u_1 接到 ADC 的输入端,A/D 转换器的输出 D_n 为

$$D_n = [u_1/U_\Delta]$$

式中 U_Δ 是 ADC 的单位量化电压,它也是 ADC 最小的分辨电压,$[u_1/U_\Delta]$ 表示将 u_1/U_Δ 取整。显

然,ADC 最大的输入电压 $u_{\mathrm{I\,max}} = (2^n - 1)U_\Delta$。

4. A/D 转换器的分类

A/D 转换器按照转换速度由高到低可分为:并行比较型、逐次渐近型和双积分型。按照有无中间参数可分为:直接 A/D 转换型和间接 A/D 转换型。间接 A/D 转换器一般又可以分为电压 – 频率变换型和电压 – 时间变换型两种。双积分式 A/D 转换器就是一种典型的电压 – 时间变换型 ADC。

7.2.2　D/A 转换器

1. 倒 T 形电阻网络 D/A 转换器

倒 T 形电阻网络 D/A 转换器由采用 $R - 2R$ 电阻的倒 T 形电阻网络、模拟开关等部分组成。转换器的基本思想是根据逐级分流传递原理和线性叠加原理。基准电流 $I = V_{\mathrm{REF}}/R$ 经过倒 T 形电阻网络逐级分流,每级等效电流是前一级的 $1/2$。这样,每级就可以分别代表二进制数各位不同的权值。

模拟开关受输入的二进制数码控制。当某个数字代码为 **1** 时,其相应的模拟开关把 $2R$ 电阻接到 I/U 转换电路输入端,流过该 $2R$ 电阻的电流通过反馈电阻 R_{f} 在转换电路输出端产生相应输出电压。当数字代码为 **0** 时,相应模拟开关把 $2R$ 电阻接地,流过该电阻的电流对转换电路不起作用。

n 位二进制数倒 T 形电阻网络 D/A 转换器的电压 u_{O} 与输入二进制数 D_n 之间的关系为

$$u_{\mathrm{O}} = D_n\left(- \frac{R_{\mathrm{f}}V_{\mathrm{REF}}}{2^n R} \right)$$

其中, $- \dfrac{R_{\mathrm{f}}V_{\mathrm{REF}}}{2^n R}$ 为 n 位倒 T 形电阻网络 DAC 的单位量化电压。

2. 权电流网络 D/A 转换器

为了避免模拟开关的导通电阻影响转换精度,把倒 T 型电阻网络中各 $2R$ 支路的权电流变为恒流源,这样就构成了权电流网络 D/A 转换器。

权电流网络 D/A 转换器由权电流网络、模拟开关和 I/U 转换电路组成。权电流网络由倒 T 型电阻网络和若干晶体管恒流源组成。

n 位二进制数权电流网络 D/A 转换器输出电压表达式为

$$u_{\mathrm{O}} = D_n I R_{\mathrm{f}}/2^n$$

式中 $I R_{\mathrm{f}}/2^n$ 为该 D/A 转换器的单位量化电压。

3. 集成 D/A 转换器

简单介绍集成 D/A 转换器 DAC0808 和 AD561。

（1）DAC0808

DAC0808 是 8 位权电流网络 D/A 转换器。它具有功耗低（350mW）、转换速度快（150ns）、价格低及使用方便等特点。该 DAC 应用时需外接运算放大器、基准电源及产生基准电流的电阻

R_R。

DAC0808 的 $d_0 \sim d_7$ 是数据输入端,i_0 是电流输出端,$V_{REF(+)}$ 和 $V_{REF(-)}$ 是基准电流产生电路的同相和反相输入端,COMP 是外接补偿电容端。它的模拟输出电压为

$$u_O = \frac{R_F V_{REF}}{2^8 R_R} D_8$$

（2）AD561

AD561 集成 D/A 转换器是 10 位权电流网络 D/A 转换器,它将基准电源集成在片内,使用时只需外接运算放大器即可。

AD561 内的基准电源电路产生输出电压为 2.5V 的高稳定度和高精度基准电压。该基准电压用来产生 D/A 转换器的单位量化电流,也可为偏移电压输入端提供一稳定的偏移电压。当偏移电压输入端②脚悬空时,D/A 转换器模拟输出电压 u_O 的为

$$u_O = 10 D_{10} / 2^{10}$$

式中 $10/2^{10}$ 为单位量化电压。将②端通过 R_3 接到运算放大器的反相输入端,在输出端可以得到双极性输出电压。

4. 集成 D/A 转换器的应用

集成 D/A 转换器除了可以进行单、双极性数模转换外,还可以构成乘法器和波形发生电路等。

5. D/A 转换器的主要参数和误差

（1）转换精度

D/A 转换器的转换精度主要是由分辨率和转换误差来决定的。

① 分辨率

DAC 的分辨率通常用二进制数码的位数 n 来表示。n 位分辨率表示 D/A 转换器在理论上可以达到的转换精度。

② 转换误差

D/A 转换器的转换误差包括偏移误差、增益误差和非线性误差等。

（2）建立时间（转换时间）

从输入数字代码全 0 变为全 1 瞬间起,到 D/A 转换器输出的模拟量达到稳定值的规定误差带内止,所需要的时间间隔。目前单片集成 D/A 转换器的最短转换时间一般可达到 0.1μs 以内。

7.2.3 A/D 转换器

1. 并行比较型 A/D 转换器

并行比较型 ADC 由分压、比较和编码三部分组成。分压电路由 n 个相同的电阻组成,它把基准电压 V_{REF} 分成 n 层。这样,输入的模拟电压就可以与 $n-1$ 个基准电压同时进行比较。若模拟电压 u_1 低于某层基准电压,该比较器输出为 **0**;反之,比较器输出为 **1**。编码器是一个多输入多输出的组合逻辑电路,它的作用是将比较器的输出逻辑电平转换成二进制数。

并行比较型 A/D 转换器的转换速度非常高,典型值为 100ns。

2. 逐次渐近型 A/D 转换器

逐次渐近型 A/D 转换器主要由数码寄存器、D/A 转换器、电压比较器以及相应的控制电路组成。

逐次渐近型 A/D 转换器的基本工作原理是:控制电路首先把寄存器的最高位置 1,其他各位置 0。D/A 转换器把寄存器的这个数值转换为相应的模拟电压值 u_C,然后把 u_C 与输入的模拟量 u_I 相比较,如果 $u_C > u_I$,说明这个数值太大了,应该把最高位的这个 1 清除,也就是使最高位为 0;如果 $u_C < u_I$,说明这个数值比模拟量对应的数值小,所以应该保留这个 1。然后再把次高位置 1,并用同样的方法判别次高位应该是 1 还是 0。按照这样的方法,依次进行,直到最低有效位的数值被确定,就完成了一次转换。这时寄存器输出的数码就是输入的模拟信号所对应的数字量。

数码寄存器由 D 触发器组成,寄存器受顺序脉冲分配器及控制电路控制,逐次改变其中的数码。寄存器的输出直接与 D/A 转换器的数码输入端相连。D/A 转换器把寄存器的二进制数码转换成为与其成正比的电压值。

电压比较器用来比较模拟电压 u_I 与 D/A 转换器输出电压 u_C 的大小。若 $u_I > u_C$,则电压比较器输出 u_D 为高电平 1;反之,若 $u_I < u_C$,则电压比较器 u_D 为低电平 0。

逐次渐近型 A/D 转换器的转换速度比并行比较型 A/D 转换器低,但仍具有较高的转换速度,一般为微秒级。

3. 双积分型 A/D 转换器

双积分型 A/D 转换器是一种电压 – 时间变换型 ADC,它的转换原理是把被测电压先转换成与之成正比的时间间隔 Δt,然后利用计数器在 Δt 时间间隔内对一已知的恒定频率为 f_C 的脉冲进行计数。可以看出当 f_C 为定值时,输出量 N 与 Δt 成正比,从而把被测电压转换成为与之成正比的数字量。

双积分 A/D 转换器在一次转换过程中要进行两次积分。第一次,积分器对模拟输入电压 $+u_I$ 进行定时积分,第二次对恒定基准电压 $-V_{REF}$ 进行定值积分,二者具有不同的斜率,故称为双斜积分(简称为双积分)A/D 转换器。

第二次积分结束时,计数器中的数值为双积分 A/D 转换器的转换结果。

$$N = \frac{\Delta t}{T_C} = \frac{T_1 u_I}{T_C V_{REF}}$$

若 T_1 取 20ms 的整倍数,双积分 A/D 转换器具有极强的抗 50Hz 工频干扰的优点,但它的转换速度较慢,完成一次 A/D 转换一般需几十毫秒以上。

4. 集成 A/D 转换器

ADC0804 是 8 位 CMOS 集成 A/D 转换器,它的转换时间为 $100\mu s$,输入电压为 0 ~ 5V,它能够方便地与微处理器相连接。

当 ADC0804 的 $\overline{CS}$ 和 $\overline{WR}$ 同时为低电平有效时,$\overline{WR}$ 的上升沿启动 A/D 转换,经过约 $100\mu s$ 后,A/D 转换结束,$\overline{INTR}$ 信号变为低电平,当 $\overline{CS}$ 和 $\overline{RD}$ 同时为低电平有效时,可以由 $D_0 \sim D_7$ 输出获得转换数据。

5. A/D 转换器的主要参数

A/D 转换器的主要参数的名称与 D/A 转换器相同。

（1）转换精度

① 分辨率

分辨率定义为：A/D 转换器能够分辨输入信号的最小变化量。分辨率用输出二进制的位数 n 来表示。n 位二进制的 A/D 转换器可分辨出满量程值的 $1/(2^n - 1)$ 的输入变化量。

② 转换误差

转换误差主要包括量化误差、偏移误差、增益误差等，转换误差一般以最大误差形式给出，例如 $\varepsilon_{max} \leq \pm 1/2 \text{LSB}$。

（2）转换时间

A/D 转换器的转换时间定义为：从模拟信号输入起，到达到规定的精度之内的数字输出止，转换过程所经历的时间。

并行比较型 A/D 转换器的转换速度最高，其转换时间大约在几十纳秒。逐次渐近型 A/D 转换器转换速度次之，其转换时间大约在几百纳秒到几十微秒的范围内。双积分型 A/D 转换器的转换速度最低，其转换时间一般在几十毫秒到几百毫秒的范围内。

7.2.4 采样 – 保持器

对一个随时间快速连续变化的模拟输入信号 u_1 来说，不能直接进行模数转换，一般需要增加一个采样 – 保持器。采样 – 保持器按一定采样周期把时域上连续变化的信号周期变为时域上离散的信号；并保持到下一次采样时刻。

采样 – 保持电路器主要由模拟开关、存贮电容和两个缓冲放大器 A_1、A_2 组成。当控制信号 u_D 为高电平时，模拟开关 T 导通，电容 C 上的电压 u_C 跟随输入电压 u_1 变化，u_D 为低电平时，模拟开关 T 截止，u_C 保持不变，A_2 的输出为上一次采样结束时的电压。

对模拟信号进行采样，希望采样后的信号能够不失真地恢复被采样的信号。根据采样定理，必须满足采样频率 f_s 至少是被采样信号最高频率 f_h 的两倍。

常用的集成采样保持电路，有些内部包含保持电容，有些则需要外接。

7.3 基本概念自检题与典型题举例

7.3.1 基本概念自检题

1. 选择填空题

（1）把模拟量转换成为相应数字量的转换器件称为_____。

  （a）数模转换器   （b）DAC   （c）D/A 转换器   （d）ADC

（2）把数字量转换成为相应模拟量的过程称为_____。

（a）数模转换　　　　（b）DAC　　　　（c）A/D 转换器　　　　（d）ADC

（3）n 位 DAC 最大的输出电压 u_{Omax} 为_____ U_Δ。

（a）(2^n-1)　　　　（b）2^n　　　　（c）2^{n+1}　　　　（d）(2^n+1)

（4）n 位二进制的 A/D 转换器可分辨出满量程值____的输入变化量。

（a）$1/(2^n+1)$　　　　（b）$1/2^{n+1}$　　　　（c）$1/(2^n-1)$　　　　（d）无法确定

（5）DAC 单位量化电压的大小等于 D_n 为____时，DAC 输出的模拟电压值。

（a）1　　　　（b）n　　　　（c）2^n-1　　　　（d）2^n

（6）改变倒 T 型电阻网络 DAC 的____，可以改变 DAC 单位量化电压。

（a）U_Δ　　　　（b）V_{CC}　　　　（c）V_{EE}　　　　（d）V_{REF}

（7）与倒 T 型电阻网络 DAC 相比，权电流网络 D/A 转换器的主要优点是消除了_____对转换精度的影响。

（a）网络电阻精度　　　　　　　　（b）模拟开关导通电阻

（c）电流建立时间　　　　　　　　（d）加法器

（8）集成 D/A 转换器不可以用来构成_____。

（a）加法器　　　　（b）程控放大器　　　　（c）数模转换　　　　（d）波形发生电路

（9）如要将一个最大幅度为 5.1V 的模拟信号转换为数字信号，要求输入每变化 20mV，输出信号的最低位（LSB）发生变化，应选用_____位 ADC。

（a）6　　　　（b）8　　　　（c）10　　　　（d）12

（10）如要将一个最大幅度为 7.99V 的模拟信号转换为数字信号，要求 ADC 的分辨率小于 10mV，最少应选用_____位 ADC。

（a）6　　　　（b）8　　　　（c）10　　　　（d）12

（11）若双积分 A/D 转换器第一次积分时间 T_1 取 20ms 的整倍数，它便具有_____的优点。

（a）较高转换精度　　　　　　　　（b）极强抗 50Hz 干扰

（c）较快的转换速度　　　　　　　（d）较高分辨率

（12）逐次渐近型 A/D 转换器转换时间大约在_____的范围内。

（a）几十纳秒　　　　（b）几十微秒　　　　（c）几十毫秒　　　　（d）几百毫秒

（13）双积分 A/D 转换器转换时间大约在_____的范围内。

（a）几十纳秒　　　　（b）几十微秒　　　　（c）几百微秒　　　　（d）几十毫秒

（14）采样-保持器按一定采样周期把时域上____信号变为时域上____信号。

（a）连续变化的　　　　（b）模拟　　　　（c）离散的　　　　（d）数字

【答案】（1）（d）；（2）（a）；（3）（a）；（4）（c）；（5）（a）；（6）（d）；（7）（b）；（8）（a）；（9）（b）；（10）（c）；（11）（b）；（12）（b）；（13）（d）；（14）（a）、（c）。

2. 填空题（请在空格中填上合适的词语，将题中的论述补充完整）

（1）集成 DAC 常采用两种类型是_____和_____。

（2）电压输出型 D/A 转换器的单位量化电压 U_Δ 的大小等于输入_____时，DAC 输出的模拟电压值。

（3）DAC 的单位量化电压为 U_Δ，则它的最大输出电压_____。

（4）电流输出型的 D/A 转换器的后面一般要接一个_____电路。

（5）A/D 转换器的最小分辨电压为 U_Δ，则它的输出 D_n 为_____，最大的输入电压 U_{Imax} 为_____。

（6）按转换速度，集成 ADC 可分为_____、_____和_____模数转换器。

（7）双积分式 A/D 转换器就是一种典型的_____变换型 ADC。

（8）一个 8 位 DAC 的最小输出电压增量为 0.02V，当输入为 **11001000** 时，输出电压 u_0 为_____ V。

（9）一 10 位 ADC 的最小分辨电压为 8mV，采用四舍五入的量化方法，若输入电压为 5.337V，则输出数字量为_____。

（10）8 位并行比较型 A/D 转换器内比较器数量应为_____。

（11）转换速度最快的 A/D 转换器是_____。

（12）D/A 转换器的转换精度主要是由_____和_____来决定的。

（13）D/A 转换器的转换误差包括_____、_____和_____等。

（14）A/D 转换器的主要参数是_____和_____。

（15）A/D 转换器的转换误差包括_____、_____和_____等。

（16）双积分 A/D 转换器的优点是具有极强_____的，但它的转换速度较慢，完成一次 A/D 转换一般需_____。

（17）由于 A/D 转换器不能直接对快速连续变化的模拟输入信号 u_1 进行转换，一般就需要增加一个_____。

（18）根据采样定理，采样频率 f_s 至少是被采样信号最高频率 f_h 的_____。

【答案】（1）倒 T 型电阻网络、权电流网络；（2）$D_n = 1$；（3）$u_{O\max} = (2^n - 1)U_\Delta$；（4）电流电压转换；（5）$[u_1/U_\Delta]$、$(2^n - 1)U_\Delta$；（6）并行比较型、逐次渐近型、双积分型；（7）电压 – 时间；（8）4.00；（9）$(1010011011)_B$；（10）255；（11）并行比较型；（12）分辨率、转换误差；（13）偏移误差、增益误差、非线性误差；（14）转换精度、转换时间；（15）偏移误差、增益误差、非线性误差；（16）抗 50Hz 工频干扰、几十毫秒；（17）采样 – 保持器；（18）2 倍。

7.3.2 典型题举例

【例 7.1】 某权电阻 D/A 转换器如图 7.3.1 所示，图中 $d_i = 1$ 时，对应的模拟开关接 V_{REF}；$d_i = 0$ 时，对应的模拟开关接地。试推导该 DAC 输出 u_0 和输入 $d_3 d_2 d_1 d_0$ 的关系式，说明权电阻 D/A转换器有何优缺点。

【解】 本题的目的是学习权电阻网络 D/A 转换器的输出和输入的关系。

由反相加法器的工作原理可知

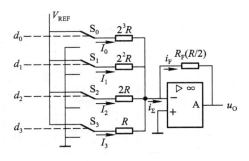

图 7.3.1　例 7.1 题图

$$i_F = I_3 + I_2 + I_1 + I_0$$

$$= d_3 \frac{V_{REF}}{R} + d_2 \frac{V_{REF}}{2R} + d_1 \frac{V_{REF}}{4R} + d_0 \frac{V_{REF}}{8R}$$

$$u_O = -i_F R_F = -(8d_3 + 4d_2 + 2d_1 + d_0) V_{REF}/16$$

权电阻 D/A 转换器的优点是结构简单,缺点是用的电阻种类太多,因此不易集成化且转换精度低。

【例 7.2】　一个 8 位 D/A 转换器的最大输出电压为 5.10V,它的单位量化电压为多少 V?当输入代码分别为 **10000000**、**10001000** 时,输出电压 u_O 为多少 V?

【解】　本题的目的是搞清楚 D/A 转换器最大输出和单位量化电压之间的关系。

DAC 的单位量化电压

$$U_\Delta = u_{Omax}/(2^8 - 1) = 0.02V$$

输入代码为 **10000000** 时

$$u_O = D_8 U_\Delta = 128 \times 0.02V = 2.56V$$

输入代码为 **10001000** 时

$$u_O = D_8 U_\Delta = 136 \times 0.02V = 2.72V$$

【例 7.3】　如果要对输入二进制数码进行 D/A 转换,要求输出电压能分辨 2.5mV 的变化量,最大输出电压要达到 10V。试选择 D/A 转换器的位数 n。

【解】　本题的目的是根据使用要求正确选择 D/A 转换器。

根据题目要求

$$2.5mV \times (2^n - 1) \geq 10V$$

可以解出 $n = 12$,故应选择 12 位 D/A 转换器。

【例 7.4】　分析图 7.3.2 所示电路的逻辑功能。如何能改变输出波形的频率和幅度?

【解】　本题的目的是分析含有 D/A 转换器功能块电路的逻辑功能。本题可以划分成三个功能块,第一块是由 555 构成的脉冲发生电路,它可以产生第二块 8 位二进制计数器所需的时钟信号 CLK,第三块是由 DAC0808 和 I/U 转换构成的 D/A 转换电路。

显然,整个电路实现了锯齿波发生器。由于输出波形的频率是 CLK 的 256 分频,改变电阻 R_1、R_2 或电容 C 都可以改变 555 产生 CLK 的频率,也就改变了输出波形的频率。改变 I/U 转换

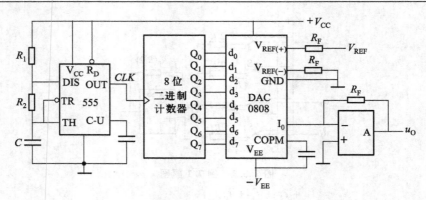

图 7.3.2   例 7.4 题图

电路的反馈电阻 R_F 或 V_{REF} 的值都可以改变输出波形的幅度。

【例 7.5】   试由一片二进制计数器、一片 EPROM 和一片 8 位 DAC 设计一个任意波形发生器。如要求实现最大输出电压为 5.00V、频率为 1kHz 三角波,请写出 EPROM 中存放的数据,并选择 CLK 的频率。

【解】   本题的目的是用 D/A 转换器设计任意波形发生电路。

选择一片 8 位二进制计数器、一片 256×8 EPROM 和一片单位量化电压为 20mV 的 8 位 DAC,如图 7.3.3(a) 连接,可以实现任意波形发生电路。

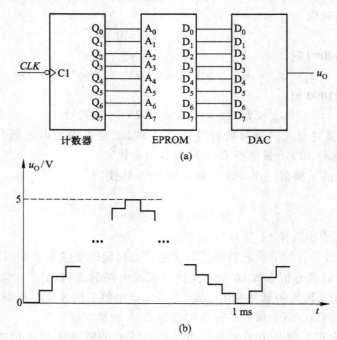

(a)

(b)

图 7.3.3   例 7.5 解图

如要实现最大输出电压为 5.00V 三角波,将计数器设置成 200 进制计数器,EPROM 地址 $(00)_H \sim (7D)_H$ 中存放的数据为:$(00)_H (02)_H \cdots (F8)_H$,地址 $(7E)_H \sim (FA)_H$ 中存放的数据为:$(FA)_H (F8)_H \cdots (02)_H$;$CLK$ 的频率应选 200kHz。改变 CLK 的频率可以改变三角波的频率,改变 DAC 的单位量化电压可以改变三角波的幅度。画出输出 u_0 的波形图如图 7.3.3(b)所示。

【例 7.6】　8 位并行比较型 A/D 转换器中比较器的数量应为多少?

【解】　比较器数量应为 $2^8 - 1 = 255$ 个。

【例 7.7】　图 7.3.4 所示 8 位逐次渐近型 A/D 转换器中 DAC 的输出波形。转换结束后,该 A/D 转换器的输出数据是多少?

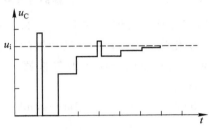

图 7.3.4　例 7.7 题图

【解】　本题的目的是搞清楚逐次渐近 A/D 转换器中比较器输出的波形和输出的关系。由输入的电压 u_i 和 DAC 输出的波形可列出表 7.3.1,可见该 A/D 转换器的输出数据是:**01101111**B。

表 7.3.1　例 7.3 解表

顺序脉冲序数	寄存器状态 $Q_7 \cdots Q_0$	该位数码的留与舍
1	**10000000**	舍
2	**01000000**	留
3	**01100000**	留
4	**01110000**	舍
5	**01101000**	留
6	**01101100**	留
7	**01101110**	留
8	**01101111**	留

【例 7.8】　试分析图 7.3.5 所示计数型 A/D 转换器的工作原理,指出它的转换时间。

【解】　本题的目的是分析计数型 A/D 转换器的工作原理。

转换开始前先对计数器清零,此时 DAC 的输入是全 **0**,输出 u_C 也为 **0**,比较器输出 u_D 为高电平。CP 脉冲通过与门使计数器计数,DAC 的输出 u_C 也不断增加,当 u_C 增加到 $u_C = u_i$ 时,比较器输出 u_D 变为低电平,与门被封锁,计数器停止计数,此时计数器的输出就是 A/D 转换的结果。

显然,计数型 A/D 转换器的最长转换时间为 $(2^n - 1)T_{CP}$。

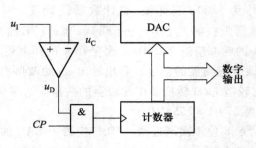

图 7.3.5 计数型 A/D 转换器的方框图

【**例 7.9**】   如果要对最高为 5V、最高次谐波的频率 f_H 为 100kHz 的输入电压进行 A/D 转换,要求能分辨输入电压 2mV 的变化量,试选择 A/D 转换器的位数 n、转换时间和类型。

【**解**】   本题的目的是根据使用要求正确选择 A/D 转换器。

根据题目要求,选择 $n = 12$,有

$$5V/(2^{12} - 1) = 1.22mV \leqslant 2mV$$

$$1/(2f_H) = 5\mu s$$

可以选择 12 位、转换时间小于 $5\mu s$ 的逐次渐近型 A/D 转换器。

7.4 思考题和习题解答

7.4.1 思考题

7.1   电压输出型和电流输出型 DAC 相比有哪些特点?

【**答**】   和电流输出型 DAC 相比,电压输出型 DAC 仅可用于高阻抗负载,由于没有电流输出型的放大器部分的延迟,其转换速度高于电流输出型。

7.2   权电阻 DAC 有哪些优缺点?

【**答**】   权电阻 DAC 的优点是结构简单,缺点是所使用的电阻种类很多,因此不易集成并且转换精度低。

7.3   倒 T 型电阻网络 DAC 有哪些优缺点?

【**答**】   倒 T 型电阻网络 DAC 仅使用 R、$2R$ 两种电阻,减少了电阻种类,各支路电流直接流入运算放大器的输入端,有利于提高转换速度;缺点是对电阻和基准电压源的精度要求较高,模拟开关的导通电阻对转换精度有影响。

7.4   与倒 T 型电阻网络 DAC 相比,权电流网络 DAC 主要的优点是什么?

【**答**】   权电流网络 DAC 由于采用了恒流源,其等效输出电阻极大,克服了模拟开关导通电阻对权电流及转换精度的影响。

7.5 选择集成 DAC 时应该主要考虑哪些参数?

【答】 选择集成 DAC 时应注意 DAC 的分辨率和转换误差等转换精度的参数,转换误差又分为偏移误差、增益误差和非线性误差。

7.6 在什么情况下要用采样 – 保持电路?

【答】 在 A/D 转换的过程中,需要保证输入的模拟电压保持不变,如果转换过程中输入电压发生变化,则不能保证转换精度。因此在输入的模拟电压信号变化较快时,就需要采用采样 – 保持电路。

7.7 在选择采样 – 保持电路外接电容器的电容量大小时应考虑哪些因素?

【答】 为了在保持阶段获得低下降率,保持电容 C 应选择地泄漏高质量的电容器,如聚苯乙烯电容或者四氟乙烯电容等。电容量的选择应综合考虑精度、下降误差、采样保持偏差和采样频率等参数的影响。

7.8 三种不同类型的 ADC 中,转换速度最快的是哪一种?

【答】 在三种不同类型的 ADC 中,转换速度最快的是并行比较型 A/D 转换器。

7.9 为什么一般工业检测多选用逐次渐进型 ADC?

【答】 逐次渐进型 ADC 的结构简单,同时具有较高的转换速度,因此在工业检测中应用广泛,从成本的角度考虑,逐次渐进型 ADC 的价格也低于并行比较型。

7.10 双积分型 ADC 最主要的优点是什么?

【答】 双积分型 ADC 的积分时间如果选用 20ms 的整数倍,就具有极强的抗 50Hz 工频干扰的能力,因此双积分型 ADC 最主要的优点是可以消除工频干扰对 A/D 转换的影响。

7.11 在图 7.3.7 的双积分型 ADC 中,输入电压 u_1 的绝对值可否大于 V_{REF} 的绝对值? 为什么?

【答】 输入电压 u_1 的绝对值不能大于 V_{REF} 的绝对值,否则,在第二次积分过程中,计数器将计数溢出,产生错误转换结果。

7.12 双积分型数字电压表是否需要采样 – 保持电路? 请说明理由。

【答】 需要采样 – 保持电路,因为双积分型 ADC 的转换速度很慢,在转换过程中需要保持输入电压不变,因此需要采样 – 保持电路。

7.4.2 习题

7.1 在图 7.1.3 所示的 4 位 D/A 转换电路中,给定 $V_{REF} = 5V$、$R_f = R$,试计算输入代码为全 1、全 0 和 1000 时对应的输出电压值。

【解】 输入代码为全 1 时

$$u_O = -\frac{V_{REF}}{2^3}D_n = -\frac{5}{8} \times 15V = -9.375V$$

输入代码为全 0 时

$$u_{\mathrm{O}} = -\frac{V_{\mathrm{REF}}}{2^3}D_n = 0\,\mathrm{V}$$

输入代码为 **1000** 时

$$u_{\mathrm{O}} = -\frac{V_{\mathrm{REF}}}{2^3}D_n = -\frac{5}{8} \times 8\,\mathrm{V} = -5\,\mathrm{V}$$

7.2　一个 8 位 D/A 转换器的单位量化电压为 0.02V,当输入代码分别为 **01011001**、**10100100** 时,输出电压 u_{O} 为多少伏?

【解】　输入代码为 **01011001** 时

$$u_{\mathrm{O}} = D_n U_{\Delta} = 89 \times 0.02\,\mathrm{V} = 1.78\,\mathrm{V}$$

输入代码为 **10100100** 时

$$u_{\mathrm{O}} = D_n U_{\Delta} = 164 \times 0.02\,\mathrm{V} = 3.28\,\mathrm{V}$$

7.3　AD561 的电路结构见图 7.1.12,如将它接成 ±5V 的双极型输出,请回答下列问题。

(1) 1LSB 产生的输出电压增量是多少? 是否发生变化?

(2) 输入为 $d_9 \sim d_0 =$ **1000000000** 时的输出电压是多少?

(3) 若输入为 $d_9 \sim d_0 =$ **1111111111** 和 $d_9 \sim d_0 =$ **0000000000** 时对应的输出电压各为多少?

【解】　(1) 1LSB 产生的输出电压增量是:10V/2^{10} = 9.77mV,不会发生变化;

(2) 输入为 $d_9 \sim d_0 =$ **1000000000** 时的输出电压为 0V;

(3) 输入为 $d_9 \sim d_0 =$ **1111111111** 和 $d_9 \sim d_0 =$ **0000000000** 时,对应的输出电压分别为 +4.99V 和 −5V。

7.4　图题 7.4 中所示电路是用 4 位二进制计数器和 4 位 D/A 转换电路组成的波形发生器电路。DAC 的输出电压 $u_{\mathrm{O}} = 0.3D_n(\mathrm{V})$,试画出输出电压 u_{O} 的波形,并标出波形图上各点电压值。

【解】　输出电压 u_{O} 的波形图见图解 7.4。

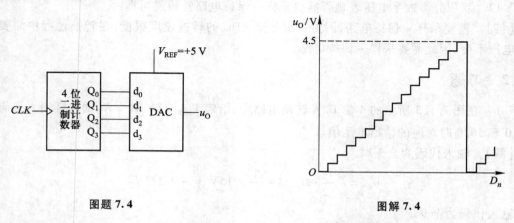

图题 7.4　　　　　　　　　　　　　　　　　　　图解 7.4

7.5　用一个 4 位二进制计数器 74161、一个 4 位 D/A 转换电路和一个二输入**与非门**设计一个能够产生图题 7.5 波形的波形发生器电路。

【解】　先分析计数器应该设计为多少进制的计数器？由波形要求可知,应为 10 进制。设计电路如图解 7.5 所示。

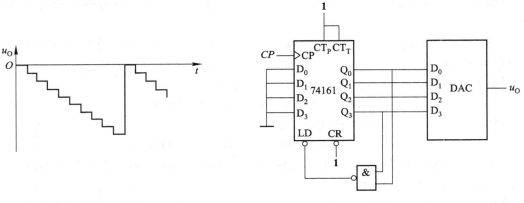

图题 7.5　阶梯波形发生电路　　　　　　　　图解 7.5

7.6　图题 7.6 电路是用 D/A 转换器和运算放大器组成的可变增益放大器,DAC 的输出电压 $u = - D_n V_{REF}/256$,它的电压放大倍数 $A_u = u_O/u_1$ 可由输入数字量 D_n 来设定。试写出 A_u 的计算公式,并计算 D_n 为 $(01)_H$ 和 $(FF)_H$ 时,A_u 的取值。

【解】　由运算放大器基本知识 $u_+ = u_-$,对 A_1 有

$$u_1 = u = - D_n V_{REF}/256$$

$$u_O = - V_{REF}$$

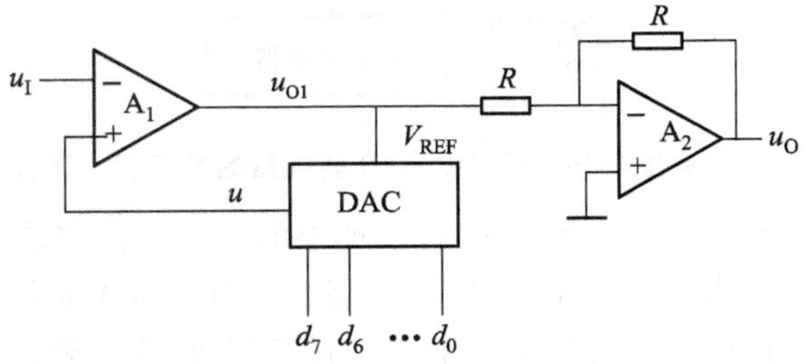

图题 7.6　可变增益放大器电路图

所以

$$A_u = \frac{u_O}{u_1} = \frac{256}{D_n}$$

当 D_n 为 $(01)_H$ 时

$$A_u = 256$$

当 D_n 为 $(FF)_H$ 时

$$A_u = 255/256 \approx 1$$

7.7 如果输入电压的最高次谐波的频率 f_h 为 100kHz,请选择最小采样周期为 T_s,计算采样频率。应该选择哪种类型的 ADC?

【解】 根据采样定理,最小采样周期 $T_s = 1/(2f_h) = 5\mu s$。可以选择逐次渐近型 A/D 转换器。

7.8 若一个 8 位 ADC 的最小量化电压为 19.6mV,当输入电压 U_i 为 2.2V 和 4.0V 时,输出数字量为多少?

【解】 当输入电压 U_i 为 2.2V 时,输出数字量为
$$D_8 = \lceil 2200/19.6 \rceil = 112 = (\mathbf{1110000})_B$$
当输入电压 U_i 为 4.0V 时,输出数字量为
$$D_8 = \lceil 4000/19.6 \rceil = 204 = (\mathbf{11001100})_B$$

7.9 若图 7.2.6 所示的 3 位并行比较型 ADC 的量化误差要满足小于等于 $1/2U_\Delta$ 的条件,应如何确定分压电路电阻的阻值?

【解】 只需将最下面的电阻取 $R/2$,中间 6 个电阻取 R,最上面的电阻取 $3R/2$ 即可。

7.10 分析图题 7.10 给出的计数式 ADC 的工作原理,若输出的数字量为 10 位二进制数,时钟信号频率为 1MHz,则完成一次转换的最长时间是多少?

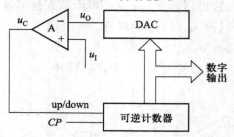

图题 7.10 计数式 A/D 转换器的方框图

【解】 本题与典型题举例中的[例 7.8]的原理类似。可逆计数式 A/D 转换器的工作原理是:控制电路首先把可逆计数器的最高位置 **1**,其他各位置 **0**。D/A 转换器把寄存器的这个数值转换成为相应的模拟电压值 u_C,然后把 u_C 与输入的模拟量 u_I 相比较,如果 $u_C > u_I$,说明这个数值太大了,比较器的输出为低电平,使可逆计数器处在减法计数状态,经过若干个时钟脉冲后,$u_C < u_I$ 或可逆计数器减到 0,这时计数器输出的数码就是输入的模拟信号所对应的数字量;如果 $u_C < u_I$,说明这个数值比模拟量对应的数值还要小,比较器的输出为高电平,使可逆计数器处在加法计数状态,经过若干个时钟脉冲后,$u_C > u_I$ 或可逆计数器加到全 **1**,这时计数器输出的数码就是输入的模拟信号所对应的数字量。

根据以上分析,完成一次转换的最长时间是
$$T_{max} = 2^{n-1} \times T_{CP}$$
若 $n = 10, T_{CP} = 1\mu s$,则完成一次转换的最长时间是 512μs。

7.11　如果一个 10 位逐次渐近型 A/D 转换器的时钟频率为 500kHz,试计算完成一次转换操作所需要的时间。如果要求转换时间不得大于 10μs,那么时钟信号频率应选多少?

【解】　n 位逐次渐近型 A/D 转换器完成一次转换操作所需要的时间为$(n+2)$个时钟周期,因为时钟频率为 500kHz,$T_{CP}=2\mu s$,所以转换时间为

$$T = (n+2)T_{CP} = (10+2)T_{CP} = 12T_{CP} = 24\mu s;$$

如果要求转换时间不得大于 10μs,则 $T_{CP} \leqslant (10/12)\mu s$,所以要求时钟频率大于 1.2MHz。

7.12　并行比较型 A/D 转换器输入数字量增加至 6 位,比较器数量应为多少?

【解】　比较器数量应为 $2^6 - 1 = 63$ 个。

7.13　若采用图 7.2.6 所示的量化电平划分方法,试计算 6 位并行比较型 A/D 转换器的最大的量化误差是多少?

【解】　若 V_{REF} 电压为 5V,6 位并行比较型 A/D 转换器的单位量化电压

$$U_\Delta = 5/2^6 = 0.078V$$

所以,最大的量化误差为 0.078V。

7.14　在图 7.2.10 所示的双积分型 ADC 中,若计数器为 10 位二进制计数器,时钟信号频率为 50kHz,试计算完成一次转换的最大转换时间是多少?

【解】　因为时钟频率为 50kHz,$T_{CP}=20\mu s$,所以完成一次转换的最大转换时间为

$$T_{max} = 2^n T_{CP} + (2^n - 1)T_{CP} = (2^{n+1} - 1)T_{CP} = 40.94ms。$$

8 半导体存储器与可编程逻辑器件

本章主要学习以阵列电路为基础的数字集成电路,包括半导体存储器和可编程逻辑器件。

8.1 教学要求

各知识点的教学要求如表 8.1.1 所示。

表 8.1.1　第 8 章教学要求

知　识　点		教学要求		
		熟练掌握	正确理解	一般了解
半导体存储器	存储器的分类			√
	RAM 的结构、工作原理和时序等			√
	存储容量与地址线和数据线数的关系	√		
	RAM 的扩展连接	√		
	ROM 的可编程节点		√	
	ROM 的简化阵列图		√	
	ROM 的应用	√		
低密度可编程逻辑器件	PLA			√
	PAL			√
	GAL		√	
高密度可编程逻辑器件	CPLD			√
	FPGA			√

8.2　基本概念总结回顾

8.2.1　半导体存储器

半导体存储器是一种能够存储大量数据的集成电路。它可分为随机存取存储器（RAM）和只读存储器（ROM）两大类。

RAM 既能读出数据，又能写入数据。按照存储单元的结构类型，RAM 可分为静态 RAM（SRAM）和动态 RAM（DRAM）。SRAM 的存储单元结构较复杂，集成度较低，但读写速度快；而 DRAM 的存储单元结构简单，集成度高，价格便宜，广泛地用于计算机中。

ROM 一般存储固定的数据，工作时只能读出所存的数据。ROM 中存储的数据可以长期保持不变，即使断电也不会丢失数据。按照 ROM 数据写入的方式，可分为掩膜 ROM、可编程 ROM（PROM）、可擦除 PROM（EPROM）和电可擦除 EEPROM（E^2PROM）四种只读存储器。

8.2.2　RAM

1. RAM 的结构

RAM 存储器一般由存储矩阵、地址译码器和读、写控制器组成。

存储矩阵由大量基本存储单元组成，每个存储单元可以存储一位二进制数。这些存储单元按字和位构成存储矩阵。一个字中含有的存储单元数被称为字长，一般用字数和字长的乘积表示 RAM 的存储容量。

地址译码器对 RAM 地址线上的二进制信号进行译码，以便选中与该地址码对应的字，使其在读、写控制器的控制下进行读、写操作。一般地说，有 n 根地址线的 RAM 具有 2^n 个字。存储矩阵中存储单元的编址方法有两种，一种是单译码编址方式，适用于小容量的存储器；另一种是双译码编址方式，适用于大容量存储器。采用双译码编址方式可以减少内部地址选择线的数目。由于 DRAM 需要较多的地址引线，一般采用双地址译码方式且行和列地址分时送入的方法。所以，DRAM 需要行选通$\overline{RAS}$和列选通$\overline{CAS}$两个选通信号。

读、写控制器控制 RAM 的工作状态。片选控制输入信号$\overline{CS}$控制 RAM 芯片能否工作。当$\overline{CS}=1$时，写入和读出驱动器都处于高阻状态，这时 RAM 的信号既不能读出，也不能写入。当$\overline{CS}=0$，$R/\overline{W}=1$ 时，读出驱动器使能，$I/O=D$，RAM 存储器中的信息被读出，而当$\overline{CS}=0$，$R/\overline{W}=0$时，写入驱动器使能，外部数据经过写入驱动器，以互补的形式加在内部数据线 D 和$\overline{D}$上，这样就把外部的信息写入到 RAM 的一个被选中的存储单元中。

2. RAM 的存储单元

RAM 的存储单元一般是由几个 MOS 管组成的触发器。SRAM 的存储单元一般是由六个 MOS 管组成的。DRAM 的存储单元一般是利用电容存放信息，有四管和三管等存储单元。为了提高集成度,目前大容量的 DRAM 存储单元只用一个 MOS 管和一个电容器组成。DRAM 必须进行"刷新"操作,以保证存储信息不会丢失。

3. RAM 的读写时序

为了保证 RAM 可靠地进行读写数据操作,各控制信号必须满足一定的读写时序。DRAM 的读写过程与 SRAM 基本相似,但行和列地址是分时送入的。

4. 集成 RAM 举例

62 系列集成 SRAM 是一种常用的静态存储器,它们的数据为 8 位,存储容量从 6216 2K×8 到 621000 128K×8。例如 62256 是一种存储容量为 32K×8 的 SRAM,它有 15 个地址输入 A_0 ~ A_{14}、8 个数据输入、输出 I/O_0 ~ I/O_7、一个片选输入 $\overline{CS}$、一个输出允许 $\overline{OE}$ 和一个读写控制 $\overline{WR}$。

5. RAM 的存储矩阵与外部地址和数据线数的关系

RAM 内部存储矩阵的存储容量一般可以表示为:存储容量 = 字数 × 位数 = $2^n × m$。例如,2K×8 表示 RAM 的存储矩阵字数为 2^{11}(2048),字长为 8 位。一般具有 2^n 字数的 SRAM 有 n 根外部地址线。对 DRAM,由于存储容量较大,一般采用双地址译码且分时送入行和列地址信号,地址线采用复用方式,存储容量与地址线和数据线数的关系为:存储容量 = $2^{2n} × m$。即有 n 根外部地址线的 DRAM 的存储矩阵字数为 2^{2n}。

6. RAM 的扩展

如果一片 RAM 满足不了系统对存储容量的要求,可以把几片 RAM 组合在一起构成较大容量的存储器,这就是 RAM 的扩展连接。扩展可分为位扩展和字扩展两种情况。

(1)位扩展连接

所谓位扩展就是用位数较少的 RAM 芯片组成位数较多的存储器。其连接方式为:把这些相同芯片的地址输入端都分别连在一起,芯片的片选控制端和读、写控制端也分别连在一起,而数据端各自独立,每 1 根数据线输入输出 1 位数据。

(2)字扩展

所谓字扩展就是用位数相同的 RAM 芯片组成字数更多的存储器。可把这些芯片的数据端分别连在一起,地址输入端也分别连在一起构成存储器的低位地址,高位地址线加到译码器输入。而译码器的输出分别与这些芯片的片选控制端 $\overline{CS}$ 相连。

(3)复合扩展

如果字数和位数都不够时,可以进行复合扩展连接,即首先进行位扩展,然后再进行字扩展连接。

8.2.3   只读存储器

1. ROM 的结构

ROM 的"存储矩阵"并不是触发器阵列,而实际是一种组合电路。PROM 实质上是一种可编程逻辑器件,它的地址译码器是一个固定的"与"阵列,它的"存储矩阵"是一个可编程的"或"阵列。因此用阵列图来描述 PROM 的结构更加方便和确切。

PROM 的**与**阵列是一个全译码阵列,它有 n 个地址输入变量,有 2^n 个译码输出,即有 2^n 根字线。PROM 的**或**阵列是一组**或**门,每一个**或**门的输出是一个数据输出端,每一个**或**门的输入与 2^n 根字线的交叉点都是可编程接点。

用一个译码器框代替固定的**与**阵列,可得到 PROM 的简化阵列图。

2. PROM 的可编程节点

PROM 出厂时,所有可编程节点处于全接通(或全断开)状态。用户可根据需要将某些单元通过编程改写为 **1**(或 **0**)。

可编程节点有熔丝、肖特基二极管和浮栅雪崩注入式 MOS 管等结构。熔丝和肖特基二极管的节点只能一次性编程。而浮栅雪崩注入式 MOS 管的节点可以利用紫外线照射擦除存储的数据,采用浮栅隧道氧化层 MOS 管结构的可编程节点可以用电信号擦除数据,从而达到多次编程的结果。

3. EPROM 的实例

27 系列 EPROM 是最常用的 EPROM,它们数据的字长为 8 位,它们的型号从 2716、2732、2764 一直到 27C040。存储容量分别为 $2K \times 8$、$4K \times 8$ 到 $512K \times 8$。27 系列 EPROM 是紫外线可擦除 PROM。

27 系列的常用工作方式有读出方式、禁止编程、输出编程、校验、禁止编程和待机六种。

4. ROM 的应用

在数字系统中,ROM 得到广泛的应用。除了存储程序、表格和大量固定数据外,它还可以用来实现代码转换和逻辑函数等。

PROM 其实是一种可编程逻辑器件。它有一个固定的全译码**与**阵列和一个可编程的**或**阵列,与阵列输出的字线对应地址变量的最小项,**或**阵列可以实现最小项的**或**。显然,一个具有 n 个地址输入的 ROM 可以方便地实现 n 个变量的逻辑函数。

8.2.4 低密度可编程逻辑器件

1. PLA 和 PAL

当 ROM 输入变量较多时,必然会导致器件工作速度降低,PROM 的体积较大,成本也较高。

可编程逻辑阵列 PLA 的**与**和**或**阵列都是可编程的。PAL 的结构如教材图 8.4.2 所示,它的**与**阵列是可编程的,而**或**阵列是固定的。PAL 中一个**或**门一般有 7~8 个乘积项,可以满足典型的逻辑设计的需要。PAL 是熔丝编程结构,只能一次性编程,PAL 器件的输入、输出和乘积项个数是由制造厂预先确定的,有几十种结构,不同的结构对应不同的芯片型号,给使用带来不便。

2. GAL

GAL 器件是在 PAL 基础上发展起来的新一代可编程逻辑器件,它采用了能长期保持数据的 CMOS E²PROM 工艺,还提供了电子标签、宏单元和结构字等新技术,从而使 GAL 实现了电可擦除、可重编程等功能,大大增强了电路设计的灵活性。GAL 器件的上述特点使其获得了广泛应用,从而成为低密度可编程器件的代表。

GAL 器件的阵列结构与 PAL 一样,是由一个可编程的**与**阵列驱动一个固定的**或**阵列。但输出部分的结构不同,它的每一个输出引脚上都集成了一个输出逻辑宏单元。

8.2.5　高密度可编程逻辑器件

以 GAL 为代表的低密度可编程逻辑器件的集成密度较低,不能满足日益复杂的数字系统的需要。高密度可编程逻辑器件 HDPLD,一般是指集成密度大于 1000 门的 PLD,具有更多的输入输出信号、更多的乘积项和宏单元。

1. HDPLD

HDPLD 是在 GAL 基础上发展起来的高密度可编程器件,它的内部包含许多逻辑宏单元块,这些块之间还可以利用内部的可编程连线实现相互连接。HDPLD 比较适合用在以控制为主的数字系统。目前广泛应用的为 CPLD。

2. FPGA

FPGA 是基于 SRAM 结构的现场可编程门阵列,最主要优点是容量大和设计灵活,但是FPGA每一次上电时要进行数据加载。FPGA 比较适合用在需要存储大量数据的、以时序电路为主的数字系统。

3. 编程方式

高密度可编程器件的编程方式有两种,一种使用编程器的普通编程方式,另一种是在系统可编程方式。利用在系统可编程技术,计算机通过编程线可对用户板上的所有 HDPLD 一次编程。

8.3　基本概念自检题与典型题举例

8.3.1　基本概念自检题

1. 选择题

(1) 半导体存储器可分为＿＿＿＿＿和＿＿＿＿＿两大类。

　(a) RAM　　　　(b) DRAM　　　　(c) ROM　　　　(d) EPROM

(2) 随机存储器可分为＿＿＿＿＿和＿＿＿＿＿两大类。

　(a) SRAM　　　　(b) ROM　　　　(c) DRAM　　　　(d) EPROM

(3) 小容量 RAM 内部存储矩阵的字数与外部地址线数 n 的关系一般为＿＿＿＿＿。

　(a) 2^n　　　　(b) 2^{2n}　　　　(c) $>2^{2n}$　　　　(d) $<2^n$

(4) 采用双地址译码且分时送入行和列地址信号 DRAM 内部存储矩阵的字数与外部地址线数 n 的关系一般为＿＿＿＿＿。

(a) 2^n (b) 2^{2n} (c) $> 2^{2n}$ (d) $< 2^n$

(5) 用 $1M \times 4$ 的 DRAM 芯片通过_____扩展可以获得 $4M \times 8$ 的存储器。

  (a) 位   (b) 字   (c) 复合   (d) 位或字

(6) 27 系列 EPROM 存储的数据是_____可擦除的。

  (a) 不   (b) 电   (c) 紫外线   (d) 融断器

(7) 采用浮栅技术的 EPROM 中存储的数据是_____可擦除的。

  (a) 不   (b) 紫外线   (c) 电   (d) 高压电

(8) 电可擦除的 PROM 器件是_____。

  (a) EPROM   (b) E^2PROM   (c) PLA   (d) PAL

(9) ROM 可以用来存储程序、表格和大量固定数据,但它不可以用来实现_____。

  (a) 代码转换   (b) 逻辑函数   (c) 乘法运算   (d) 计数器

(10) 若停电数分钟后恢复供电,_____中的信息能够保持不变。

  (a) RAM   (b) COMP   (c) ROM   (d) MUX

(11) 要扩展成 $8K \times 8$ RAM,需用 512×4 的 RAM _____片。

  (a) 8   (b) 16   (c) 32   (d) 64

(12) 低密度可编程逻辑器件(PLD)通常集成规模小于_____门。

  (a) 100   (b) 1000   (c) 10000   (d) 100000

(13) 低密度可编程器件的代表是_____。

  (a) PLA   (b) PAL   (c) GAL   (d) E^2PROM

(14) 高密度可编程逻辑器件通常集成规模大于_____门。

  (a) 100   (b) 1000   (c) 10000   (d) 100000

(15) 在系统可编是指:对位于_____的可编程逻辑器件进行编程。

  (a) 用户电路板   (b) 特制的电路板   (c) 编程器   (d) 专用编程器

(16) 以下可编程逻辑器件中,集成密度最高的是_____。

  (a) PAL   (b) GAL   (c) CPLD   (d) FPGA

(17) CPLD 比较适合用在以_____的数字系统。

  (a) 复杂   (b) 控制为主   (c) 时序为主   (d) 较简单

(18) FPGA 比较适合用在以_____的数字系统。

  (a) 复杂   (b) 控制为主   (c) 时序为主   (d) 较简单

(19) 高密度可编程逻辑器件中具有硬件加密功能的器件是_____。

  (a) HDPLD 和 FPGA   (b) GAL   (c) CPLD   (d) FPGA

【答案】(1) (a)、(c);(2) (a)、(c);(3) (a);(4) (b);(5) (c);(6) (c);(7) (b);(8) (b);(9) (d);(10) (c);(11) (c);(12) (b);(13) (c);(14) (b);(15) (a);(16) (d);(17) (b);(18) (c);(19) (c)。

2. 填空题(请在空格中填上合适的词语,将题中的论述补充完整)

（1）随机存取存储器 RAM 可分为_____和_____两大类。

（2）RAM 存储器一般由_____、_____和_____组成。

（3）一般来说，有 n 根地址线的 SRAM 有_____个字。

（4）4164 DRAM 采用分时送入行和列地址信号，它只有 1 根数据输入、输出线，8 根外部地址线，其存储矩阵的容量为_____。

（5）DRAM 的存储单元一般是利用电容存放信息，故需要_____来保证存储信息不会丢失。

（6）SRAM 62256 的存储容量为_____。

（7）SRAM 62256 的片选输入信号 $\overline{CS}$ 为高电平时，I/O 端为_____状态。

（8）按照数据写入的方式，ROM 可分_____、_____、_____和_____等四类。

（9）2764 EPROM 具有_____根地址线，其存储矩阵的容量为_____。

（10）逻辑功能从厂家生产出来后都是不变的逻辑器件称为_____。

（11）PLA、PAL 和 GAL 这一类半定制芯片称为_____逻辑器件。

（12）PROM 实质上是一种可编程逻辑器件，因此可用阵列图来描述它。它的**与**阵列（地址译码器）是_____的，它的**或**阵列是_____的。

（13）PAL 是一种阵列型的低密度可编程逻辑器件，它的**与**阵列是_____的，它的**或**阵列是_____的。

（14）GAL 与 PAL 的最大区别是：它的每一个输出端上都有一个_____。

（15）GAL 采用_____技术，因此无需紫外线照射即可随时进行修改逻辑。

（16）已学过的 2 种高密度可编程逻辑器件是_____和_____。

（17）具有硬件加密功能的高密度可编程逻辑器件是_____。

（18）基于 SRAM 结构的高密度可编程逻辑器件是_____。

（19）一旦断电，就会丢失所有的逻辑功能的高密度可编程逻辑器件是_____。

【答案】（1）SRAM、DRAM；（2）存储矩阵、地址译码器、读和写控制器；（3）2^n；（4）2^{16}；（5）刷新；（6）32K×8；（7）高阻；（8）掩膜 ROM、PROM、EPROM、E^2PROM；（9）13、8K×8；（10）标准逻辑器件；（11）低密度可编程；（12）固定、可编程；（13）可编程、固定；（14）输出逻辑宏单元；（15）电可擦除；（16）HDPLD、FPGA；（17）HDPLD；（18）FPGA；（19）FPGA。

8.3.2 典型题举例

【例 8.1】 存储容量为 512×4、8K×8 和 256K×1 的 SRAM 各有多少根外部地址线和数据线？

【解】 本题目的是搞清 RAM 存储容量与外地址线和数据线数的关系，常用的方法是先把存储容量改写成 $2^n \times m$ 的形式，则对一般较小容量 SRAM，地址线数为 n、数据线数为 m。

本题各 RAM 外部地址线和数据线数见表 8.3.1。

表 8.3.1　例 8.1 解表

RAM	地址线数(n)	数据线数(m)
512 × 4	9	4
8K × 8	13	8
256K × 1	18	1

【例 8.2】　DRAM 4164 有 2 根片选线($\overline{RAS}$和$\overline{CAS}$)、8 根地址线和 1 根数据线。请判断它的存储容量为多少?

【解】　本题目的是搞清复用地址线的 DRAM 存储容量与外地址线和数据线数的关系。对一般 DRAM,由于存储容量较大,地址线采用复用方式,存储容量与地址线和数据线数的关系为:存储容量 $= 2^{2n} \times m$。

故 4164 的存储容量 $= 2^{16} \times 1 = 64K \times 1$。

【难点和容易出错处】　注意复用地址线的 DRAM 有 2 根片选线,因此内部地址线应为 DRAM 芯片外地址线的两倍。

【例 8.3】　2114 是 1K × 4 SRAM,请回答

(1) 要用多少片 2114 芯片才能组成 4K × 8 SRAM?

(2) 4K × 8 SRAM 需要多少外部地址线?

(3) 扩展是否还需要其他芯片? 如需要,指出芯片的名称。

【解】　本题目的是搞清 RAM 扩展的有关问题。本题需要复合扩展,每 2 片 2114 进行位扩展,可以得到 1K × 8 的 RAM 块。再用 4 个块进行字扩展,可以得到 4K × 8 的 SRAM。因此

(1) 要用 8 片 2114 芯片才能组成 4K × 8 SRAM;

(2) 4K × 8 SRAM 需要 12 根外部地址线;

(3) 扩展还需要用 1 个 2 - 4 译码器芯片。

【例 8.4】　试用 16 片 1K × 4 的 RAM 扩展成 8K × 8 的 RAM,并画出逻辑电路图。

【解】　本题目的是练习画 RAM 扩展的逻辑电路图,一般的方法是先看单独的位或字扩展能否满足要求,不行的话就要用复合扩展。

本题需要先用 2 片 1K × 4 的 RAM 扩展成 1K × 8 的 RAM 块,如图 8.3.1(a)所示。再用 8 个扩展块和 1 个 3 - 8 译码器扩展成 8K × 8 的 RAM,如图 8.3.1(b)所示。

【难点和容易出错处】　RAM 扩展的逻辑电路图上一定要把输入输出变量标注清楚,扩展后的 RAM 还要尽量留出片选信号$\overline{CS}$。

【例 8.5】　写出图 8.3.2 PLD 简化等效逻辑电路图的逻辑函数。

【解】　本题目的是熟悉 PLD 的简化等效逻辑图的画法。

$$L = A\overline{B} + \overline{A}B$$

【例 8.6】　试写出图 8.3.3 所示 ROM 简化阵列图表示的逻辑函数。

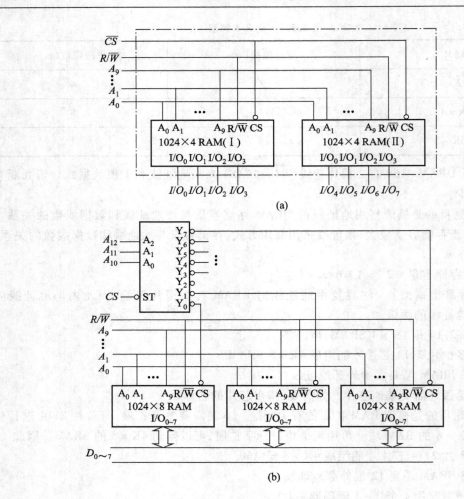

(a)

(b)

图 8.3.1　例 8.4 解图

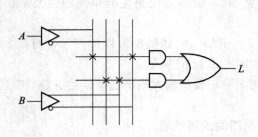

图 8.3.2　例 8.5 题图

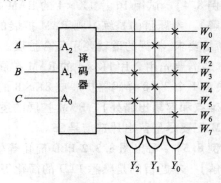

图 8.3.3　例 8.6 题图

【解】 本题目的是分析 ROM 简化阵列图。练习写出简化阵列图表示的逻辑函数。
ROM 译码器输出的字线 w_i 表示地址变量的第 i 个最小项。应此,有

$$Y_0 = \overline{A}\,\overline{B}\,\overline{C} + \overline{A}BC + AB\,\overline{C}$$

$$Y_1 = \overline{A}B\overline{C} + A\,\overline{B}\,\overline{C}$$

$$Y_2 = \overline{A}BC + A\,\overline{B}\overline{C}$$

【例 8.7】 试用 ROM 实现两个两位二进制数的加法运算。

【解】 本题目的是练习 ROM 的应用。

设这两个加数为 A_1A_0 和 B_1B_0,和为 $L_2L_1L_0$,列出加法表如表 8.3.2,画出实现两位二进制数加法 ROM 的简化阵列图如图 8.3.4。

表 8.3.2 例 8.7 题加法表

A_1	A_0	B_1	B_0	L_2	L_1	L_0
0	0	0	0	0	0	0
0	0	0	1	0	0	1
0	0	1	0	0	1	0
0	0	1	1	0	1	1
0	1	0	0	0	0	1
0	1	0	1	0	1	0
0	1	1	0	0	1	1
0	1	1	1	1	0	0
1	0	0	0	0	1	0
1	0	0	1	0	1	1
1	0	1	0	1	0	0
1	0	1	1	1	0	1
1	1	0	0	0	1	1
1	1	0	1	1	0	0
1	1	1	0	1	0	1
1	1	1	1	1	1	0

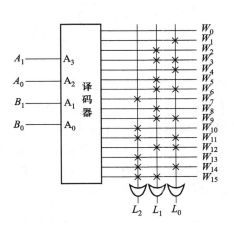

图 8.3.4 例 8.7 解图

【例 8.8】 用 PLA 实现全加器的逻辑函数,并画出编程后的阵列图。

$$Y_1 = \overline{A}\,\overline{B}C + \overline{A}B\,\overline{C} + A\,\overline{B}\,\overline{C} + ABC$$

$$Y_2 = \overline{A}BC + A\,\overline{B}C + AB$$

【解】 本题目的是练习 PLA 的应用。

PLA 的**与**和**或**阵列都可以编程,可以用**与**阵列实现逻辑函数的**与**项,再用**或**阵列实现逻辑函数。编程后的阵列图如图 8.3.5 所示。

【例 8.9】 用一片 PAL 实现以下逻辑函数,并画出编程后 PAL 的阵列图。

$$Y_0 = \overline{A}C + A\,\overline{B}; \quad Y_1 = \overline{\overline{A\,\overline{B}\,\overline{C}} \cdot \overline{BC}}; \quad Y_2 = C + AB$$

【解】 本题目的是练习 PAL 的应用。

PAL 的**与**阵列可编程,**或**阵列是固定的。先将逻辑函数变换成**与或**表达式

$$Y_1 = \overline{\overline{A\,\overline{B}\,\overline{C}} \cdot \overline{BC}} = A\,\overline{B}\overline{C} + BC$$

用**与**阵列实现逻辑函数的**与**项,用固定的**或**阵列实现逻辑函数。编程后的阵列图如图

8.3.6 所示。

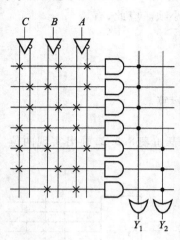

图 8.3.5　例 8.8 解图

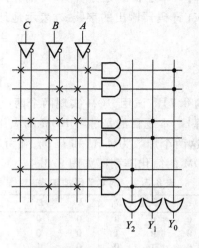

图 8.3.6　例 8.9 解图

【例 8.10】　试分析由 ROM、OC 门和共阳极 LED 数码管等组成的图 8.3.7 所示电路,ROM 中存放的部分数据见表 8.3.3。V_{LED} 的大小由 LED 数码管决定,如 0.5in 数码管,V_{LED} 可选 5V;4in 数码管,V_{LED} 可选 12V。分析 ROM 和 OC 门在电路中的逻辑功能,整个电路具有什么逻辑功能? 如 $A_3A_2A_1A_0 = \mathbf{1001B}$,$B_3B_2B_1B_0 = \mathbf{0111B}$,写出显示的数码。在什么情况下可以把 OC 门省去? 其余部分应做如何改动?

表 8.3.3　例 8.10 题 ROM 数据表

B_3	B_2	B_1	B_0	A_3	A_2	A_1	A_0	Y_7	Y_6	Y_5	Y_4	Y_3	Y_2	Y_1	Y_0
0	0	0	0	0	0	0	0	0	0	1	1	1	1	1	1
0	0	0	0	0	0	0	1	0	0	0	0	0	1	1	0
				......								......			
0	0	0	0	1	0	0	0	0	1	1	1	1	1	1	1
0	0	0	0	1	0	0	1	0	1	1	0	0	1	1	1
0	0	0	0	1	0	1	0	0	0	0	0	0	0	0	0
				......								......			
0	0	0	0	1	1	1	1	0	0	0	0	0	0	0	0
0	0	0	1	0	0	0	0	0	0	0	0	0	1	1	0
0	0	0	1	0	0	0	1	0	1	0	1	1	0	1	1
				......								......			
1	0	0	1	1	0	0	1	1	1	1	1	1	1	1	1
1	0	0	1	1	0	1	0	0	0	0	0	0	0	0	0
				......								......			
1	1	1	1	1	1	1	1	0	0	0	0	0	0	0	0

【解】 本题目的是综合练习 ROM 应用。分析 ROM 中存放的部分数据,可以发现 ROM 实现了 2 位 8421 BCD 码相加,并把和译成 7 段码,如果输入是非 8421 BCD 码,数码管熄灭。OC 门在电路中起到驱动、反相和电平转换的逻辑功能。整个电路实现了 2 位 8421 BCD 加法的逻辑功能。高位数码管只有熄灭 **0** 和显示 **1** 两种状态。如 $A_3A_2A_1A_0 = \mathbf{1001}$B,$B_3B_2B_1B_0 = \mathbf{0111}$B,显示的数码是 16。当数码管尺寸较小,$V_{\text{LED}} = 5$V 时,OC 门可以省去,此时应将 ROM 中存放的数据取反。

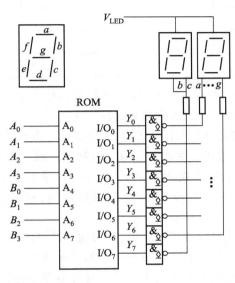

图 8.3.7 例 8.10 题图

8.4 思考题和习题解答

8.4.1 思考题

8.1 试比较 RAM 和 ROM 的特点和区别,并分析它们的应用范围。

【答】 RAM 称为随机存取存储器,既能读出数据,又能写入数据,高速存取,读写时间相等。ROM 称为只读存储器,只能读出数据,读写速度较低。RAM 内存储的数据断电后数据丢失,而 ROM 中存储的数据断电后不丢失。RAM 主要用于高速数据缓存中,利于计算机的内存,ROM 主要用于存储固定的程序和数据,例如计算机的 BIOS。

8.2 静态存储器 SRAM 和动态存储器 DRAM 有何区别?为何计算机多用 DRAM?

【答】 SRAM 的存储单元结构较复杂,集成度较低,但读写速度快,价格偏贵,DRAM 的存储单元结构简单,集成度高,读写速度慢,价格便宜。由于 DRAM 的价格便宜,并且朝着大容量、高集成度和高速专用化发展,目前广泛地应用于计算机内存中。

8.3 256×4、$1K \times 8$ 和 $1M \times 1$ 的 RAM 各有多少根地址线和数据线?

【答】   一般较小容量的 RAM,如把存储容量写成 $2^n \times m$ 的形式,则地址线数为 n、数据线数为 m。因此,256×4、$1K \times 8$ 和 $1M \times 1$ 的 RAM 的地址线和数据线数如表 8.4.1 所示。

表 8.4.1   例 8.1 解表

RAM	地址线数(n)	数据线数(m)
512×4	9	4
$8K \times 8$	13	8
$256K \times 1$	18	1

8.4   断电后再通电,哪一种存储器内存储的数据能保持不变?

【答】   断电后再通电,ROM 中的数据能够保持不变。

8.5   简述 PAL 和 GAL 的区别,为什么 GAL 是低密度可编程逻辑器件的代表?

【答】   PAL 器件的输入、输出和乘积项个数是由制造厂预先确定的,有几十种结构,而 GAL 由于每一个输出端上都有一个输出逻辑宏单元 OLMC,只需少数型号就可代替几十种结构的 PAL,给逻辑设计带来很强的灵活性;PAL 是熔丝编程结构,只能一次性编程,而 GAL 采用了 E^2CMOS工艺,可以多次编程。

GAL 器件的上述特点使其得到了广泛应用,从而成为低密度可编程器件的代表。

8.6   试比较 CPLD 和 FPGA 的特点。分析它们的应用范围。

【答】   CPLD 是在 GAL 基础上发展起来的高密度可编程器件,它的内部包含许多逻辑宏单元块,这些块之间还可以利用内部的可编程连线实现相互连接。CPLD 比较适合用在以控制为主的数字系统。

FPGA 是基于 SRAM 结构的现场可编程门阵列,最主要优点是容量大和设计灵活,但是FPGA 每一次上电时要进行数据加载。FPGA 比较适合用在需要存储大量数据、以时序电路为主的数字系统。

8.7   FPGA 内部主要功能单元有哪些? 它们各完成什么逻辑功能?

【答】   FPGA 内部包括 LUT、CLB、IOB、BRAM 和可编程 BR 资源等组成。LUT 主要用于实现查找 FPGA 的组合逻辑函数;CLB 是 FPGA 的基本逻辑单元,完成用户指定的逻辑功能;IOB 为内部逻辑阵列和外部引脚之间提供可编程接口;BRAM 提供了不同配置的存储结构,扩展了 FPGA的应用范围和灵活性。PR 用于编程后形成连线网络,为各逻辑单元提供灵活可配的链接。

8.8   高密度可编程逻辑器件中具有硬件加密功能的是 CPLD 还是 FPGA?

【答】   高密度可编程逻辑器件 CPLD 是 Flash 形式的,只要下载是锁定加密位,一般情况下就不会再被读出。对于 FPGA 来说为 RAM 形式的,需要外部配置,这样如果不采取措施,就很容易被剽窃。解决的办法有多种,一种是选用带有加密功能 FPGA,如 virtex Ⅱ 系列,具体原理可以查看 datasheet。对于没有此功能的 FPGA 可以考虑用 CPLD 来加密,CPLD 即配置了 FPGA,又完成了加密 FPGA 的功能,加密原理就是在 FPGA 和 CPLD 中编入一些简单的相互认证的算法,只有认证通过 FPGA 才可以通过。

8.4.2 习题

8.1 试用 2 片 1024×4 的 RAM 和 1 个非门组成 2048×4 的 RAM。

【解】 本题是 RAM 的字扩展,把 2 片芯片的 $I/O_0 \sim I/O_3$、$A_0 \sim A_9$ 和 $R/\overline{W}$ 分别相连,A_{10} 直接接到 RAM Ⅰ 的 CS 端,经过非门后再接到 RAM Ⅱ 的 CS 端。扩展后 2048×4 的 RAM 如图解 8.1 所示。

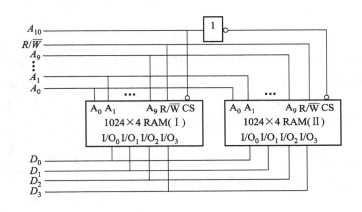

图解 8.1

8.2 试用 8 片 1024×4 的 RAM 和 1 片 $2-4$ 译码器组成 4096×8 的 RAM。

【解】 本题是 RAM 的复合扩展。一般先进行位、再进行字扩展。先用 2 片 1024×4 的 RAM 进行位扩展成 1024×8 的 RAM 块,如图解 8.2(1) 所示。再用 4 个块扩展成 4096×8 的 RAM,如图解 8.2(2) 所示。

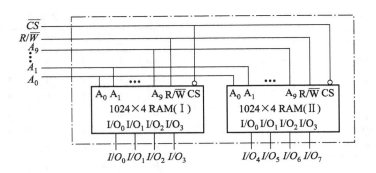

图解 8.2(1)

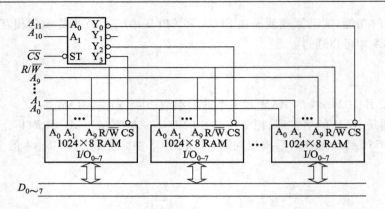

图解 8.2(2)

8.3　试用 ROM 实现 8421BCD 码到余 3 码的转换。要求选择 EPROM 容量,画出简化阵列图。

【解】　根据题目要求,应选用 16×4 的 EPROM,令

$$A_3 A_2 A_1 A_0 = DCBA$$

根据 8421BCD 码与余 3 码的关系,画出简化阵列图如图解 8.3 所示。

8.4　试用 16×4 EPROM 构成一个实现下列表达式的多输出逻辑函数发生电路,画出电路图,写出 EPROM 存储的二进制数码。

$$L_2 = \overline{A} + \overline{B} + \overline{C}$$
$$L_1 = \overline{B}\,\overline{C} + BC$$
$$L_0 = \overline{B}C + B\,\overline{C}$$

【解】　根据题目要求,令 $A_3 A_2 A_1 A_0 = 0CBA$,$I/O_2 I/O_1 I/O_0 = L_2 L_1 L_0$。电路图如图解 8.4 所示,存储的二进制数码如表解 8.4 所示。

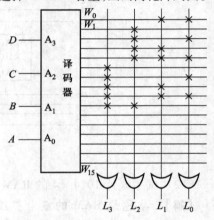

图解 8.3

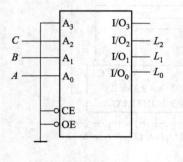

图解 8.4

表解 8.4

A_3	A_2	A_1	A_0	L_2	L_1	L_0
0	0	0	0	1	1	0
0	0	0	1	1	1	0
0	0	1	0	1	0	1
0	0	1	1	1	0	1
0	1	0	0	1	1	0
0	1	0	1	1	0	1
0	1	1	0	1	1	0
0	1	1	1	0	1	0

8.5　图题 8.5 所示电路是用 4 位二进制计数器和 8 × 4 EPROM 组成的波形发生器电路。在某时刻 EPROM 存储的二进制数码如表题 8.5 所示,试画出输出 CP 和 $Y_0 \sim Y_3$ 的波形。

表题 8.5

A_2	A_1	A_0	D_3	D_2	D_1	D_0
0	0	0	1	1	1	0
0	0	1	0	0	1	0
0	1	0	1	0	0	0
0	1	1	0	0	0	0
1	0	0	1	1	1	1
1	0	1	0	0	1	1
1	1	0	1	0	0	1
1	1	1	0	0	0	1

图题 8.5　波形发生电路图

【解】　在时钟脉冲 CP 作用下,4 位二进制计数器(实际只用到 3 位)的输出使 EPROM 的地址由 **000 ~ 111** 不断变化,EPROM 输出存储的二进制数码。CP 和输出 $Y_0 \sim Y_3$ 的波形如图解 8.5 所示。

8.6　用 PLA 实现以下逻辑函数,并在图 8.4.1 上画出编程后的阵列图。
$$Y_2 = A\,\overline{B}C + \overline{A}B + AB\,\overline{C} \qquad Y_1 = \overline{A} + B\,\overline{C} \qquad Y_0 = \overline{A}B + \overline{C}\,\overline{A}$$

【解】　编程后的阵列图如图解 8.6 所示。

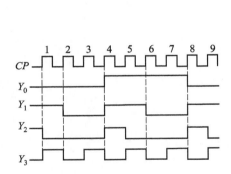

图解 8.5

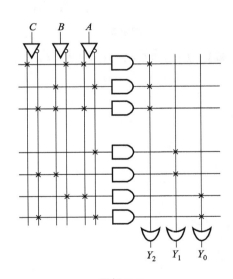

图解 8.6

8.7　用一片 PAL 实现以下逻辑函数,在图 8.4.2 上画出阵列图。
$$Y_2 = A\,\overline{B}\,\overline{C} + AB\,\overline{C}$$
$$Y_1 = A\,\overline{BC}$$
$$Y_0 = \overline{A}\,\overline{B}C + \overline{A}B\,\overline{C}$$

【解】　先将逻辑函数变换成**与或**表达式

$$Y_2 = A\,\overline{B}\,\overline{C} + AB\,\overline{C}$$

$$Y_1 = A\,\overline{BC} = A\,\overline{B} + A\,\overline{C}$$

$$Y_0 = \overline{A}\,\overline{B}C + \overline{A}B\,\overline{C}$$

编程后的阵列图如图解 8.7 所示。

8.8　分析图题 8.8 所示 PAL 构成的逻辑电路,试写出输出与输入的逻辑关系式。

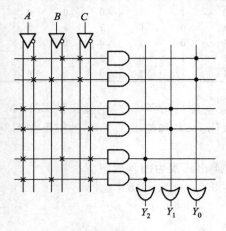

图解 8.7

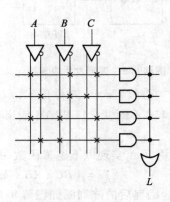

图题 8.8

【解】　$L = A\,\overline{B}\,\overline{C} + \overline{A}\,\overline{B}C + AB\,\overline{C} + \overline{A}B\,\overline{C}$

9 数字系统综合设计

本章简单介绍数字系统设计的一般方法,通过数字频率计和 DDS 信号发生器的设计,介绍采用 VHDL 语言设计数字系统的方法。

9.1 教学要求

各知识点的教学要求如表 9.1.1 所示。

表 9.1.1　第 9 章教学要求

知 识 点		教 学 要 求		
		熟练掌握	正确理解	一般了解
基本概念	数字系统的基本构成			√
	自上而下的设计方法			√
用 VHDL 对数字系统进行描述	顶层实体 VHDL 描述		√	
	顶层结构体的 VHDL 描述		√	
	控制器的设计与 VHDL 描述		√	
	数据处理部分的设计与 VHDL 描述		√	
设计举例	用直接测频法设计数字频率计	√		
	用恒精度测频法设计数字频率计			√
	直接数字合成技术(DDS)		√	

9.2 思考题和习题解答

9.2.1 思考题

9.1 数字系统主要由哪些部分组成？

【答】 数字系统主要由控制器、数字信号处理器以及输入、输出电路组成。

9.2 自上而下的设计方法的基本步骤是什么？

【答】 首先从系统的总体功能和要求出发规划好整个系统，然后将系统划分成几个不同功能的部分和模块，再对这些不同的部分进行设计细化方案，完成以后再将系统的整体进行设计和细化，直到完成系统的整体设计。

9.3 如何理解数字系统设计的核心是控制器的设计？

【答】 数字系统主要由控制器和数字信号处理器组成。数字信号处理器只能决定数字系统能完成哪些操作，至于什么时候完成何种操作则完全取决于控制器。控制器根据外部控制信号决定系统是否启动工作，根据数字信号处理器提供的状态信息决定数字信号处理器下一步将完成何种操作，并发出相应的控制信号控制数字信号处理器实现这种操作。控制器控制数字系统的整个操作进程，因此，数字系统设计的核心是控制器的设计。

9.2.2 习题

9.1 如果测频用的闸门时间为 $T_s = 1\,\mathrm{s}$，标准信号频率为 $f_s = 1\,\mathrm{MHz}$，请设计一频率计，其测量范围为 $1 \sim 9999\,\mathrm{Hz}$。

【解】 用 VHDL 语言设计的频率计的顶层原理图如图 9.2.1 所示。各个模块的说明和程序

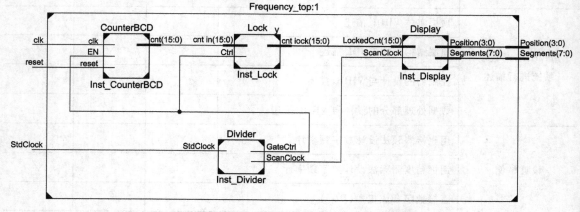

图 9.2.1 VHDL 设计的频率计顶层原理图

如下(本章程序在 ISE13.4 中成功运行):

1. 时钟模块

时钟模块产生显示扫描时钟和闸门信号。时钟模块的输入是 50MHz 的晶振频率,对其分频得到频率为 1kHz、占空比为 50% 的显示扫描时钟信号。将 1kHz 的显示扫描信号再进行分频得到 1Hz 的信号,通过整数计数得到频率为 0.25Hz、占空比为 25% 的闸门信号,闸门信号周期为 4s,其中 1s 闸门开启,进行测量,3s 闸门闭合,显示测量值。时钟模块的 VHDL 程序如下:

```vhdl
library IEEE;
use IEEE. STD_LOGIC_1164. ALL;
use IEEE. STD_LOGIC_ARITH. ALL;
use IEEE. STD_LOGIC_UNSIGNED. ALL;

entity Divider is
    Port (StdClock : in STD_LOGIC;
            GateCtrl : out STD_LOGIC;
            ScanClock : out STD_LOGIC);
end Divider;

architecture Behavioral of Divider is
-----------------------------------
signal clk1KHz_reg : STD_LOGIC;
signal clk1Hz_reg : STD_LOGIC;
signal gate_reg    : STD_LOGIC;
-----------------------------------
begin
--- 由 50MHz 标准时钟信号分频得到 1kHz 显示扫描信号
Clk1KHz_Proc: process(StdClock)
variable cnt1 : integer range 0 to 24999;
begin
    if rising_edge(StdClock) then
        if cnt1 = 24999 then
            cnt1 := 0;
            clk1KHz_reg <= not clk1KHz_reg;
        else
            cnt1 := cnt1 + 1;
        end if;
```

```vhdl
        end if;
    end process;
    ScanClock <= clk1KHz_reg;
    ---由1kHz信号分频得到1Hz信号
    Clk1Hz_Proc: process(clk1KHz_reg)
    variable cnt2: integer range 0 to 499;
    begin
        if rising_edge(clk1KHz_reg) then
            if cnt2 = 499 then
                cnt2: = 0;
                clk1Hz_reg <= not clk1Hz_reg;
            else
                cnt2: = cnt2 + 1;
            end if;
        end if;
    end process;
    ---由1Hz信号分频得到0.25Hz、占空比为1/4的闸门信号
    Gate_Proc: process(clk1Hz_reg)
    variable cnt3: integer range 0 to 3;
    begin
        if rising_edge(clk1Hz_reg) then
            if cnt3 = 2 then
                gate_reg <= '1';
                cnt3: = 3;
            else if cnt3 = 3 then
                gate_reg <= '0';
                cnt3: = 0;
            else
                cnt3: = cnt3 + 1;
            end if;
            end if;
        end if;
    end process;
    GateCtrl <= gate_reg;
end Behavioral;
```

2. 计数模块

在闸门信号开启时对被测信号计数,闸门信号开启时间为 1s,所以计数值即为被测信号的频率,计数值为 0 ~ 9999,计数模块应为 4 位 10 进制计数器。计数模块的复位信号与闸门信号相同,闸门信号为低电平时,闸门闭合并复位计数器,为下一次测频计数做准备。当计数超过 9999 时,使溢出标志 overflow 置 **1**,且将计数变量 cnt 设置为 **1111111111111111**。计数模块的 VHDL 程序如下:

```
library IEEE;
use IEEE. STD_LOGIC_1164. ALL;
use IEEE. STD_LOGIC_ARITH. ALL;
use IEEE. STD_LOGIC_UNSIGNED. ALL;

entity CounterBCD is
    Port (clk : in STD_LOGIC;
            reset : in STD_LOGIC;
            EN : in STD_LOGIC;
            cnt : out STD_LOGIC_VECTOR (15 downto 0));
end CounterBCD;

architecture Behavioral of CounterBCD is
 --- 信号说明
signal c1          : STD_LOGIC_VECTOR(3 downto 0);
signal c2          : STD_LOGIC_VECTOR(3 downto 0);
signal c3          : STD_LOGIC_VECTOR(3 downto 0);
signal c4          : STD_LOGIC_VECTOR(3 downto 0);
signal overflow : STD_LOGIC;

 -------------------------------------

begin
 --- 从 0 开始计数,计数到 9999 时输出溢出标志
CounterBCD_Proc: process(EN,reset,clk,c1,c2,c3,c4,overflow)
begin
    if reset = '0' then
        c1 <= "0000";
        c2 <= "0000";
        c3 <= "0000";
        c4 <= "0000";
```

```
          overflow <= ' 0 ';
      else if rising_edge( clk ) then
        if EN = ' 1 ' then
          if c1 < " 1001 " then
            c1 <= c1 + ' 1 ';
          else
            c1 <= " 0000 ";
            if c2 < " 1001 " then
              c2 <= c2 + ' 1 ';
            else
              c2 <= " 0000 ";
              if c3 < " 1001 " then
                c3 <= c3 + ' 1 ';
              else
                c3 <= " 0000 ";
                if c4 < " 1001 " then
                  c4 <= c4 + ' 1 ';
                else
                  overflow <= ' 1 ';  − − −计数溢出
                end if;
              end if;
            end if;
          end if;
        else
          c1 <= " 0000 ";
          c2 <= " 0000 ";
          c3 <= " 0000 ";
          c4 <= " 0000 ";
          overflow <= ' 0 ';
        end if;
      end if;
    end if;
    if overflow = ' 1 ' then
      cnt <= " 1111111111111111 ";
    else
```

```
        cnt <= c4&c3&c2&c1;
      end if;
  end process;
end Behavioral;
```

3. 锁存模块

锁存模块的作用是在闸门信号的下降沿,将计数模块的输出锁存,交给显示模块显示。锁存计数值有两个作用:一是确保测试结果不丢失;二是避免在测量时计数值的不断改变造成数码管显示不断变化。锁存模块的 VHDL 程序如下:

```
library IEEE;
use IEEE. STD_LOGIC_1164. ALL;
use IEEE. STD_LOGIC_ARITH. ALL;
use IEEE. STD_LOGIC_UNSIGNED. ALL;

    entity Lock is
        Port ( Ctrl : in STD_LOGIC;
                Cnt_in : in STD_LOGIC_VECTOR (15 downto 0);
                Cnt_lock : out STD_LOGIC_VECTOR (15 downto 0));
        end Lock;

    architecture Behavioral of Lock is
    begin
    ---在闸门信号的下降沿锁存计数值
    Lock_Proc: process(Ctrl)
    begin
        if falling_edge(Ctrl) then
            Cnt_lock <= Cnt_in;
        end if;
end process;
end Behavioral;
```

4. 显示模块

显示模块首先将输入的 4 位十进制数的个位 BCD 翻译为七段码,输出到七段数码管的段控制线上,在显示扫描时钟的作用下,选通个位对应的数码管,个位的数码管则显示个位数据,其他数码管灭。然后输出十位数码管上要显示的七段信息,选通十位对应的数码管,类似方法,依次输出百位和千位数的七段码,并逐个选通其对应的数码管,则可以动态显示 4 位频率测量值,动态显示扫描频率为 1kHz。显示模块的 VHDL 程序如下:

```vhdl
library IEEE;
use IEEE. STD_LOGIC_1164. ALL;
use IEEE. STD_LOGIC_ARITH. ALL;
use IEEE. STD_LOGIC_UNSIGNED. ALL;


entity Display is
    Port ( ScanClock : in STD_LOGIC;
            LockedCnt : in STD_LOGIC_VECTOR (15 downto 0);
            Segments:out STD_LOGIC_VECTOR (7 downto 0);
            Position : out STD_LOGIC_VECTOR (3 downto 0));
end Display;


architecture Behavioral of Display is
---状态机定义
type state_type is(led1,led2,led3,led4);
-- signal pre_state,next_state : state_type;
signal next_state : state_type;
---信号定义
signal datacut_reg : STD_LOGIC_VECTOR(3 downto 0);
signal datacut_reg2 : STD_LOGIC_VECTOR(3 downto 0);
signal datacut_reg3 : STD_LOGIC_VECTOR(3 downto 0);
signal datacut_reg4 : STD_LOGIC_VECTOR(3 downto 0);
signal position_reg : STD_LOGIC_VECTOR(3 downto 0);
signal segments_reg : STD_LOGIC_VECTOR(7 downto 0);
begin
---数码管选择处理
Position_Process: process(ScanClock)
begin
    if rising_edge(ScanClock) then
        case next_state is
            ---第一个数码管亮
            when led1 = >
                position_reg <= "1110";
                datacut_reg <= LockedCnt(3 downto 0);
                if ( datacut_reg = "0000" and datacut_reg2 = "0000" and
```

```
                     datacut_ reg3 = " 0000 " and datacut_ reg4 = " 0000 ")then
                datacut_ reg <= " 1100 ";
            end if;
            next_ state <= led2;
         --- 第二个数码管亮
     when led2 = >
         position_ reg <= " 1101 ";
         datacut_ reg2 <= LockedCnt(7 downto 4);
         if ( datacut_ reg2 = " 0000 " and datacut_ reg3 = " 0000 "
                   and datacut_ reg4 = " 0000 ")then
                datacut_ reg <= " 1100 ";
         else
                datacut_ reg <= datacut_ reg2;
         end if;
         next_ state <= led3;
         --- 第三个数码管亮
     when led3 = >
         position_ reg <= " 1011 ";
         datacut_ reg3 <= LockedCnt(11 downto 8);
         if ( datacut_ reg3 = " 0000 " and datacut_ reg4 = " 0000 ")then
                datacut_ reg <= " 1100 ";
         else
                datacut_ reg <= datacut_ reg3;
         end if;
         next_ state <= led4;
         --- 第四个数码管亮
     when led4 = >
         position_ reg <= " 0111 ";
         datacut_ reg4 <= LockedCnt(15 downto 12);
         if ( datacut_ reg4 = " 0000 ")then
                datacut_ reg <= " 1100 ";
         else
                datacut_ reg <= datacut_ reg4;
         end if;
         next_ state <= led1;
```

```
                --- 所有数码管全灭
            when others = >
                position_reg <= " 1111 ";
                datacut_reg <= " 1100 ";
                next_state <= led1 ;
        end case;
    end if;
end process;


    with datacut_reg select
    segments_reg  <= " 10000001 " when " 0000 ",      ---0
                     " 11001111 " when " 0001 ",      ---1
                     " 10010010 " when " 0010 ",      ---2
                     " 10000110 " when " 0011 ",      ---3
                     " 11001100 " when " 0100 ",      ---4
                     " 10100100 " when " 0101 ",      ---5
                     " 10100000 " when " 0110 ",      ---6
                     " 10001111 " when " 0111 ",      ---7
                     " 10000000 " when " 1000 ",      ---8
                     " 10000100 " when " 1001 ",      ---9
                     " 10001000 " when " 1010 ",      ---A
                     " 11100000 " when " 1011 ",      ---B
                     " 10110001 " when " 1100 ",      ---C
                     " 11111111 " when " 1100 ",      ---用 C 代表 Clear,即熄灭
                     " 11000010 " when " 1101 ",      ---D
                     " 10110000 " when " 1110 ",      ---E
                     " 10111000 " when " 1111 ",      ---F
                     " 10000001 " when others ;      ---0


segments <= segments_reg;
position <= position_reg;
end Behavioral;
```

5. 顶层设计

```
library IEEE;
use IEEE. STD_LOGIC_1164. ALL;
```

```
use IEEE. STD_LOGIC_ARITH. ALL;
use IEEE. STD_LOGIC_UNSIGNED. ALL;
entity Frequency_top is
    Port ( StdClock : in STD_LOGIC;
            reset : in STD_LOGIC;
            clk : in STD_LOGIC;
            Segments : out STD_LOGIC_VECTOR (7 downto 0);
            Position : out STD_LOGIC_VECTOR (3 downto 0));
end Frequency_top;
architecture Behavioral of Frequency_top is
COMPONENT Divider                        ---Divider 元件声明
PORT(
    StdClock : IN std_logic;
    GateCtrl : OUT std_logic;
    ScanClock : OUT std_logic);
END COMPONENT;


COMPONENT CounterBCD                      ---CounterBCD 元件声明
PORT(
    clk : IN std_logic;
    reset : IN std_logic;
    EN : IN std_logic;
    cnt : OUT std_logic_vector(15 downto 0));
END COMPONENT;


COMPONENT Lock                            ---Lock 元件声明
PORT(
    Ctrl : IN std_logic;
    Cnt_in : IN std_logic_vector(15 downto 0);
    Cnt_lock : OUT std_logic_vector(15 downto 0));
END COMPONENT;


COMPONENT Display                         ---Display 元件声明
PORT(
    ScanClock : IN std_logic;
```

```
        LockedCnt : IN std_logic_vector(15 downto 0);
        Segments : OUT std_logic_vector(7 downto 0);
        Position : OUT std_logic_vector(3 downto 0));
END COMPONENT;

signal GateCtrl_tmp : std_logic;              ---内部信号声明
signal ScanClock_tmp : std_logic;
signal cnt_tmp: std_logic_vector(15 downto 0);
signal Cnt_lock_tmp : std_logic_vector(15 downto 0);

begin
Inst_Divider: Divider PORT MAP(
        StdClock = > StdClock,
        GateCtrl = > GateCtrl_tmp,
        ScanClock = > ScanClock_tmp);
Inst_CounterBCD: CounterBCD PORT MAP(
        clk = > clk,
        reset = > reset,
        EN = > GateCtrl_tmp,
        cnt = > cnt_tmp);
Inst_Lock: Lock PORT MAP(
        Ctrl = > GateCtrl_tmp,
        Cnt_in = > cnt_tmp,
        Cnt_lock = > Cnt_lock_tmp);
Inst_Display: Display PORT MAP(
        ScanClock = > ScanClock_tmp,
        LockedCnt = > Cnt_lock_tmp,
        Segments = > Segments,
        Position = > Position);
end Behavioral;
```

6. 约束文件

```
#Basys2 约束文件:
NET " StdClock " LOC = " B8 ";              //50MHz 系统标准时钟引脚
NET " clk " LOC = " C12 ";                  //JD1 ---C12, 待测信号从 JD1
NET " reset " LOC = " P11 ";                //SW0
```

```
NET " Segments[0]" LOC = " M12 ";              //G
NET " Segments[1]" LOC = " L13 ";              //F
NET " Segments[2]" LOC = " P12 ";              //E
NET " Segments[3]" LOC = " N11 ";              //D
NET " Segments[4]" LOC = " N14 ";              //C
NET " Segments[5]" LOC = " H12 ";              //B
NET " Segments[6]" LOC = " L14 ";              //A
NET " Segments[7]" LOC = " N13 ";              //dp
NET " Position[0]" LOC = " F12 ";
NET " Position[1]" LOC = " J12 ";
NET " Position[2]" LOC = " M13 ";
NET " Position[3]" LOC = " K14 ";
NET " clk " CLOCK_DEDICATED_ROUTE = FALSE;
```

7. 用 **Xilinx ISE** 的 **ISim** 仿真

用功能仿真看不到想要的结果,只能采用布线后仿真。在生成仿真测试程序中有两处需要修改:

① -- Clock period definitions

constant StdClock_period : time : = 20 ns;   -- StdClock = 50MHz, StdClock_period = 20ns

constant clk_period : time : = 1 ms;   -- clk = 1kHz, clk_period = 1ms

② -- Stimulus process

stim_proc: process

begin

      -- hold reset state for 100 ns.

      wait for 100 ns;

      reset <= ' 1 ';

      wait for StdClock_period * 10;

      -- insert stimulus here

      wait;

end process;

由于一次测量过程需要4s,其中1s闸门开启,进行测量,3s闸门闭合,显示测量值,因此仿真期需要至少4s。在"Simulate Post - Place & Route Model"中,为了减少仿真时间,原来4s测量一次,可改成4ms测量一次,1ms测量,3ms显示。1ms的闸门时间对应的测量分辨率为1kHz,将被测信号的频率改为1MHz。测量结果在4个数码管上显示**1000**,单位为kHz。按照以下步骤修改即可很快看到仿真结果:

① 修改 Divider. vhd 中的 Gate_Proc。将闸门信号的周期缩短1000倍,由秒级变为毫秒级。

```
－－Gate_Proc：process(clk1Hz_reg)
Gate_Proc：process(clk1KHz_reg)          －－为了减小仿真时间做的修改
variable cnt3：integer range 0 to 3；
begin
      －－if rising_edge(clk1Hz_reg) then
      if rising_edge(clk1KHz_reg) then          －－为了减小仿真时间做的修改
        if cnt3 = 2 then
            gate_reg <= '1'；
            cnt3：= 3；
        else if cnt3 = 3 then
            gate_reg <= '0'；
            cnt3：= 0；
        else
            cnt3：= cnt3 + 1；
        end if；
        end if；
      end if；
end process；
GateCtrl <= gate_reg；
```

② 在测试文件 test_Frequency_Measure. vhd 中修改被测信号(clk)的周期。原被测信号的周期(clk_period)为 1ms,现改为 1μs,即被测信号(clk)的频率为 1MHz。

```
      －－ Clock period definitions
      constant StdClock_period : time：= 20 ns；
            －－StdClock = 50MHz, StdClock_period = 20ns
      －－ constant clk_period : time：= 1 ms；
            －－clk = 1kHz, clk_period = 1ms
      constant clk_period : time：= 1 μs；
            －－clk = 1MHz, clk_period = 1μs
```

③ 设置"Simulation Run Time"为"20ms"。

仿真结果如图 9.2.2 所示。Segments[7:0] = {**11001111；10000001；10000001；10000001**}
对应的显示为 **1000**(单位为 kHz)。

9.2　采用 DDS 原理设计一个三角波信号发生器。

【解】　采用 DDS 原理设计的三角波信号发生器的 VHDL 程序如下所示。一个周期的三角波信号数据为 32 个点,放在 memory 中。输出信号的频率由 FreqCtrl 控制,每一个时钟信号的上升沿相位累加器 ACC 增加一个 FreqCtrl,FreqCtrl 越大,ACC(31 downto 27)改变的越快,输出信

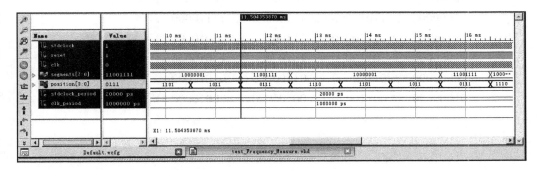

图 9.2.2 频率计布线后仿真结果

号的数值改变的就越快,输出信号的频率就越高。由于只有 32 个点,所以通过 ACC(31 downto 27)查表得到输出波形的数据,这会产生一定的截断误差。波形点数越多,截断误差越小,波形质量越好。

1. 三角波信号发生器 DDS 程序

```
library IEEE;
use IEEE. STD_LOGIC_1164. ALL;
use IEEE. STD_LOGIC_ARITH. ALL;
use IEEE. STD_LOGIC_UNSIGNED. ALL;


entity SquareWave is
    Port ( CLK : in STD_LOGIC;
           RST : in STD_LOGIC;
           FreqCtrl : in STD_LOGIC_VECTOR (26 downto 0);
           DigitalWaveOut : out STD_LOGIC_VECTOR (7 downto 0));
end SquareWave;
-------------------------------------------
architecture Behavioral of SquareWave is
-------------------------------------------
signal BData32 : STD_LOGIC_VECTOR (31 downto 0);
signal ACC: STD_LOGIC_VECTOR (31 downto 0);
----------- define and initial a ROM -------------
type memory is array(0 to 31) of STD_LOGIC_VECTOR(7 downto 0);
signal WaveData : memory : = (
        "00000000 ","00010000 ","00100000 ","00110000 ",
        "01000000 ","01010000 ","01100000 ","01110000 ",
```

```
        " 10000000 "," 10010000 "," 10100000 "," 10110000 ",
        " 11000000 "," 11010000 "," 11100000 "," 11110000 ",
        " 11111111 "," 11110000 "," 11100000 "," 11010000 ",
        " 11000000 "," 10110000 "," 10100000 "," 10010000 ",
        " 10000000 "," 01110000 "," 01100000 "," 01010000 ",
        " 01000000 "," 00110000 "," 00100000 "," 00010000 ");
---------------------------------------------------
begin
---------------------------------------------------
Bdata32( 26 downto 0 )          <=        FreqCtrl;
Bdata32( 31 downto 27 )         <=        " 00000 ";
--------- generate addr ---------------------
process( CLK )
begin
if CLK ' event and CLK  =  ' 1 ' then
    if( RST  =  ' 1 ' ) then
        ACC  <=  ( others  = >  ' 0 ' );
    else
        ACC  <=  ACC  +  Bdata32;
    end if;
end if;
end process;
--------- read data from memory --------------- -
process( CLK )
begin
if CLK ' event and CLK  =  ' 1 ' then
    if( RST  =  ' 1 ' ) then
        DigitalWaveOut  <=  ( others  = >  ' Z ' );
    else
        DigitalWaveOut  <=  WaveData( conv_integer( ACC( 31 downto 27 ) ) );
    end if;
end if;
end process;
---------------------------------------------------
end Behavioral;
```

2. 三角波信号发生器仿真程序

在生成的仿真测试程序中有两处需要修改：

① 在 Inputs 中将 RST 的初始化置为 **1**，使能 RST

　　signal RST : std_logic : = '1';

② 修改激励过程为：

－－ Stimulus process

stim_proc：process

begin

　　－－ hold reset state for 100 ns.

　　wait for 100 ns;

　　RST <= '0';

　　wait for CLK_period * 10;

　　－－ insert stimulus here

　　FreqCtrl <= "00011111111111111111111111";

　　wait for 30000ns;

　　FreqCtrl <= "00000111111111111111111111";

　　wait;

end process;

设置仿真期为 1ms，进行行为仿真，仿真结果如图 9.2.3 所示。

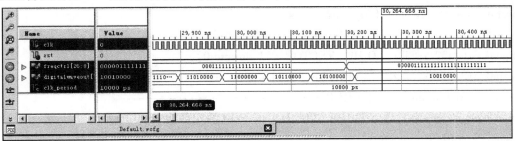

图 9.2.3　采用 ISim 仿真的三角波信号发生器行为仿真结果

3. 采用 Modelsim 仿真观察三角波信号频率变化

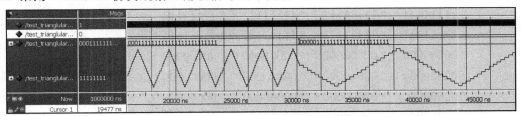

图 9.2.4　采用 Modelsim 仿真的三角波信号发生器行为仿真结果

  Xilinx ISE 的 ISim 无法显示数字量对应的模拟信号,对于 DDS 这样的数字信号处理不够直观,可采用 Modelsim 仿真更形象的观察输出波形及其对频率的控制作用。采用 Modelsim 仿真的三角波信号发生器的行为仿真结果如图 9.2.4 所示。

  9.3 采用 DDS 原理设计一个方波信号发生器。

  【解】 采用 DDS 原理设计的方波信号发生器的 VHDL 程序如下所示。设计思路同三角波信号发生器。

1. 方波信号发生器 DDS 程序

```
library IEEE;
use IEEE. STD_LOGIC_1164. ALL;
use IEEE. STD_LOGIC_ARITH. ALL;
use IEEE. STD_LOGIC_UNSIGNED. ALL;

entity SquareWave is
     Port ( CLK : in STD_LOGIC;
            RST : in STD_LOGIC;
            FreqCtrl : in STD_LOGIC_VECTOR (26 downto 0);
            DigitalWaveOut : out STD_LOGIC_VECTOR (7 downto 0));
end SquareWave;
-----------------------------------------------
architecture Behavioral of SquareWave is
-----------------------------------------------
signal BData32 : STD_LOGIC_VECTOR (31 downto 0);
signal ACC : STD_LOGIC_VECTOR (31 downto 0);
----- define and initial a ROM --------------------
type memory is array(0 to 31) of STD_LOGIC_VECTOR(7 downto 0);
signal WaveData : memory : = (
        " 11111111 "," 11111111 "," 11111111 "," 11111111 ",
        " 11111111 "," 11111111 "," 11111111 "," 11111111 ",
        " 11111111 "," 11111111 "," 11111111 "," 11111111 ",
        " 11111111 "," 11111111 "," 11111111 "," 11111111 ",
        " 00000000 "," 00000000 "," 00000000 "," 00000000 ",
        " 00000000 "," 00000000 "," 00000000 "," 00000000 ",
        " 00000000 "," 00000000 "," 00000000 "," 00000000 ",
        " 00000000 "," 00000000 "," 00000000 "," 00000000 ");
-----------------------------------------------
```

```
begin
    - - - - - - - - - - - - - - - - - - - - - - - - - - - - - - - - - - -
Bdata32(26 downto 0)        <=        FreqCtrl;
Bdata32(31 downto 27)  <=        "00000";
    - - - - - - - - - - - generate addr - - - - - - - - - - - - - - - - -
process(CLK)
begin
if CLK'event and CLK = '1' then
    if(RST = '1') then
        ACC <= (others => '0');
    else
        ACC <= ACC + Bdata32;
    end if;
end if;
end process;
    - - - - - - - - - - - read data from memory - - - - - - - - - - - - -
process(CLK)
begin
if CLK'event and CLK = '1' then
    if(RST = '1') then
        DigitalWaveOut <= (others => 'Z');
    else
        DigitalWaveOut <= WaveData(conv_integer(ACC(31 downto 27)));
    end if;
end if;
end process;

    - - - - - - - - - - - - - - - - - - - - - - - - - - - - - - - - - - -

end Behavioral;
```

2. 方波信号发生器仿真程序

在生成的仿真测试程序中有两处需要修改：

① 在 Inputs 中将 RST 的初始化置为 **1**,使能 RST

　　signal RST : std_logic : = '1';

② 修改激励过程为：

```
-- Stimulus process
stim_proc: process
```

```
begin
      -- hold reset state for 100 ns.
    wait for 100 ns;
      RST <= '0';
    wait for CLK_period * 10;
      -- insert stimulus here
      FreqCtrl <= "000111111111111111111111111";
      wait for 30000ns;
      FreqCtrl <= "000001111111111111111111111";
    wait;
end process;
```

设置仿真期为 1ms，进行行为仿真，仿真结果如图 9.2.5 所示。

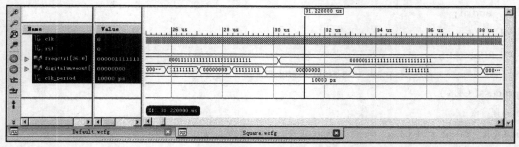

图 9.2.5   采用 ISim 仿真的方波信号发生器行为仿真结果

3. 采用 Modelsim 仿真观察方波信号频率变化

采用 Modelsim 对方波发生器进行仿真的结果如图 9.2.6 所示，从图中可观察输出波形以及 FreqCtrl 对频率的控制作用。

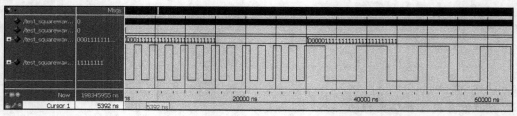

图 9.2.6   采用 Modelsim 仿真的方波信号发生器行为仿真结果

附录 数字电子技术基础考试题汇编

附1 西安交通大学 2012 年 11 月试题

一、单项选择题（每小题 2 分,共 20 分）

1）十进制数 16.25 转换为二进制数为（　　　）。

  （a）0001 0010.01   （b）0010 0010.1

  （c）0100 0001.001   （d）0010000.01

2）将数 0A50CH 转换为二进制数为（　　　）。

  （a）1011 0000 0101 1011B   （b）1010 0010 0101 1000B

  （c）1010 0101 0000 1100B   （d）1000 0010 0110 1010B

3）下列说法正确的是（　　　）。

  （a）余 3 码属于 BCD 码   （b）BCD 码即为 8421 码

  （c）二进制数 1001 和二进制代码 1001 都表示十进制数 9

  （d）译码器是一种多路输入但只有一个输出有效的逻辑部件

4）同步时序逻电路和异步时序逻电路比较,其差别在于后者（　　　）。

  （a）没有触发器   （b）没有统一的时钟脉冲控制

  （c）没有稳定状态   （d）输出只与内部状态有关

5）欲对大班 50 个学生以二进制编码表示,最少需要二进制码的位数是（　　　）。

  （a）5   （b）6   （c）8   （d）60

6）下列说法错误的是（　　　）。

  （a）常用逻辑函数的表示方法可以相互转换

  （b）逻辑函数的表达方法有真值表、波形图、逻辑式和卡诺图

（c）真值表是将输入变量所有取值与对应的逻辑函数取值列成表格形式

（d）在分析电路时,一般先列写真值表,再根据真值表写出函数关系式

7）下列说法错误的是(   )。

（a）半导体存储器的基本结构是由地址译码、存储矩阵和读写控制电路三大部分构成的

（b）PROM 的主要特点是在工作电源下可以随机地写入或读出数据

（c）静态 RAM 存储单元的主体是由一对具有互为反馈的倒相器组成的双稳态电路

（d）动态 RAM 存储单元的结构比静态 RAM 存储单元的结构简单

8）有一个 8 位 D/A 转换器,它的最大理想输出电压为 25.5V,当输入数字量为 **10000001** 时,输出电压为(   )。

（a）12.9V   （b）12.6V   （c）23.7V   （d）25V

9）四选一 MUX 的输出表达式为 $F = D_0(\overline{A_1}\ \overline{A_0}) + D_1(\overline{A_1}A_0) + D_2(A_1\ \overline{A_0}) + D_3(A_1A_0)$,若用该 MUX 实现 $F = \overline{A_1}$,将逻辑变量 A_1A_0 分别接 MUX 的地址选择端 A_1A_0,则 $D_0 \sim D_3$ 的取值应为(   )。

（a）$D_0 = 1, D_2 = D_3 = D_4 = 1$ （b）$D_0 = D_3 = 0, D_2 = D_1 = 1$

（c）$D_0 = D_1 = D_2 = D_3 = 1$ （d）$D_0 = D_1 = 1, D_2 = D_3 = 0$

10）下列说法正确的是(   )。

（a）一般 TTL 逻辑门电路的输出端彼此可以并接;

（b）TTL 与非门的输入伏安特性是指输入端电压与输出端电流之间的关系曲线;

（c）TTL 门电路较 CMOS 门驱动能力强,但功耗较高;

（d）电压传输特性是指 TTL 与非门的输入电压与输入电流之间的关系。

二、综合题(每小题 10 分,共 50 分)

1）用卡诺图法化简下面逻辑函数为最简与或式。

$$L = \sum m(2,3,4,5,9) + \sum d(10,11,12,13)$$

2）写出图题附 1.1(a)中 Y_1 和图题附 2.1(b)中 CMOS 门电路输出 Y_2 的逻辑表达式。当图

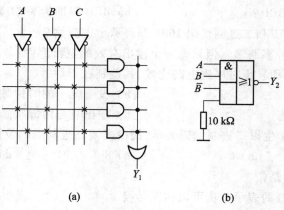

(a)   (b)

图题附 1.1

题附 2.1(b)为 TTL 逻辑门电路时,重新写出 Y_2 的逻辑函数表达式。

3) 设图题附 1.3 中各寄存器起始数据为[Ⅰ] = **1011**,[Ⅱ] = **1000**,[Ⅲ] = **0111**,将图题附 1.2 中的信号加在对应的 74LS173 - Ⅰ、Ⅱ、Ⅲ 的使能输入端。说明在 t_1、t_2、t_3 和 t_4 时刻,各寄存器的内容是什么?

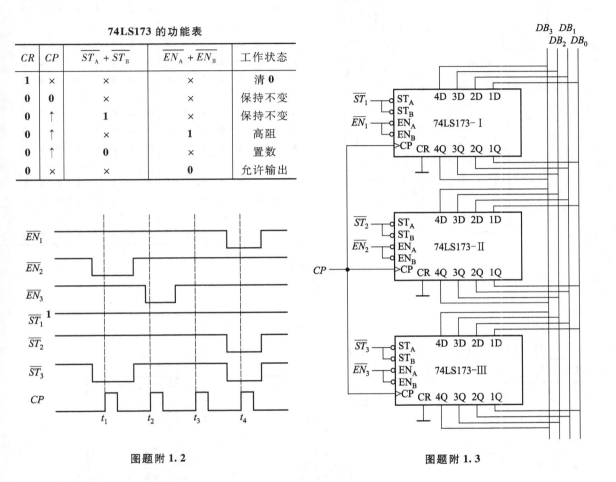

74LS173 的功能表

CR	CP	$\overline{ST_A} + \overline{ST_B}$	$\overline{EN_A} + \overline{EN_B}$	工作状态
1	×	×	×	清 0
0	0	×	×	保持不变
0	↑	1	×	保持不变
0	↑	×	1	高阻
0	↑	0	×	置数
0	×	×	0	允许输出

图题附 1.2

图题附 1.3

4) 由 ROM、OC 门和共阳极 LED 数码管组成电路如图题附 1.4 所示,ROM 中存放的部分数据见数据表。V_{LED} 的大小由 LED 数码管决定,如 0.5in 数码管,V_{LED} 可选 5 V;4in 数码管,V_{LED} 可选 12 V。分析说明 ROM、OC 门在电路中的作用以及整个电路的功能? 如 $A_3 A_2 A_1 A_0$ = **1001**B,$B_3 B_2 B_1 B_0$ = **1001**B,写出数码管显示的数码。

5) 74LS123 是一可重触发的单稳态触发器,它的功能如 74LS123 功能表所示。在 $C_{ext} >$ 1000pF 时,输出脉冲宽度 $t_w \approx 0.45 R_{ext} C_{ext}$。试画出图题附 1.5 所示电路在 S 按键瞬时接地又断开后 Q_1 和 Q_2 的波形(不考虑按键抖动),并说明电路功能。

ROM 数据表

B_3	B_2	B_1	B_0	A_3	A_2	A_1	A_0	Y_7	Y_6	Y_5	Y_4	Y_3	Y_2	Y_1	Y_0
0	0	0	0	0	0	0	0	0	0	1	1	1	1	1	1
0	0	0	0	0	0	0	1	0	0	0	0	0	1	1	0
					……						……				
0	0	0	0	1	0	0	0	0	1	1	1	1	1	1	1
0	0	0	0	1	0	0	1	0	1	1	0	0	1	1	1
0	0	0	0	1	0	1	0	0	0	0	0	0	0	0	0
					……						……				
0	0	0	0	1	1	1	1	0	0	0	0	0	0	0	0
0	0	0	1	0	0	0	0	0	0	0	0	0	1	1	0
0	0	0	1	0	0	0	1	0	1	0	1	1	0	1	1
					……						……				
1	0	0	1	1	0	0	1	1	1	1	1	1	1	1	1
1	0	0	1	1	0	1	0	0	0	0	0	0	0	0	0
					……						……				
1	1	1	1	1	1	1	1	0	0	0	0	0	0	0	0

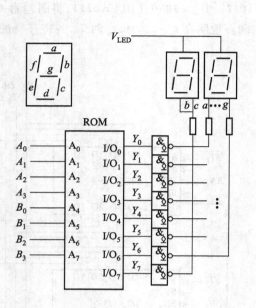

图题附 1.4

74LS123 功能表

CLR	TRA	TRB	Q	$\overline{Q}$
0	×	×	0	1
×	1	×	0	1
×	×	0	0	1
1	0	↑	⊓	⊔
1	↓	1	⊓	⊔
↑	0	1	⊓	⊔

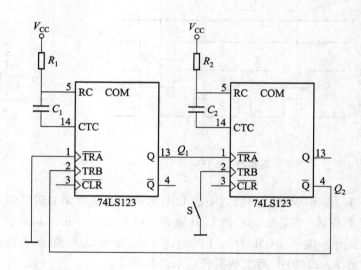

图题附 1.5

三（15 分）、使用 74LS138 译码器和适当的门电路设计一个 1 位二进制数全减运算电路,列出真值表,画出电路图。依据数字电子技术所学知识,简述还有哪些方案可以实现全减运算。

四(15分)、全同步16进制加法集成计数器74163构成的电路如图题附1.6所示。全同步是指该计数器是同步时序电路、同步清零、同步置数,其清零和置数信号均为低有效,CO是进位输出端,且$CO = Q_3 Q_2 Q_1 Q_0 CT_T$。试回答以下问题:

(1)请说明图中两个计数器芯片分别采用了什么方法构成反馈?若由$Q_7 \sim Q_0$一起作为输出,电路计数的初态S_0和最后一个有效状态S_{n-1}分别是多少?实现了几进制计数?

(2)若由F输出,该电路又为何种功能?

(3)若CP的频率$f_{cp} = 1\,\mathrm{MHz}$,输出F的脉宽$t_{wf} = ?$

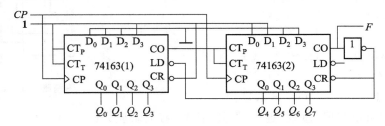

图题附1.6

附2 西安交通大学2013年6月试题

一、单项选择题(每小题2分,共30分)

1)某触发器的2个输入 X_1、X_2 和输出 Q 的波形如图题附2.1所示,试判断它是(　　)触发器。

   (a)基本 RS　　　　　(b) JK

   (c) RS　　　　　　　(d) D

图题附2.1　某触发器波形图

2)TTL电路中,(　　)能实现"线与"逻辑。

   (a)异或门　　　　　(b)OC门

   (c)三态门　　　　　(d)与或非门

3)用三态门可以实现"总线"连接,但其"使能"控制端应为(　　)。

   (a)固定接0　　　(b)固定接1　　　(c)同时使能　　　(d)分时使能

4)用不同数制来表示200004,位数最少的是(　　)。

   (a)二进制　　　(b)八进制　　　(c)十进制　　　(d)十六进制

5)改变(　　)之值不会影响555构成单稳态触发器的定时时间 t_w。

   (a)电源 V_{CC}　　　(b)电容 C　　　(c) $C-U$ 端电位　　　(d)电阻 R

6)十进制数16.25转换为二进制数为(　　)。

   (a)0001 0000.01　　(b)0010 0010.1　　(c)0100 0001.001　　(d)0110 0000.01

7)将数0A50CH转换为二进制数为(　　)。

   (a)1011 0000 0101 1011B　　　　　(b)1010 0010 0101 1000B

   (c)1010 0101 0000 1100B　　　　　(d)1000 0010 0110 1010B

8)下列说法正确的是(　　)。

   (a)二进制数1001和二进制代码1001都表示十进制数9

   (b)译码器是一种多路输入但只有一个输出有效的逻辑器件

   (c)余3码属于BCD码

   (d)BCD码即为8421码

9)同步时序逻电路和异步时序逻电路比较,其差别在于后者(　　)。

   (a)没有触发器　　　　　　　　(b)没有统一的时钟脉冲控制

   (c)没有稳定状态　　　　　　　(d)输出只与内部状态有关

10)欲对大班126个学生以二进制编码表示,最少需要二进制码的位数是(　　)。

   (a)7　　　　　(b)6　　　　　(c)8　　　　　(d)60

11)下列说法错误的是(　　)。

   (a)常用逻辑函数的表示方法可以相互转换

（b）逻辑函数的表达方法有真值表、波形图、逻辑式和卡诺图

（c）真值表是将输入变量所有取值与对应的逻辑函数取值列成表格形式

（d）在分析电路时，一般先列写真值表，再根据真值表写出函数关系式

12）下列说法错误的是（　　　）。

（a）半导体存储器的基本结构是由地址译码、存储矩阵和读写控制电路三大部分构成的

（b）采用双地址译码且分时送入行和列地址信号的 DRAM，其存储容量与外部地址线数 n 及位线数 m 的关系一般为 $2^n \times m$ 位

（c）静态 RAM 存储单元的主体是由一对互为反馈的倒相器组成的双稳态电路

（d）动态 RAM 存储单元的结构比静态 RAM 存储单元的结构简单

13）有一个 8 位 D/A 转换器，它的最大理想输出电压为 25.5V，当输入数字量为 **10000001** 时，输出电压为（　　　）。

（a）12.9V　　　　　（b）12.6V　　　　　（c）23.7V　　　　　（d）25V

14）四选一 MUX 的输出表达式 $F = D_0(\overline{A_1}\,\overline{A_0}) + D_1(\overline{A_1}A_0) + D_2(A_1\overline{A_0}) + D_3(A_1A_0)$，若用该 MUX 实现 $F = \overline{A_1}$，将逻辑变量 A_1A_0 分别接 MUX 的地址选择端 A_1A_0，则 $D_0 \sim D_3$ 的取值应为（　　　）。

（a）$D_0 = 1, D_1 = D_2 = D_3 = 1$　　　　　（b）$D_0 = D_3 = 0, D_2 = D_1 = 1$

（c）$D_0 = D_1 = D_2 = D_3 = 1$　　　　　（d）$D_0 = D_1 = 1, D_2 = D_3 = 0$

15）下列可编程逻辑器件，掉电后配置信息消失的是（　　　）。

（a）GAL　　　　　（b）CPLD　　　　　（c）FPGA　　　　　（d）PAL

二（6 分）、试画出图题附 2.2（a）电路中 Q_1 和 Q_2 的波形（已知 CP_1 和 CP_2 如图题附 2.2（b）所示，假设两个触发器的初态均为 **0**）。

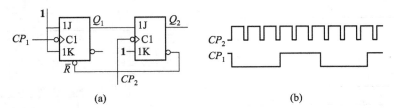

(a)　　　　　　　　　　　　　　(b)

图题附 2.2

三（10 分）、分析图题附 2.3 所示的四个电路，说明哪些是正确的，哪些是错误的，正确的电路写出输出其输出逻辑变量的逻辑式，错误的说明原因。

四（8 分）、用卡诺图法化简下面逻辑函数为最简**与或式**。

$$L(A,B,C,D) = \sum m(2,3,4,5,9) + \sum d(10,11,12,13)$$

五（8 分）、设图题 2.5 中各寄存器起始数据为 [I] = **1011**，[II] = **1000**，[III] = **0111**，将图题 2.4 中的信号加在对应的 74LS173 – I、II、III 的使能输入端。说明在 t_1、t_2、t_3 和 t_4 时刻，各寄存器的内容是什么？

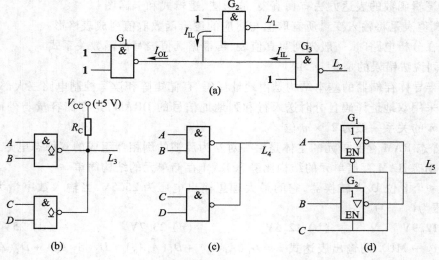

图题附 2. 3

74LS173 的功能表

CR	CP	$\overline{ST_A} + \overline{ST_B}$	$\overline{EN_A} + \overline{EN_B}$	工作状态
1	×	×	×	清 0
0	0	×	×	保持不变
0	↑	1	×	保持不变
0	×	×	1	高阻
0	↑	0	×	置数
0	×	×	0	允许输出

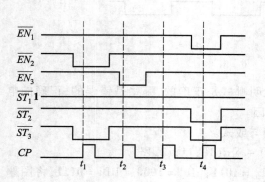

图题附 2. 4

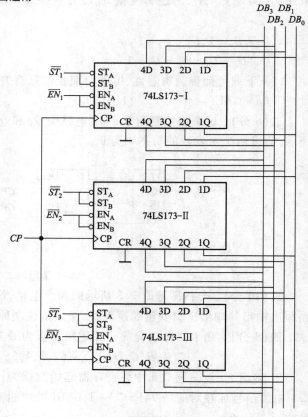

图题附 2. 5

六（10 分）、74LS123 是一可重触发的单稳态触发器,它的功能如 74LS123 功能表所示。在 $C_{ext} > 1000\text{pF}$ 时,输出脉冲宽度 $t_w \approx 0.45 R_{ext} C_{ext}$。试画出图题附 2.6 所示电路在 S 按键瞬时接地又断开后 Q_1 和 Q_2 的波形(不考虑按键抖动),并说明电路功能。

七（10 分）、使用 74LS138 译码器和适当的门电路设计被减数、减数和低位借位为 A_i、B_i 和 C_{i-1} 的二进制全减运算电路,结果用 S_i 和 C_i 表示,列出真值表,画出电路图。依据数字电子技术所学知识,简述还有哪些方案可以实现全减运算。

八（12 分）、全同步 16 进制加法集成计数器 74163 构成的电路如图题附 2.7 所示。全同步是指该计数器是同步时序电路、同步清零、同步置数,其清零和置数信号均为低有效,CO 是进位输出端,且 $CO = Q_3 Q_2 Q_1 Q_0 CT_T$。试回答以下问题:

（1）请说明图中两个计数器芯片分别采用了什么方法构成反馈? 若由 $Q_7 \sim Q_0$ 一起作为输出,电路计数的初态 S_0 和最后一个有效状态 S_{n-1} 分别是多少? 实现了几进制计数?

（2）若由 F 输出,该电路又为何种功能?

（3）若 CP 的频率 $f_{cp} = 1\text{MHz}$,输出 F 的脉宽 $t_{wf} = ?$

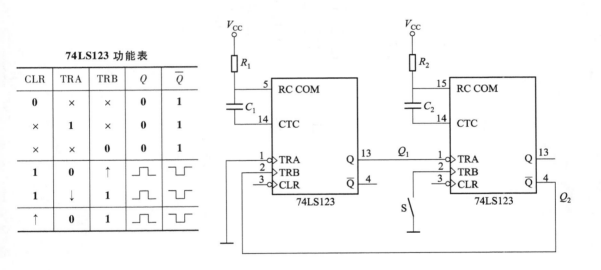

74LS123 功能表

CLR	TRA	TRB	Q	$\overline{Q}$
0	×	×	0	1
×	1	×	0	1
×	×	0	0	1
1	0	↑	⊓	⊔
1	↓	1	⊓	⊔
↑	0	1	⊓	⊔

图题附 2.6

九（6 分）、（1）分析图题附 2.8 电路,写出 PLD 简化等效逻辑电路实现的逻辑函数 L 的逻辑式。

（2）说明实验中使用的是哪种类型的可编程逻辑器件? 有哪两种配置模式? 使用什么软件进行设计的?

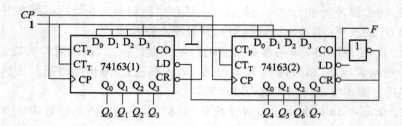

图题附 2.7

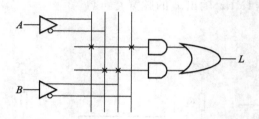

图题附 2.8

附3　西安交通大学 2012 年考研试题——数字电子技术部分（共 75 分）

三、单项选择题（每小题 2 分，共 20 分）

1）数 A05EH 转换为二进制数为（　　　）。

  （a）**1011 0000 0101 1011** B　　　　　　　（b）**1010 0010 0101 1000**B

  （c）**1010 0000 0101 1110** B　　　　　　　（d）**1000 0010 0110 1010**B

2）数 315 转换为二进制数为（　　　）。

  （a）**0000 1001 1001**　　　　　　　　　　（b）**0001 0011 1011**

  （c）**0000 1001 1101**　　　　　　　　　　（d）**1000 1001 0110**

3）构成一个 12 进制加法计数器共需触发器几个（　　　）。

  （a）3　　　　　（b）10　　　　　　（c）2　　　　　（d）4

4）下列说法正确的是（　　　）。

  （a）双极型数字集成门电路是以场效应管为基本器件构成的集成电路

  （b）TTL 逻辑门电路是以双极型晶体管为基本器件构成的集成电路

  （c）COMS 集成门电路集成度高，但功耗也高

  （d）TTL 逻辑门电路和 COMS 集成门电路不能混合使用

5）将一个最大幅值为 5V 的模拟信号转换为数字信号，要使模拟信号每变化 10mV，数字信号随之发生变化应选用（　　　）位的 A/D 转换器。

  （a）6　　　　　（b）7　　　　　　（c）8　　　　　（d）9

6）下列 A/D 转换器转换速度最快的是（　　　）。

  （a）并行比较型 A/D 转换器　　　　　　　（b）逐次比较型 A/D 转换器

  （c）间接 A/D 转换器　　　　　　　　　　（d）双积分型 A/D 转换器

7）下面可以实现串行数据到并行数据转换的是（　　　）。

  （a）加法器　　　　（b）移位寄存器　　　（c）计数器　　　（d）多路选择器

8）单稳态触发器输出脉冲的宽度取决于（　　　）。

  （a）触发脉冲的宽度　　　　　　　　　　（b）触发脉冲的幅度

  （c）电路本身的电阻、电容参数　　　　　　（d）电源电压的数值

9）要构成 256×8 的 ROM 需要（　　　）片 128×4 的 ROM 芯片（　　　）。

  （a）1　　　　　（b）2　　　　　　（c）4　　　　　（d）8

10）欲对 55 个学生以二进制代码编码表示，最少需要二进制码的位数是（　　　）。

  （a）6　　　　　（b）7　　　　　　（c）8　　　　　（d）55

四、(每小题 6 分,共 30 分)

1) 用卡诺图法化简下面逻辑函数为最简与或式。

$$L = \overline{A}\,\overline{B}(C + \overline{C}\overline{D}) + \overline{A}BC + A\,\overline{B}\,\overline{D}$$

2) OC 门和三态门构成的电路如图题附 3.1 和图题附 3.2 所示,写出 L_1 和 L_2(分 C 为 0 和 1 两种情况)的输出表达式。

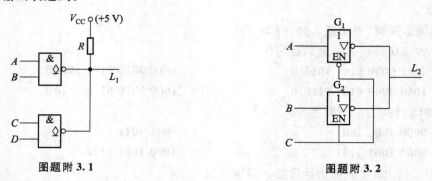

图题附 3.1　　　　　　　　　　　　图题附 3.2

3) JKFF 构成的电路以及输入信号 CP、D 的波形如图题附 3.3 所示,各触发器初态均为 0。试画出输出 Q_1、Q_2、Q_3 的波形。

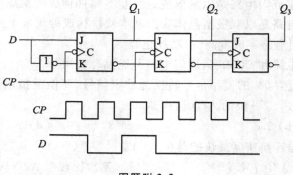

图题附 3.3

4) 某一存储器符号如图题附 3.4 所示,试问该存储器容量为多大? 欲扩展 $1K \times 8Bit$ 的 RAM,需要几片该存储器? 并画出电路图。

$$\boxed{\begin{array}{c} A_0\ A_1\ \cdots\ A_9 \qquad R/\overline{W}\ \ CS \\ \text{RAM} \\ I/O_0\ I/O_1\ I/O_2\ I/O_3 \end{array}}$$

图题附 3.4

5) PLA 编程后的阵列如图题附 3.5 所示,试写出输出逻辑函数和真值表,并分析说明电路实现何种逻辑功能?

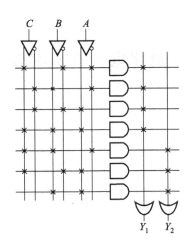

图题附 3.5

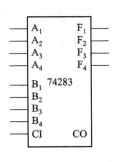

图题附 3.6

五（10 分）、试用图题附 3.6 的全加器设计一个将余三码 $Y_3 Y_2 Y_1 Y_0$ 转换为 8421 BCD（用 $DCBA$ 表示）的逻辑电路。

六（15 分）、全同步 16 进制加法集成计数器 74163 构成的电路如图题附 3.7 所示。全同步是指该计数器是同步时序电路、同步清零、同步置数，其清零和置数信号均为低有效，CO 是进位输出端，且 $CO = Q_3 Q_2 Q_1 Q_0 CT_T$。试回答以下问题：

（1）若由 $Q_7 \sim Q_0$ 一起作为输出，电路计数的初态 S_0 和最后一个有效状态 S_{n-1} 分别是多少？实现了几进制计数？

（2）若由 F 输出，该电路又为何种功能？

（3）若 CP 的频率 $f_{cp} = 1\text{MHz}$，输出 F 的脉宽 $t_{wf} = ?$

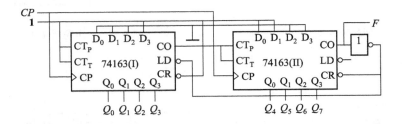

图题附 3.7

附4 西安交通大学 2013 年考研试题——数字电子技术部分 （共 75 分）

三、填空题（每空 2 分，共 20 分）

1）254 = (   )H = (   )B。

2）二进制数 **0.1011**B 转换为十进制数为(   )。

3）图题附 4.1 所示逻辑电路实现的逻辑函数 L = (   )。

4）A/D 转换器转换速度最快的是(   )。

5）掉电信息丢失而且需要刷新的存储器是(   )。

6）有一个 8 位 D/A 转换器，设它的满度输出电压为 25.5V，当输入数字量为 **10000010**B 时，输出电压为(   )V。

7）用 n 个触发器构成计数器，可得到最大的计数器模是(   )。

8）图题附 4.2 是一个四位二进制计数器，其中的时钟信号 CP 的频率为 256kHz，请问输出信号 Q_3 的频率是(   )。

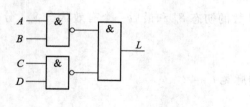

图题附 4.1

4 -bit counter

图题附 4.2

9）图题附 4.3 构成了(   )电路。

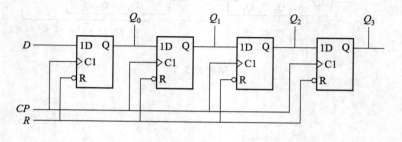

图题附 4.3

四、(每小题8分,共40分)

1) 用卡诺图法化简 L 逻辑函数为最简**与或**式,其中的输入 $ABCD$ 是8241BCD 码。$L = \overline{A}D + A\,\overline{B}\,\overline{C} + \overline{A}\,\overline{B}C\,\overline{D}$。

2) 图题附4.4 中的3个三态门的输出接到数据总线 DB 上。

(1) 各自的使能信号 E_1、E_2、E_3 能否接在一起集中控制? 为什么?

(2) 简述 A、B、C 数据通过 DB 传输的原理。

(3) 若 G_1 门发送数据,此时各三态门的 E_1、E_2、E_3 应置何种电平?

3) 由555 构成的电路如图题附4.5 所示,图中也给出了555 功能表和输入 u_1 波形,试分析电路实现了何种功能? 并对应 u_1 画出 u_C 和 u_O 的波形。

4) 请问图题附4.6 中的可编程逻辑器件是哪种类型的PLD? 写出图中实现的各输出逻辑函数式,并分析说明电路可实现何种功能?

5) 分析图题附4.7 电路,写出输出逻辑表达式和真值表,并说明电路功能。

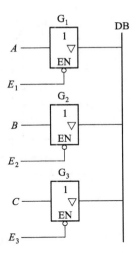

图题附 4.4

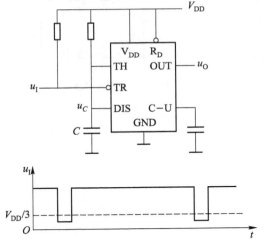

555 功能表

u_6	u_2	$\overline{R_D}$	OUT	DIS
×	×	L	L	导通
$> \frac{2}{3}V_{CC}$	$> \frac{1}{3}V_{CC}$	H	L	导通
$< \frac{2}{3}V_{CC}$	$> \frac{1}{3}V_{CC}$	H	不变	不变
×	$< \frac{1}{3}V_{CC}$	H	H	截止

图题附 4.5

五(15分)、74LS293 为异步2－8－16进制集成计数器,请用两片74LS293 组成一个60进制计数器,要求计数器输出为8421BCD 码形式,高位74LS293 构成模为6的计数器,低位的模为10,画出电路图,如图题附4.8。

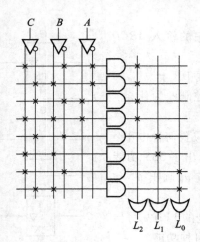

图题附 4.6

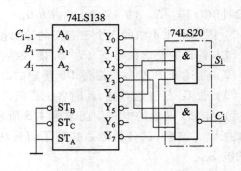

图题附 4.7

74293 的功能表

CP_0	CP_1	R_{01}	R_{02}	工作状态
×	×	1	1	清零
↓	0	×	0	FF_0 计数
↓	0	0	×	FF_0 计数
0	↓	×	0	$FF_1 \sim FF_3$ 计数
0	↓	0	×	$FF_1 \sim FF_3$ 计数

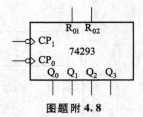

图题附 4.8